Die **12 Prinzipien** der Pferdeausbildung

Foto © Tyler Schiller

»

Für meine Frau Robyn und meinen Sohn Tyler, ohne euch hätte ich das nicht geschafft.

Und für Sherlock, das Pferd, das mein Leben veränderte.

Warwick Schiller

Liebe Leser*innen,

wir freuen uns, dass wir Ihnen mit unserem Buch neue Inspiration liefern dürfen,
und hoffen, es wird Ihnen gefallen.
Weitere Leseabenteuer mit verbriefter Fachinformation finden Sie auf **www.cadmos.de**
Wenn Sie mit uns in Verbindung treten oder Ihre Erfahrungen teilen wollen, dann tun Sie das bitte unter:

https://www.facebook.com/cadmosverlag
https://www.instagram.com/cadmosverlag
oder per Mail an info@cadmos.de

Wir freuen uns schon jetzt über Ihr Feedback!

ISBN: 978-3-8404-1538-8, 1. Auflage 2024

Deutsche Nationalbibliothek - CIP-Einheitsaufnahme

Die Deutsche Nationalbibliothek verzeichnet diese Publikation in der Deutschen Nationalbibliografie; detaillierte bibliografische Daten sind im Internet über http://dnb.ddb.de abrufbar.

Viel Freude mit diesem Buch wünscht Ihnen Ihr CADMOS-Team:

Autorw: Warwick Schiller

Übersetzung: Andrea Lehner, Anne-Kristin Göhlitz

Lektorat: Agnes Trosse

Korrektorat: Martin Betz

Covergestaltung, grafisches Konzept, Satz: Gerlinde Gröll

Fotos Umschlag und Innenteil: Tyler Schiller

Illustrationen: Rachel Urquhart, außer „Neurowahrnehmung von Lebensgefahr“
(adaptiert aus einem Werk von Sarah Schlote 2022). Editiert von Tyler Schiller, Robyn Schiller und Tania Kindersley.

Wir übernehmen Verantwortung:

Dieses Buch wurde anhand ausgewählter Qualitätskriterien ressourcenschonend und schadstofffrei in Cadmos-Qualität für dich hergestellt. Das verwendete Papier für Kern und Cover ist PEFC®-zertifiziert, der Druck erfolgte CO_2-neutral.

Der Inhalt ist auf Magno matt 135 g/m² mit 1,01 Volumen für dich gedruckt, ein matt gestrichenes Bilderdruckpapier, das die Farben leuchten lässt und dem Inhalt einen hochwertigen Charakter verleiht.

Das Cover wurde auf Peyvida puro 270 g/m² gedruckt, einem Naturkarton mit ansprechender Optik und Haptik.

Auf Laminierung und Einschweißen in Plastikfolie verzichten wir – für unsere Umwelt und unsere Zukunft.

Gedruckt und gebunden wurde dieses Buch in der EU (wir wollen lange Transportwege vermeiden) bei unserem langjährigen, bewährten Druckpartner GRASPO (www.graspo.com).

FSC
www.fsc.org
MIX
Papier | Fördert gute Waldnutzung
Paper | Supporting responsible forestry
FSC® C010798

Product footprint
CO_2 Neutral
PBN-CFMC-059235
www.preferredbynature.org

Uns ist wichtig:

Gender-Erklärung: Alle Geschlechter sollen sich gleichermaßen wahrgenommen und wertgeschätzt fühlen. Im Sinne eines flüssigen Lesevergnügens verzichten wir jedoch auf die Verwendung von geschlechterspezifischen Sprachformen (m/w/d). Wo dies möglich ist, verwenden wir neutrale Formulierungen oder bemühen uns, alle Formen mit einzubeziehen. Sämtliche Personenbezeichnungen gelten gleichermaßen für alle Geschlechter!

Warwick Schiller

Die 12 Prinzipien der Pferdeausbildung

Werde der beste Trainer für dein Pferd!

Beziehung als Basis für effektives Training

CADMOS

Inhalt

Einleitung

Der Großteil meines Lebens fand in meinem Kopf statt. Ich wurde zwar als relativ sensibler und empathischer Mensch geboren, doch diese Eigenschaften wurden schon früh abgestumpft – durch eine Gesellschaft und Kultur, in der von Jungen und Männern erwartet wird, keine Emotionen zu zeigen. Wenn aber die rechte Hirnhälfte – die intuitive – ausgeschaltet wird, muss die linke Hirnhälfte die Zügel übernehmen und das Schiff steuern. Die linke Seite des Gehirns ist jene, die denkt, kalkuliert, urteilt und vergleicht.

Dieses fehlende rechtshemisphärische, also emotionale Denken half mir erheblich in meiner Karriere als Pferdetrainer. Nicht ärgerlich oder traurig oder fröhlich zu werden ist überaus hilfreich, wenn man Pferde trainiert. Andererseits war mir die linke Hirnhälfte, die berechnende und vergleichende Seite, ebenso von großem Nutzen.

Ich bemerkte Muster.

Ich bemerkte Ähnlichkeiten zwischen scheinbar zusammenhanglosen Techniken im Umgang mit Pferden.

Meine ursprüngliche Leidenschaft waren Reining-Pferde. Früh in meiner Trainerkarriere bemerkte ich Gemeinsamkeiten darin, warum ganz unterschiedliche Techniken angewandt wurden, etwa um einem Pferd den Spin beizubringen und um ein Pferd zu lehren, einen Sliding Stop auszuführen. Es handelt sich dabei um völlig verschiedene Lektionen, aber das Prinzip hinter der Anwendung der Techniken dazu war für mich klar erkennbar. Ich bemerkte diese Muster auch in anderen Disziplinen des Westernsports, wie zum Beispiel beim Cutting und den Reined Cowhorse Events. Ich konnte erkennen, warum jemand etwas Bestimmtes in einer speziellen Situation tat. Ich war vielleicht noch nicht erfahren genug, um selbst auf diese Ideen zu kommen, doch wenn man mir erklärte, welche Technik anzuwenden war, konnte ich sie sofort einem von mehreren Prinzipien zuordnen.

Eine Zeit lang stellte ich diese Zusammenhänge nur gedanklich her. Nachdem ich jedoch jahrelang rund um die Welt Seminare gegeben hatte, begann ich schließlich auch damit, sie meinen Seminarteilnehmern näher zu erklären, indem ich ihnen Leitsätze an die Hand gab, die das zugrunde liegende Prinzip jeder Technik treffend beschreiben. Bei meinen Seminaren bemerkte ich, dass sehr viele Teilnehmer sehr viel Zeit damit verbracht hatten, bei sehr erfahrenen Pferdeleuten und Trainern Hilfe zu suchen, und dass sie auch hervorragende Anweisungen bekommen hatten, wie spezielle Probleme zu lösen seien oder wie man dem Pferd eine bestimmte Fähigkeit, Bewegung oder Lektion beibringt. Sie bekamen jedoch keine Information darüber, warum gerade diese Technik in eben diesem Moment anzuwenden ist. Sie lernten nicht, Situationen danach zu analysieren, ob nun die äußeren Bedingungen oder aber das Mindset des Pferdes anders waren.

Meinen ersten großen Aha-Moment diesbezüglich erlebte ich in Neuseeland, ungefähr im Jahr 2008. Ich half einer jungen Frau mit ihrem Pferd bei einer bestimmten Lektion. Ich erklärte ihr nicht nur, was zu tun sei, sondern auch, warum sie es tun sollte und wie das Pferd das Ganze wahrnimmt. Das löste eine gewaltige Veränderung bei diesem Pferd aus. Nach dem Seminar blieb ich noch für ein paar Tage bei den Eltern der jungen Frau. Sie zeigten mir ein paar alte DVDs, die ihre Tochter und dasselbe Pferd ungefähr fünf Jahre zuvor beim Seminar eines guten, australischen Pferdetrainers zeigten. Im Video arbeiteten die drei an derselben Lektion, und der Trainer erklärte der Frau dieselben Dinge, die ich ihr wenige Tage zuvor erklärt hatte und erzielte dieselben dramatischen Leistungsveränderungen beim Pferd. Er hatte ihr jedoch nicht erklärt, warum sie diese Dinge tat und wie diese die innere Einstellung des Pferdes beeinflussten. Und bald schon hatte sie die Anleitungen wieder vergessen.

Bis zum Alter von zwei Jahren habe ich nicht gesprochen (generell geht man davon aus, dass die meisten Kinder mit ungefähr einem Jahr anfangen zu sprechen). Meine Mutter erzählte, dass es, als ich dann endlich zu sprechen begann, nicht mehr gelang, mich dazu zu bringen, wieder aufzuhören. Meine häufigste Frage war: „Warum?" Ich wollte das Warum von allem verstehen. Vielleicht lag das in meiner Natur, vielleicht wollte ich mir auch einfach einen Reim auf eine Welt machen, die für mich keinen Sinn ergab.

Nach 2010 wurde ich auf Pferdemessen rund um die Welt eingeladen, um Vorträge zu halten, und hatte dabei die Gelegenheit, Weltklassetrainer in mir weniger vertrauten Pferdesportdisziplinen zu beobachten. Erneut stellte ich fest, dass jede Technik, die sie anwandten, für mich Sinn ergab, denn ich konnte den zugrunde liegenden Anlass erkennen, aus dem sie eine bestimmte Übung in einem bestimmten Moment durchführten. Zuweilen hatte ich Gelegenheit, Grand-Prix-Springwettbewerbe zu sehen, während ich neben Springtrainern des Olympiakaders saß und ihnen allerlei Fragen stellte. Das Gleiche tat ich, als ich neben Olympia-Medaillengewinnern im Springen saß. Ebenso sah ich Dressur-Olympia-Goldmedaillengewinnern bei Masterclass-Kursen zu, und bei allem, was sie sagten, nickte ich innerlich und sagte zu mir: „Ah! Ja, das folgt *diesem* Prinzip.“ Ich hatte das große Glück, Weltklassepferdeleute jeder Disziplin zu sehen, von Barrel Racing bis hin zu Gangpferden, und wenn ihre Techniken sowohl effektiv als auch human waren, konnte ich das Prinzip hinter jeder ihrer Entscheidungen benennen.

Im Laufe der Jahre, in denen ich Seminare gab, hatte ich damit begonnen, den Prinzipien Namen zu geben, und als ich bei Seminaren in anderen Bereichen des Pferdesports zusah, stellte ich fest, dass diese Prinzipien nicht disziplinspezifisch sind. Egal, wie vielen verschiedenen Trainern ich auf ihren Seminaren zusah, ich konnte nicht eine Sache finden, die nicht letztlich einer der von mir benannten Kategorien zuzuordnen war. Ich kam auf zwölf Prinzipien, die offenbar jede Entscheidung abdeckten, die man bei der Arbeit mit Pferden treffen kann.

Viele Pferdetrainer erweitern ihr Wissen und ihren Pferdeverstand durch schiere Masse, sie trainieren von morgens bis abends, sechs oder sieben Tage die Woche, jahrzehntelang. Auf diese Weise finden sie heraus, was funktioniert und was nicht. Die Fülle von Erfahrung lehrt sie, wie sie auf jedwede Situation reagieren können, die sich im Umgang mit Pferden ergibt. Ich bin allerdings inzwischen der Meinung, dass schon ein umfassendes Wissen darüber, wie Pferde funktionieren, in Kombination mit einem tiefen Verständnis der Prinzipien, es uns schon ermöglicht, fundierte Entscheidungen zu treffen – und das, ohne dieselbe Anzahl von Stunden mit Pferden zu arbeiten wie ein Berufstrainer, der dies ein Leben lang tut.

Um das Jahr 2015 herum wurde ich gefragt, ob ich eine TV-Sendung für den US-Sender „Farm and Ranch TV“ machen wollte. Man gewährte mir den kreativen Freiraum zu tun, was immer ich wollte. Ich entschied mich, die Sendung „The Principles of Training“ zu nennen, und diese Sen-

»

WAS METHODEN ANGEHT, SO MAG ES EINE MILLION UND NOCH EINIGE MEHR GEBEN, ABER PRINZIPIEN GIBT ES NUR WENIGE.

DER MANN, DER DIE PRINZIPIEN VERSTEHT, KANN SEINE EIGENEN METHODEN ERFOLGREICH AUSWÄHLEN.

DERJENIGE, DER METHODEN AUSPROBIERT, OHNE DIE PRINZIPIEN ZU KENNEN, WIRD MIT SICHERHEIT SCHWIERIGKEITEN HABEN.

Harrington Emerson

dung wurde später auch vom britischen Sender „Horse & Country TV" aufgegriffen und im Vereinigten Königreich und in Westeuropa sowie in Australien und Neuseeland ausgestrahlt. Ich produzierte drei Staffeln. In der ersten Staffel stellte jede Folge ein Prinzip vor, und in den späteren Staffeln demonstrierte jede Folge eines oder mehrere Prinzipien im Pferdetraining. Zu Beginn jeder Episode blendete ich das hier links stehende Zitat von Harrington Emerson ein, einem Effizienzfachmann aus dem frühen 20. Jahrhundert. Dieses Zitat spielt grundsätzlich auf die uralte Redensart an: „Gibst du einem Mann einen Fisch, so kann er seine Familie einen Tag lang ernähren, aber lehrst du ihn das Fischen, kann er seine Familie ein Leben lang ernähren." In unserem Fall bedeutet es jedoch eher dies: „Lehrst du jemanden zu verstehen, *warum* eine spezielle Technik in einer speziellen Situation anzuwenden ist, dann kann er verstehen, wie er in jedweder Situation am besten auf sein Pferd reagiert."

» **IN DEM MOMENT, IN DEM DU MEINST, ANGEKOMMEN ZU SEIN, BEGINNST DU DIE REISE ERNEUT.**

Jay Shetty

In den ersten zwölf Kapiteln dieses Buches beschreibe ich die ursprünglichen und vielfach bewährten zwölf Prinzipien, die ich über die Jahre erkannt habe und die alle Techniken abdecken, die von sämtlichen guten Pferdetrainern verwendet werden. Im dreizehnten Kapitel findest du ein Prinzip, das zwar bisher nicht allgemein Verwendung findet, von dem ich persönlich aber überzeugt bin. Ich nenne dieses Prinzip *Beziehung geht vor Horsemanship*. Horsemanship bezieht sich in diesem Fall auf die Techniken, die gute Pferdeleute und Trainer benutzen, um Pferde zu willigen, gehorsamen Partnern zu machen. Wenn man jedoch mit den Pferden auf einer tieferen, beinahe spirituellen oder seelischen Ebene arbeitet, stellt man fest, dass das alleinige Anwenden von Techniken sich ein wenig so anfühlt, wie meisterliche Manipulation. Nach meiner Erfahrung sollte zuerst eine Verbindung geschaffen werden, eine echte Verbundenheit durch Einstimmen auf das Gegenüber (Empathische Resonanz), durch das Mitteilen unserer Achtsamkeit gegenüber den kleinsten Dingen. Wenn wir das schaffen, dann eröffnet es uns und unseren Pferden eine Reise, die uns als Person verändert, nicht nur zum Nutzen des Pferdes, sondern aller fühlenden Wesen, denen wir begegnen.

Dieses 13. Kapitel mag das letzte in der Reihenfolge dieses Buches sein, aber es ist das wichtigste von allen. Es macht alles andere leichter.

Dieses Buch ist keine Schritt-für-Schritt-Bedienungsanleitung, auch wenn es vielleicht verschiedene Methoden aufzeigt, um ein Prinzip zu veranschaulichen. Dies dient jedoch lediglich dem Zweck, ein besseres Verständnis für das Prinzip zu vermitteln. Das Buch ist dazu gedacht, gelesen zu werden, Denkanstöße zu geben, mit dem Pferd zu experimentieren, um es dann später wieder zur Hand zu nehmen und noch einmal nachzulesen und schließlich zu einem eigenen, noch tieferen Verständnis des Prinzips zu gelangen.

Kapitel

01

Arbeite mit dem Pferd, das du heute hast

Das Sicherheitsbedürfnis des Pferdes

Der Mustang und das Huhn

Große blaue Bäume

Pferde sind ganz erstaunliche Geschöpfe. Umgang und Arbeit mit ihnen erwecken in uns wunderbare Gefühle aller Art: Freude, Stolz, Aufregung, Begeisterung, Selbstvertrauen, Glück und eine Reihe anderer angenehmer Empfindungen. Oft rufen sie aber auch negative, ungesunde Emotionen hervor, wie das Gefühl des Scheiterns, Enttäuschung, Bitterkeit, Verwirrung, Ärger, Zorn, Irritation und Frustration. Die Liste der Emotionen, die ich selbst bei der Arbeit mit Pferden erlebt habe, ließe sich unendlich fortsetzen. Ich weiß, dass ich damit nicht allein bin, denn häufig berichten mir Menschen von ihren negativen Erfahrungen, wenn sie mich um Rat zu Problemen mit ihren Pferden bitten. Dieses Kapitel soll nun helfen zu verstehen, wie unsere eigenen Gefühle, Gedanken und inneren Energiezustände unser Pferd beeinflussen. Dabei möchte ich jeden Einzelnen zu einer gewissen Selbstreflexion ermutigen, denn vieles von dem, was wir an unseren Pferden (und oft auch an anderen Menschen) gerne ändern würden, ist nur ein Spiegelbild unserer eigenen inneren Konflikte.

»

EXPECTATION IS THE ROOT OF ALL HEARTACHE.

Auf Deutsch:

ERWARTUNG IST DIE WURZEL ALLEN KUMMERS.

Unbekannt

Unser „New Webster Collegiate“-Wörterbuch, das meine Frau Robyn zum High-School-Abschluss von ihrem

Onkel Marc geschenkt bekam, definiert das englische Wort „heartache" wie folgt:

* **heartache** (noun): ***anguish of mind***

Das bedeutet auf Deutsch so viel wie: Seelenpein, Kummer, Herzschmerz. Gemäß dieser Definition umfasst es tatsächlich alle negativen Gefühle, die wir im Umgang mit Pferden erleben können. Scheitern: Der Verstand bekundet uns eine Niederlage. Enttäuschung: Die Dinge laufen nicht, wie man es sich vorgestellt hat. Verbitterung: Eine Erfahrung hinterlässt einen beunruhigenden, bitteren Nachgeschmack. Verwirrung: Man weiß schließlich nicht mehr, was richtig und was falsch ist. Und so weiter und so fort ...

Das erste Trainingsprinzip lautet: *Arbeite mit dem Pferd, das du heute hast.* Um das gefürchtete Horsemanship-Heartache zu vermeiden, müssen wir in der Lage sein, die Dinge so zu akzeptieren, wie sie sind, und zwar ohne zu urteilen oder Erwartungen zu hegen. Wenn man mit dem Pferd arbeitet, das gerade vor einem steht, und nicht mit dem Pferd, das vor einer Stunde im Stall stand oder das vor einer Woche auf dem Turnier war, oder gar dem Pferd, das im nächsten Monat vor einem steht, müssen wir in der Lage sein, alle Erwartungen draußen vor der Stalltür zu lassen. Keines der anderen in diesem Buch erwähnten Prinzipien wird funktionieren, wenn wir uns bei der Arbeit nicht auf das Pferd konzentrieren, das jetzt gerade vor uns steht.

Pferde haben eine hochgradig sensible Wahrnehmung für alles, was in ihrer Umgebung geschieht und – was sogar noch wichtiger ist – für unsere Energie. Wenn wir Erwartungen in unser Training einbringen, verschwenden wir unsere Konzentration und unsere Energie auf Dinge, die eigentlich gerade gar nicht passieren. Das Einzige, worauf wir uns konzentrieren sollten, sind die Informationen, die uns unser Pferd im gegenwärtigen Moment übermittelt. Wenn wir die Handlungen unserer Pferde urteilsfrei betrachten, ändert sich unsere Einstellung zur Situation. Dies erinnert an die Worte des vielseitigen Piraten Jack Sparrow aus dem Film „Fluch der Karibik", wenn er sagt: „Das Problem ist nicht das Problem; das Problem ist deine Einstellung zum Problem."

Die Geschichten, die wir selbst hineininterpretieren – in unsere Pferde und in das, was sie tun –, wirken sich direkt auf unsere innere Einstellung aus. Und diese wiederum bewirkt physische Veränderungen in unserem Körper. Wenn ein Pferd zum Beispiel Menschen zwickt oder mit dem Maul an ihnen zupft, tendieren diese häufig dazu zu glauben, es würde versuchen, sie zu beißen, also sie zu attackieren oder ihnen Schaden zuzufügen. Das Pferd wird dann wahrscheinlich dafür bestraft, was dazu führt, dass es Menschen misstraut. Zusätzlich spannt sich der Mensch an und weicht vor ihm zurück, was das Verhalten des Pferdes wieder verstärkt.

Wenn Leute sagen, dass ihr Pferd an ihnen knabbert oder sie zwickt, verweise ich gerne auf John und Julie Gottman vom Gottman-Institut in Seattle, Washington. Er – Mathematiker und Psychologe – und sie – Psychotherapeutin – zählen zu den weltweit führenden Experten in der humanwissenschaftlichen Beziehungsforschung. Ihrer Ansicht nach besteht einer der wesentlichsten Aspekte in Beziehungen darin, „Bitten nach Verbundenheit" wahrzunehmen.

Eine derartige Bitte ist jeder Versuch eines Partners, vom anderen Aufmerksamkeit, Bestätigung, Zuneigung oder eine andere positive Bestärkung zu erhalten. Die Gottmans haben drei unterschiedliche Arten definiert, wie eine Bitte nach Verbundenheit beantwortet werden kann, von denen zwei zum Beziehungsabbruch führen. Die beiden, die der Beziehung auf diese Weise Schaden zufügen, heißen *sich abwenden* und *sich dagegen richten*. Diejenige Antwort, die Beziehungen verbessert, heißt *sich zuwenden*.

Übertragen wir dies nun auf ein zwickendes Pferd: Wenn wir nun glauben, dass das Pferd versucht, uns zu beißen, könnten wir darauf reagieren, indem wir es bestrafen, womit wir uns gegen das Pferd richten. Wir könnten auch vor ihm zurückweichen, womit wir uns von ihm abwenden würden. Wenn wir das Zwicken jedoch als ein Angebot zur Kontaktaufnahme oder zur Schaffung von Verbundenheit betrachten, also als Anfrage des Pferdes, ob wir präsent sind, und wenn wir dann umsichtig und sicher für uns mit seinem Maul und seinen Nüstern interagieren, dann wenden wir uns dadurch dem Pferd zu.

Wenn wir uns also von dem Vorurteil des „Beißens" lösen und hinterfragen, *warum* das Pferd zwickt, können wir das tatsächliche Problem behandeln, und nicht die Geschichte, die wir uns zusammengereimt haben. Sobald wir die allgegenwärtigen Vorurteile und Erwartungen abstreifen, können wir daran arbeiten, die Ursache des Problems zu beheben. Wenn wir uns also mit unseren Händen einem knabbernden Pferd zuwenden, sodass sein Bedürfnis nach Kontakt gestillt wird, und wir uns gleichzeitig vor gefährlichem Verhalten schützen, können wir das Problem lösen, anstatt es aufrechtzuerhalten.

Der einzige Unterschied zwischen unseren Entscheidungen, sich in dieser Situation entweder auf das Pferd einzulassen oder es zu bestrafen, ist unsere Sichtweise auf das Geschehen. Um effektiver mit unseren Pferden kommunizieren zu können, müssen wir allerdings zunächst verstehen, wie Pferde in ihrer natürlichen Umgebung agieren.

Das Sicherheitsbedürfnis deines Pferdes

Das moderne Pferd ist ein Beutetier, das sich im Laufe von 55 Millionen Jahren aus einem kleineren, eher hirschartigen Pflanzenfresser namens Eohippus entwickelt hat. Aus einem gemeinsamen Vorfahren, von dem auch Eohippus abstammt, haben sich ebenfalls Nilpferde, Schweine, Giraffen, Kamele und auch Wale entwickelt.

Dies ist insofern relevant, als dass die meisten Arten, die auf diesen alten Vorfahren zurückgehen, in erster Linie Herden- oder Rudeltiere sind, die in Gemeinschaften leben. Über die Zeitachse von Jahrmillionen nahm die Evolution ihren Lauf und schuf eine Reihe hochsensibler Tiere, die in der Lage sind, in einer ansonsten friedlichen Situation auch den kleinsten Hinweis auf eine Gefahr wahrzunehmen. Ohne diese evolutionäre Entwicklung einer speziellen Wachsamkeit wären Herdentiere zum leichten Opfer für hungrige Säbelzahntiger geworden.

Die Domestizierung des Pferdes begann vor nur 6.000 Jahren in den Steppen der heutigen Ukraine und im westlichen Kasachstan. Wenngleich wir durch selektive Zucht erfolgreich ein modernes Pferd geschaffen haben, das den Menschen toleriert, trägt jedes Einzelne von ihnen noch immer Jahrmillionen an evolutionärer Intelligenz in sich. Ein einfaches Verständnis dieser tief verwurzelten evolutionären Verhaltensweisen ermöglicht es uns, diese im Zuge des Trainings und der Ausbildung zu unserem Vorteil zu nutzen.

In freier Wildbahn sind Pferde vom Moment ihrer Geburt an bis zu ihrem Tod nur selten außer Sichtweite eines anderen Pferdes. Ihr Überleben hängt von den wachen Sinnen der anderen Herdenmitglieder ab, sie bilden sozusagen ein Gemeinschaftsradar. Wenn sich ein Pferd auf der Weide zum Schlafen niederlegt, steht fast immer ein anderes Pferd in der Nähe. Das schlafende Pferd vertraut auf das Urteilsvermögen des stehenden Pferdes und auf dessen Warnung, sollte es eine Bedrohung wahrnehmen.

Vor ein paar Jahren war ich in Kenia, um einigen Menschen mit ihren Pferden zu helfen. Mein Quartier war von 3.500 Hektar unbebautem Land umgeben, und ich konnte, bloß eine Viertelmeile vom Haus entfernt, Herden von Zebras, Antilopen und Gnus beobachten, die durch die Landschaft streiften.

Ich bemerkte, dass das jeweils mir am nächsten stehende Tier aufhörte zu fressen und seinen Kopf hob, wenn ich mich einer grasenden Zebraherde bis auf Fluchtdistanz näherte – diese war schon erreicht, wenn ich noch mehrere hundert Meter entfernt war. Obwohl es vielleicht das einzige war, das mich sah, spürten die anderen gleich, wie seine Energie sich von Ruhe zu Neugier erhöhte, und auch sie hörten auf zu fressen, hoben ihre Köpfe und beobachteten mich.

Sobald ich signalisierte, dass ich keine Bedrohung darstellte, indem ich anhielt und wartete oder mich seitlich drehte und parallel zu ihnen bewegte, wandten sie sich schließlich wieder dem Grasen zu.

Die Fähigkeit der Pferde, die Absichten anderer Tiere zu erkennen, ist von grundlegender Bedeutung für unser Verständnis, wie wir besser mit ihnen interagieren können. Aus einer Entfernung von mehreren Fußballfeldern waren diese Zebras in der Lage, meine nicht bedrohliche Absicht zu erkennen, und mühelos in die Homöostase zurückfinden, d. h. in die stabile Ausgeglichenheit, in die Tiere nach einer körperlichen Bedrohung, wie z. B. der Flucht vor Raubtieren, zurückkehren. Im Fall der Zebras kehrte ihr Körper mühelos in einen entspannten Zustand zurück, sobald sie erkannten, dass keine Bedrohung vorlag.

Während meines Aufenthalts dort beobachtete ich auch, dass sich ein Teil der Herde zum Schlafen niederlegte, während die übrigen Mitglieder der Herde in einem Zustand entspannter Aufmerksamkeit umherstanden. In diesem Gemeinschafts-

Illustration © Rachel Urquhart

radarsystem fungieren die stehenden Herdenmitglieder als Wächter vor Raubtieren und anderen Gefahren.
Zebras, Pferde und die meisten anderen vierbeinigen Herbivoren (Pflanzenfresser) können zwar im Stehen schlafen, doch es handelt sich dabei nur um leichtes Dösen. Pferde müssen sich tatsächlich niederlegen, um in den REM-Schlaf zu fallen (REM steht für Rapid Eye Movement und damit für die Traumschlafphase. Gekennzeichnet ist diese Schlafphase durch absolute körperliche Entspannung und daher funktioniert der REM-Schlaf nur im Liegen. Obwohl der REM-Schlaf die kürzeste Phase ist, ist er absolut essenziell für die Regeneration des Pferdes!). Ich weiß zwar nicht, wie viel REM-Schlaf Zebras benötigen, aber Pferde benötigen mindestens alle 24 Stunden etwa 30 bis 40 Minuten davon.

Wohlgemerkt waren die umstehenden Zebras nicht in höchster Alarmbereitschaft – die liegenden wären bei derartiger Spannung in der Luft nicht zur Ruhe gekommen –, aber sie waren keinesfalls unaufmerksam. Sie grasten nicht, während die anderen schliefen, sie kraulten sich nicht gegenseitig und sie träumten auch nicht von dem grünen Gras auf der anderen Seite des Berges. Sie befanden sich in einem absoluten Zustand der Gegenwärtigkeit, indem sie sich weder Gedanken über das machten, was passieren könnte, noch über das, was bereits passiert war.

Dieser Geisteszustand ist für uns Menschen fast unvorstellbar, da wir die meiste Zeit unseres Lebens damit verbringen, entweder die Zukunft zu planen oder die Vergangenheit zu reflektieren. Die Fähigkeit, sich in einem bewussten Zustand der Gegenwärtigkeit zu befinden und die Energie der anderen Herdenmitglieder zu lesen, ist für Pferde hingegen Teil ihres evolutionären Sicherheitssystems. Wenn sich die Energie der Herde verändert, wird ein schlafendes Zebra dies sofort bemerken und sich aus seinem Schlummer erheben, bevor es zum saftigen Snack wird.

Ganz gleich, mit welchem Pferd wir heute arbeiten, es wird immer innerhalb seiner evolutionär angepassten Verhaltensweisen agieren und reagieren. Wir können nicht erwarten, die Natur des Pferdes zu unseren Lebzeiten zu ändern. Das Radar der Herdengemeinschaft ist eines der grundlegendsten Konzepte in jeglichem Training, das auf Bindung basiert. Zu unserem Glück müssen wir uns nicht wie Pferde verkleiden, um in ihrer Herde akzeptiert zu werden und ebensolche vertrauensvollen Beziehungen aufzubauen. Alles, was wir tun müssen, ist, unseren Pferden konsequent zu vermitteln, dass sie unserem Urteilsvermögen vertrauen können, wenn der Fall eintritt, dass sich eine Gefahr zeigt. Wann immer wir mit unseren Pferden interagieren, dürfen wir nie ihre evolutionäre Vergangenheit vergessen und inwiefern diese ihren Entscheidungsprozess beeinflusst.

Sie wissen, wenn du es weißt

Ray Hunt war der Urvater der modernen Horsemanship-Bewegung. Ray lernte Horsemanship von Tom Dorrance. Tom und seine Brüder Bill und Fred lernten es, so glaube ich, durch ihre enge Verbindung zur Erde, zu den Tieren und zu anderen Menschen. Je mehr ich über die soziale Entwicklung des Menschen und die Geschichte indigener Völker erfahre, desto mehr stelle ich fest, dass diese Völker überall auf der Welt eine Verbindung zum Leben selbst aufrechterhalten haben. Die meisten modernen Menschen haben den Kontakt zur Natur verloren, weil sie in von Menschen geschaffenen Gesellschaften leben, die sich selbst der Verbindung zur Natur beraubt haben.

Obwohl ich die Dorrances nie getroffen habe, stellten all jene, die ich traf und die sie kannten, fest, dass die Brüder einen prozessorientierten Ansatz verfolgten, der im Gegensatz zu dem sonst häufig gängigen ergebnisorientierten Zugang stand. Sie arbeiteten stets an dem, was im Moment ihre Aufmerksamkeit erforderte, und zwar einzig und allein aus diesem Grund, und nicht wegen eines erhofften späteren Nutzens.

Die spirituellste der alten hinduistischen Praktiken wird Karma-Yoga genannt. Im Wesentlichen geht es beim Karma-Yoga darum, sich auf eine Aufgabe zu konzentrieren, ohne dabei an das Ergebnis dieser Aufgabe zu denken. Es geht darum, gegenwärtig zu sein und sich nur auf das zu konzentrieren, was im Jetzt geschieht, ohne an die Früchte der eigenen Handlungen oder Entscheidungen zu denken. Es heißt auch, dass Karma-Yoga einen Weg beschreibt, wie man spirituelle Befreiung durch Arbeit erreichen kann.

Ray Hunt sagte immer: „They know when you know, and they know when you don't." Auf Deutsch: „*Sie wissen, wenn du es weißt, und sie wissen, wenn du es nicht weißt.*"

Ich dachte früher, das sei nur ein weiterer kerniger Spruch, der mehr oder weniger bedeutet, dass ein Pferd weiß, wenn man keine Ahnung von dem hat, was man tut. So wie man ein Greenhorn im Umgang mit Pferden schon von Weitem erkennt. Ich lag gewaltig falsch: Es geht nicht darum, WAS man weiß, sondern vielmehr WANN, also ob man gewisse Dinge zum Zeitpunkt X weiß beziehungsweise bemerkt.

Ich habe diesen Satz nie verstanden, bis ich einen Artikel von jemandem las, der viel mit Ray gearbeitet hat. In dem Artikel sagte der Autor, dass man sich seines Pferdes jederzeit bewusst sein muss. Man muss wissen, was die Füße tun, was die Augen tun, was die Ohren tun, was der Schweif macht, wie es atmet und was Maul und Nüstern tun, denn „*Sie wissen, wenn du es weißt, und sie wissen, wenn du es nicht weißt*".

Sie wissen, wann wir mit unseren Gedanken gegenwärtig und geistig präsent im Moment sind: wenn wir nicht an unsere Kinder, unseren Job oder das Abendessen denken. Dieser Mangel an Aufmerksamkeit ist einer der Hauptgründe für Probleme, die ich Menschen verursachen sehe, und einer jener, die ehrlich gesagt am leichtesten zu verhindern wären.

In meinen Seminaren frage ich oft in die Runde: „Hat jemand von euch schon einmal eine Waffe in der Hand gehabt?"

Stets heben mindestens ein paar Leute die Hand.

Dann frage ich: „Habt ihr, während ihr die Waffe in der Hand hattet, jemals vergessen, dass ihr sie in der Hand hattet?"

Alle Teilnehmer schütteln sofort den Kopf und lachen ein wenig, so, als ob das eine dumme Frage wäre.

„Natürlich nicht!", ist die einhellige Antwort.

„Aber", sage ich dann, „ihr habt kein Problem damit, selbstvergessen herumzustehen, während euer 500 Kilo schweres Nutztier den Kopf schnaubend in den Himmel reckt und wegen jedem herabfallenden Blatt ausflippt."

In den letzten Jahren wurden meine Seminare immer weniger und weniger aufregend: Ich jage die Pferde nicht mehr herum und lasse sie auch nicht mehr wieder und wieder mit der Hinterhand weichen.

Häufig passieren schon große Veränderungen bei den Pferden, wenn ich lediglich den Führstrick übernehme und beginne zu lesen, wo sich das Pferd gerade befindet, sowohl physisch als auch mental. Allein die Tatsache, dass ich dem Pferd Aufmerksamkeit schenke, führt oft zu einer sofortigen Reaktion. Plötzlich steht das Pferd, das seit es mit seinem Besitzer die Halle betrat, nicht einen Moment stillstehen konnte, geduldig vor mir, mit gesenktem Kopf, ruhiger Atmung, deutlich entspannter – und ich habe noch nicht einmal etwas getan!

Das mag vielleicht ein bisschen verrückt klingen. Was ich jedoch damit ausdrücken möchte, ist Folgendes: Pferde können im Grunde unsere Gedanken lesen. Sie wissen, ob man sich dessen bewusst ist, was um einen herum geschieht, oder ob man mit den Gedanken ganz woanders ist. Wenn wir in der Nähe unserer Pferde sind, verhalten wir uns entweder wie ein Teil der Herde und wie ein Teil ihres Sicherheitssystems oder eben nicht. Wenn wir im Moment gegenwärtig sind, uns unserer Umgebung, unseres Körpers und der Gefühle unseres Pferdes bewusst sind, kann es sich in unserer Gegenwart entspannen und weiß, dass wir im Falle eines Falles aufmerksam genug sind, wichtige Informationen durch eine Veränderung unserer Energie weiterzugeben.

In ihrem Buch *Animals In Translation* (deutsch: „Tiere übersetzt") spricht die Autorin und Autismus-Botschafterin Temple Grandin über ihren eigenen Autismus und ihre Erfahrung als jemand, der nur in Bildern und nicht in Worten denkt. Sie ist der Meinung, dass viele autistische Menschen und präverbale Kinder dies ebenfalls tun und aus diesem Grund so gut mit Tieren in Kontakt kommen.

Nachdem ich dieses Buch gelesen und mit Pferden experimentiert habe, glaube ich tatsächlich, dass all unser mentales Geplapper für Pferde wie weißes Rauschen sein muss. Ich habe festgestellt, dass das Pferd umso besser auf mich reagiert, je mehr ich mich ganz auf das Pferd einlasse und dadurch das geistige Geschnatter ausschalte.

Die Vorstellung, dass Pferde unsere Gedanken lesen können, mag zunächst seltsam erscheinen. Es bedeutet jedoch nicht, dass sie die kleine Stimme in unserem Kopf hören können; sondern es bedeutet lediglich, dass sie wissen, ob wir geistig in der Gegenwart präsent sind.

Um mit unseren Pferden effektiv kommunizieren zu können, müssen wir dies auf eine Weise tun, die sie verstehen. Denn Pferde leben immer nur im gegenwärtigen Moment. Unsere größte Herausforderung besteht also darin, uns selbst auf diese Ebene des Bewusstseins zu begeben. Wir müssen unsere alten Gewohnheiten und Vorurteile abbauen, um uns mit unseren Pferden auf eine Wellenlänge zu begeben. Für einige wird dies natürlicher sein als für andere, aber jeder hat die Möglichkeit, sich wieder mit der natürlichen Welt zu verbinden, und unsere Pferde bieten uns einen wunderbaren Resonanzboden, um zu prüfen, ob wir bei dieser Wiederverbindung gute Arbeit leisten.

Tom Dorrance und die scheue Katze

Der menschliche präfrontale Kortex ist eines der am weitestentwickelten Systeme im Universum. Die Entwicklung der menschlichen Sprache und Gesellschaft hat es dem Menschen allmählich ermöglicht, sich von reaktiven, instinktgesteuerten Tieren in berechnende, reaktionsfähige Halbgötter zu verwandeln, die Wettermuster vorhersagen und Wirtschaftssysteme schaffen können. Der moderne Mensch muss sich nicht mehr so sehr auf die Körpersprache verlassen, da wir jetzt die Fähigkeit haben, in über siebentausend von uns erdachten Sprachen zu sprechen, und kann auf Facebook mit Menschen kommunizieren, die Tausende von Kilometern entfernt sein können.

Pferde hingegen sind nicht in der Lage, ihre Gefühle verbal zu kommunizieren, und sie haben zum Glück noch nicht herausgefunden, wie man Facebook benutzt. Sie können den Löwen nicht fragen, ob er nur einen Spaziergang zur Wasserstelle macht, oder ob er plant, sie heute zum Abendessen zu verspeisen. Pferde verlassen sich noch immer auf die äußere Körpersprache anderer Tiere, um herauszufinden, was vor sich geht, und darin sind sie sehr gut. Eine der größten Diskrepanzen, die ich zwischen Menschen und ihren Pferden sehe, ist die Tatsache, dass die Menschen vergessen, dass Pferde die Gefühle, die wir in uns tragen, sowie deren äußerliche Anzeichen (angespannte Schultern, starrender Blick usw.) wahrnehmen. Wenn wir eine wirklich tiefe Verbindung zu unserem Pferd haben wollen, müssen wir daran arbeiten, wer wir innerlich sind.

Vor ein paar Jahren traf ich einen älteren Horseman namens John, der viel Zeit mit Tom Dorrance verbracht hatte. John hatte eine wilde Stallkatze auf seiner Ranch, die allerdings stets so schnell von einem Versteck zum anderen huschte, dass sie kaum zu entdecken war. Er wusste nicht einmal, wie sie wirklich aussah – einzig, dass sie irgendwie schwarz-weiß gefleckt war, wusste er.

Er erzählte, dass Tom ihn eines Tages besuchte, nachdem sie sich ein paar Jahre lang nicht gesehen hatten, und sie saßen in der Stallgasse und unterhielten sich. Nach einer Weile huschte die wilde Scheunenkatze quer über das andere Ende der Stallgasse. Kurze Zeit später saß die Katze am anderen Ende der Stallgasse, und John erzählte, dass dies das erste Mal gewesen sei, dass er die Katze richtig betrachten konnte.

Während John und Tom sich unterhielten, wurde die Katze auf wundersame Weise immer mutiger und setzte sich näher und näher an die beiden Männer heran.

„Irgendwann stand die Katze plötzlich da und rieb ihren Kopf an Toms Bein", erzählte John ungläubig. „Tom blieb zwei Tage lang, und die Katze folgte ihm die ganze Zeit über wie ein Hund. Als Tom abreiste, wurde die Katze wieder so scheu und verwildert wie zuvor. Es war einfach unglaublich."

Tom lockte die Katze nicht, ermutigte sie nicht, er sah sie nicht einmal an. Die Katze muss einfach etwas in Tom gespürt haben, was sie normalerweise bei Menschen sonst nicht wahrnahm, und das war es, was sie angezogen hat. Es ist diese Art von Energie, die es Tieren ermöglicht, sich in unserer Nähe zu entspannen. Wenngleich es für Tom die natürlichste Sache der Welt war, beweist dies zumindest, dass so etwas möglich ist. Es ist dieselbe Art von Bewusstseinsenergie, die jene Zebras haben, die wachen, während die anderen schlafen.

Cody, der Mustang

Als ich begann, die Trainingsprinzipien zu entwickeln, hieß das Prinzip *Arbeite mit dem Pferd, das du heute hast* noch *Höre auf das Pferd, das du heute hast*. Dieses Prinzip war eine bittere Pille, die ich schlucken musste, als jemand, der in der Vergangenheit stundenlang geredet hatte, oft auch über andere Menschen. Ich war so sehr daran gewöhnt, meinen Pferden, Kunden und Mitarbeitern zu sagen, was sie zu tun hatten, dass ich übersah, wie wichtig es ist zuzuhören.

Zuhören war eine Fähigkeit, die ich erst entwickeln musste. Häufig, wenn ich dachte, dass ich eigentlich „zuhöre", war ich tatsächlich damit beschäftigt, eine Antwort in meinem Kopf zu formen, während ich der Person oder dem Pferd nur am

Rande Aufmerksamkeit schenkte. Als ich jedoch anfing, mich voll und ganz aufs Zuhören zu fokussieren, ohne derweil eine Antwort zu formulieren oder bestimmte Erwartungen zu hegen, eröffnete sich mir eine ganz neue Welt: Wenn wir einem Pferd unsere ungeteilte Aufmerksamkeit schenken, beginnt es, sich in unserer Gegenwart wohl und sicher zu fühlen.

Wie deutlich Pferde unsere Aufmerksamkeit wahrnehmen, habe ich vor ein paar Jahren bei einem dreitägigen Seminar in Texas erfahren. Eine der Teilnehmerinnen, Hannah, hatte einen neunjährigen Mustang namens Cody. Nachdem er sechs Jahre lang bei Hannah gelebt hatte, war Cody im Großen und Ganzen gut erzogen, bis auf das eigenartige Problem, dass er völlig willkürlich durchging. Es war nicht etwa so, dass er immer oder regelmäßig durchging: Es geschah scheinbar zufällig und ohne erkennbaren Auslöser.

Die übliche Problemlösung bei durchgehenden Pferden dreht sich in der Regel darum, die Angst oder Phobie zu erkennen, die sie zum Durchgehen veranlasst, und sie dann langsam an diesen Auslöser zu gewöhnen. Psychologen bezeichnen dieses Vorgehen als Expositionstherapie oder sukzessive Annäherung. Bei der sukzessiven Annäherung führt man langsam den kleinstmöglich rekonstruierbaren Teil des Auslösers ein und steigert die Intensität dieses Auslösers schrittweise, bis sich das Pferd daran gewöhnt hat. Wenn man jedoch nicht weiß, was der Auslöser ist, ist das Problem sehr schwer zu lösen. Manchmal haben die Fälle auch mehr mit einem grundlegenden Angst- oder Spannungsniveau zu tun, das sich leicht in ein Durchgehen entladen kann. Bei derart unberechenbaren Fällen ist ein Ansatz erforderlich, der die Beunruhigung des Pferdes bereits in den frühen Phasen des Trainingsprozesses von Grund auf abträgt.

Die meisten meiner Seminare haben zwölf Teilnehmer. Obwohl ich es inzwischen etwas anders handhabe, hatte ich früher sechs Menschen und Pferde in der Vormittagsgruppe und sechs in der Nachmittagsgruppe. Am ersten Tag erarbeitete ich mit Cody Grundsätzliches am Boden, nichts Besonderes. Am zweiten Tag arbeitete Hannah daran, Codys Hinterhand weichen zu lassen. Dabei fordert man das Pferd auf, mit den Hinterbeinen überzutreten – idealerweise sollte es das tun, indem es seine Bauchmuskeln anspannt und mit dem inneren Hinterbein unter den Körper tritt, anstatt die Beine steif nebeneinander zu stellen oder etwa einen Schritt nach hinten zu machen.

Die Fähigkeit der Pferde, sich mit beiden Hinterbeinen gleichzeitig abzustoßen, ist seit Tausenden von Jahren eine ihrer besten Überlebenstaktiken. Ihre muskulöse Hinterhand bietet unmittelbaren Zugang zu enormer Kraft. Damit Pferde diese Kraft jedoch effektiv nutzen können, müssen ihre Hinterfüße parallel zueinander in der Körperachse stehen. Wenn ein Pferd beim Übertreten der Hinterhand mit den Hinterbeinen zusammen oder nach hinten tritt, ist das ein ernst zu nehmendes Anzeichen dafür, dass es unter Spannung oder unter Stress steht, was in hochexplosives Verhalten wie Durchgehen, Bocken, Springen, Treten usw. münden kann. Wenn ein Pferd beim Weichen mit der Hinterhand jedoch entspannt mit dem inneren Bein nach vorwärts-außen tritt und dabei vor das äußere Bein kreuzt, ist das ein Zeichen dafür, dass es sich sicher genug fühlt, um auf die Option zu verzichten, im Falle einer Gefahr über alle Berge zu flüchten.

Hannah sagte mir, dass sie ein Problem mit Cody beim Weichenlassen der Hinterhand hatte. Wenn sie sich seiner linken Seite von vorne näherte, stellte er sich ihr mit seinem Kopf in den Weg. Oftmals, wenn so etwas passiert, ist es so, dass das Pferd die Gedanken des Menschen liest. Wenn der Mensch die Position vor dem Pferd verlässt, denkt er nicht: „Ich gehe um seine Schulter herum", sondern: „Ich gehe um seine Schulter herum und lasse ihn mit der Hinterhand weichen."

Das Pferd liest dieses mentale Bild, die Energie und die Körpersprache und beginnt gleich zu erahnen, dass es im nächsten Moment mit der Hinterhand weichen muss. Wenn der Mensch nun beginnt, um die Schulter herumzugehen, wird das Pferd seine Hinterhand bereits nach rechts bewegen, was dazu führt, dass sich sein Kopf nach links bewegt. In der Folge denkt der Mensch, das Pferd würde versuchen, sich ihm in den Weg zu stellen.

Wenn jemand ein Problem mit einer Technik hat, übernehme ich normalerweise und probiere sie selbst aus. Wenn ich die Hinterhand eines Pferdes weichen lasse, konzentriere ich meine Absicht zuerst voll darauf, auf die Seite des Pferdes zu gelangen, und normalerweise blockt mich das Pferd dann auch nicht ab. Auch bei Cody hatte ich die Absicht, lediglich um seine linke Seite herumzugehen, aber als ich dazu ansetzte, drehte er seinen Kopf und blockte mich ab. In der Vergangenheit hätte ich darauf vielleicht anders reagiert, aber ich war zu dieser Zeit dabei, mit neuen Ansätzen zur Problemlösung zu experimentieren. Anstatt das Verhalten zu korrigieren, nahm ich es als eine sehr subtile Mitteilung wahr, dass er meinetwegen beunruhigt war.

Ich trat also etwas zurück und wartete auf ein Zeichen von Cody, dass seine Besorgnis zurückging. Ich wartete, bis er wieder zu blinzeln begann, denn ein starres Auge ist ein deutliches Zeichen dafür, dass ein Pferd sich gestresst fühlt.

Dann versuchte ich es erneut, und wieder blockte er mich ab. Ich trat erneut zurück, um ihm zu zeigen, dass ich auch diese kleine Geste der Beunruhigung gesehen hatte. Das Ganze wiederholte ich etwa zehn Minuten lang.

Schließlich konnte ich auf dieser Seite um ihn herumgehen, ohne dass er mich abblockte oder Besorgnis zeigte.

Dann dachte ich: „Ich frage mich, was ich sonst noch an Kleinigkeiten ausprobieren könnte, um zu sehen, ob er auch dabei Anzeichen von Beängstigung zeigt?"

Ich beschloss, einfach meine Hand auf seinen Hals zu legen und auf ganz subtile Anzeichen von Stress zu achten. Als meine Hand seinen Hals berührte, hob er seinen Kopf etwa einen Zentimeter an, woraufhin ich meine Hand wieder wegnahm und von ihm zurücktrat.

Ich wartete, dann trat ich erneut vor und versuchte es noch einmal. Wieder hob er den Kopf, und ich trat zurück, um seine Besorgnis zu würdigen. Auch das ging etwa zehn Minuten lang so, bis ich schließlich vor ihn treten, um ihn herum bis zu seiner Schulter gehen und dann meine Hand auf seinen Hals legen konnte, ohne dass er Anzeichen von Beunruhigung zeigte.

Als Nächstes arbeitete ich am Übertreten der Hinterhand, wie Hannah es getan hatte, und konnte schließlich von vorne auf seine Seite gehen, meine Hand auf seinen Hals legen und ihn dann mit der Hinterhand weichen lassen, ohne dass Cody jegliche Zeichen der Angst zeigte.

Dieser schrittweise Prozess ähnelte sehr der zuvor erwähnten sukzessiven Annäherung, obwohl ich mich dieses Mal hauptsächlich auf die subtilen Anzeichen von Anspannung, das leichte Anheben des Kopfes, das Blinzeln (oder dessen Fehlen) und das Zucken um Maul und Nüstern konzentrierte. Ich machte erst weiter, wenn Cody mit der Position meiner Hand komplett einverstanden war.

Das dauerte insgesamt etwa eine halbe Stunde. Dann übergab ich ihn zurück an Hannah. Sie fragte: „Was soll ich jetzt mit ihm machen?", worauf ich antwortete: „Bleib einfach da stehen, sei bei ihm und lass ihn über all das nachdenken."

Ich ging und widmete meine Aufmerksamkeit also einem anderen Seminarteilnehmer. Etwa zehn Minuten später hörte ich ein kollektives Luftschnappen der Zuschauer. Ich drehte mich um und sah, wie Cody sich auf die Vorderfußwurzelgelenke fallen ließ, dann auf den Bauch legte und einschlief, wobei er kleine Staubwolken über den Hallenboden schnarchte. Er döste eine Weile, dann wälzte er sich genussvoll, stand auf, schüttelte sich, legte sich wieder hin und schlief erneut ein.

Wir alle sahen einige Minuten lang schweigend zu, während er schlief. Er wälzte sich noch einmal und schlief wieder ein. Er schlief bis Mittag, ohne sich um die Menschenmenge, den Lärm der Lautsprecher und die anderen Pferde, die an ihm vorbeiliefen, zu kümmern.

Während er seine Ruhe genoss, fragte ich Hannah, ob er sich denn häufiger einfach so hinlegt und schläft. Sie erzählte mir, dass sie ihn in den sechs gemeinsamen Jahren nur ein einziges Mal habe liegen sehen. Damals habe er auf der Weide gelegen, aber sobald er ihre Anwesenheit in der Ferne bemerkte, sei er aufgesprungen.

Als Hannah Cody am nächsten Morgen in die Arena führte, fragte sie mich, was sie mit ihm tun sollte. Ich meinte, sie könne vielleicht einfach bei ihm bleiben und sehen, was passiert. Das tat sie, und nach etwa zwanzig Minuten legte er sich wieder hin und schlief fest ein. Obwohl andere Pferde um ihn herumgeritten wurden, blieb er für die nächsten drei oder vier Stunden regungslos liegen.

Nach diesem Seminar recherchierte ich ein wenig, um herauszufinden, warum Cody so plötzlich eingeschlafen war. Ich fand her-

Illustration © Rachel Urquhart

aus, dass Pferde sich hinlegen müssen, um in die REM-Schlafphase zu gelangen, und dass sie ängstlich und unruhig werden können, wenn sie nicht ausreichend REM-Schlaf bekommen. Während dieser Schlafphase befinden sich Säugetiere in einem tiefen Lähmungszustand des Körpers, auch wenn ihr Geist relativ aktiv ist. Um sich dazu hinlegen zu können, müssen sich Pferde jedoch auch sicher genug fühlen.

Offenbar hatte sich Cody in den sechs Jahren zuvor nicht sicher gefühlt. Drei Jahre nach diesem Seminar sprach ich mit Hannah und erfuhr, dass er seither nie wieder durchgegangen war.

Die Frage drängt sich auf: „Was habe ich getan, damit er sich sicher fühlt? Sicher genug, um sich mitten im Seminar hinzulegen, und sicher genug, um nie wieder durchzugehen?"

Ich ließ Cody wissen, dass ich sehr präsent war. Ich ließ ihn wissen, dass ich präsent genug war, um all die kleinen Dinge zu bemerken.

Ich ließ ihn wissen, dass ich geistig im Hier und Jetzt war, keine Agenda verfolgte und – das war wohl am wichtigsten – dass ich bereit war, ihm zuzuhören und mich geduldig mit ihm durch seine Besorgnis hindurchzuarbeiten.

Diese Herangehensweise war anders als alle anderen Methoden, die ich normalerweise bei einem Durchgänger vorgeschlagen hätte. Aber seither bin ich viel achtsamer geworden, wenn es darum geht, die leiseste Anspannung eines Pferdes zu erkennen und zu lösen.

Cody hat mir die Augen geöffnet und ließ mich erkennen, wie wichtig Bewusstheit ist und wie sie den Pferden in unserer Nähe Sicherheit vermitteln kann. Als ich erkannte, dass Cody nicht bereit für das war, was ich zu tun versuchte, musste ich mich von meinen Erwartungen lösen. Ich musste mich selbst zurücknehmen und herausfinden, was Cody in diesem Moment brauchte. Ich habe mit dem Pferd gearbeitet, das ich an diesem Tag hatte.

Der Mustang und das Huhn

Ein ähnliches Erlebnis bescherte mir einige Monate später ein anderer Mustang in einem Seminar auf unserer Ranch in Kalifornien. Der Mensch, der den Mustang zu dem Seminar mitbrachte, war ein sogenannter TIP-Trainer (Trainer Incentive Program, deutsch: Trainer-Anreiz-Programm) der Mustang Heritage Foundation. Das TIP wurde gegründet, um die Kluft zwischen der Öffentlichkeit und dem Übermaß an Mustangs, die nach dem Einfangen in sogenannten Off-Range-Corrals gehalten werden, zu schließen. Die Mustang Heritage Foundation bezahlt die Trainer für die Ausbildung der Pferde, die anschließend auf einer Auktion verkauft werden.

Dieser TIP-Trainer jedenfalls wollte mit dem Mustang an einem Extreme Mustang Makeover teilnehmen. Das ist ein Wettbewerb, bei dem die Trainer im Vorfeld 100 Tage für die Ausbildung der Pferde zur Verfügung haben, um in dieser Zeit so viel wie möglich zu erreichen, bis sie bei einem Makeover-Event gegeneinander antreten. Anschließend werden die Pferde öffentlich versteigert.

Dieses Pferd war seit sieben Wochen in menschlicher Obhut und bereits kastriert worden. Der Ausbilder war ein geschickter Reiter, machte mit dem Pferd bereits einiges an Bodenarbeit und war sogar schon ein paarmal auf ihm geritten.

Das Erste, was mir auffiel, war, dass der Mustang zwar gehorsam war, aber irgendwie verschlossen schien. Ein Pferd im „Shutdown"-Modus hat sich mental in sich selbst zurückgezogen und tut so, als ob es gar nicht da wäre. Es läuft nicht weg und es kämpft nicht; es hat seine Niederlage akzeptiert und wartet darauf, dass alles irgendwie vorübergeht.

Wenn er stand, hatte der Mustang keinen Gesichtsausdruck, seine Ohren bewegten sich nicht und seine Augen wirkten beinahe ein wenig glasig. Wenn der Trainer ihn aufforderte, sich zu bewegen, tat er das, aber seine Bewegungen waren steif, ohne Leben, Energie oder Leichtigkeit.

Ich fragte, ob ich etwas mit dem Pferd ausprobieren könnte. Ich wollte nichts von ihm verlangen, denn das schien das Pferd nur noch verschlossener zu machen. Also nahm ich den Führstrick in die Hand und überlegte. Ich hatte zuvor bereits in Seminaren mit neuen Techniken experimentiert, aber noch nichts davon wirklich konkretisiert.

Ich beschloss, mich ihm langsam zu nähern und dabei auf kleinste Anzeichen von Besorgnis oder Anspannung zu achten.

Ich bewegte mich langsam am Strick auf ihn zu, und als ich etwa eineinhalb Meter von ihm entfernt war, bemerkte er meine Annäherung und hob leicht den Kopf. Sofort blieb ich stehen und trat zurück, um den Druck, den meine Anwesenheit auf ihn ausübte, zu verringern.

Dann wartete ich auf ein Anzeichen der Entspannung. Nachdem ich ein paar Minuten gewartet hatte, bemerkte ich, dass er wieder zu blinzeln begann.

Wenn Pferde angespannt sind, verlangsamt sich die Frequenz ihres Blinzelns, manchmal sogar bis auf null. Denn wenn sie sich bedroht fühlen, müssen sie ihre Augen offen halten, um die Umgebung nach Gefahren abzusuchen. Bevor ich mich ihm genähert hatte, hatte er überhaupt nicht geblinzelt: Er war in einem Zustand der Verschlossenheit gefangen. Ich glaube, indem ich zurücktrat, als er den Kopf hob, habe ich ihm mitgeteiltt, dass ich ihn und jede kleine Veränderung, die er durchmacht, wahrnehme, und dass ich bereit bin, meine Handlungen seinem Sicherheitsbedürfnis anzupassen. Bei der Arbeit mit Pferden geht es nicht um Perfektion, sondern nur um eine Verbesserung des bestehenden Verhaltens. In diesem Fall ist ein langsames Blinzeln zwar nicht großartig, aber besser als gar kein Blinzeln.

Unser Wechsel zwischen Annäherung und Rückzug dauerte eine ganze Weile an, bis der Mustang anfing, Interesse an mir zu zeigen. Er streckte mir seine Nase entgegen, als wolle er mir die Hand geben, wich aber dann zurück und schnaubte, als wäre die Begegnung mit einem Menschen doch zu überwältigend für ihn. Nachdem er dieses Schnüffeln und Schnauben ein paarmal wiederholt hatte, dachte ich, dass vielleicht schon meine frontale Ausrichtung zu ihm zu großen Druck ausübte. Also drehte ich ihm den Rücken zu und schaute in die andere Richtung. Das ermutigte ihn ein wenig und er begann, sich mir zu nähern. Er schnupperte an meinem Rücken, verlor aber wieder die Nerven, schnaubte und wich zurück.

Ich beschloss, dass selbst meine von ihm abgewandt stehende Position zu viel war. Also setzte ich mich auf den Boden und kreuzte die Beine. Kaum hatte ich das getan, spreizte er die Beine und urinierte. Zum Glück saß ich weit genug weg.

„Das zeigt, dass er entspannt ist!", riefen die Zuschauer aufgeregt. Ich war mir damals nicht sicher, ob das die richtige Erklärung war, aber inzwischen habe ich nachgeforscht und herausgefunden, dass Pferde das Urinieren zurückhalten können, bis sie sich sicher fühlen. Auch Zuchtstuten können ihre Wehen hinauszögern, bis sie sich sicher fühlen. Wer schon einmal im Stall geschlafen hat, um der Geburt eines Fohlens beizuwohnen, und dessen Fohlen ausgerechnet dann geboren wurde, als er oder sie kurz duschen ging, versteht nun, warum.

Mehr habe ich an diesem Tag nicht mit dem Pferd gemacht. Am nächsten Tag begann der Trainer wieder mit dem Gehorsamstraining, das er bereits am vergangenen Tag gemacht hatte. Er sagte dem Pferd, was es tun sollte, statt darauf zu hören, was das Pferd auch bereit und in der Lage war zu tun. Ich schlug vor, mehr von dem auszuprobieren, was ich tags zuvor gemacht hatte, und nahm ihm das Pferd ab.

Die Dinge entwickelten sich deutlich schneller als am Vortag, und der Mustang begann viel früher, sich mir zu nähern und sich mit mir zu beschäftigen. All das wurde möglich, weil ich einfach zurücktrat, wann immer er mir zeigte, dass ihn meine Nähe beunruhigte. Diesmal spreizte er seine Beine und urinierte, während ich ihm noch gegenüberstand.

Während ich den Zuschauern eine Geschichte über einen Artikel erzählte, den ich vor zwanzig Jahren gelesen hatte und der stark mein Interesse an den mentalen Aspekten des Pferdetrainings geweckt hatte, schien der Mustang plötzlich zehn Zentimeter größer zu werden. Ich stand ihm frontal gegenüber. Er hob den Kopf, spitzte die Ohren und blickte mit großem Interesse über meine linke Schulter. Dann

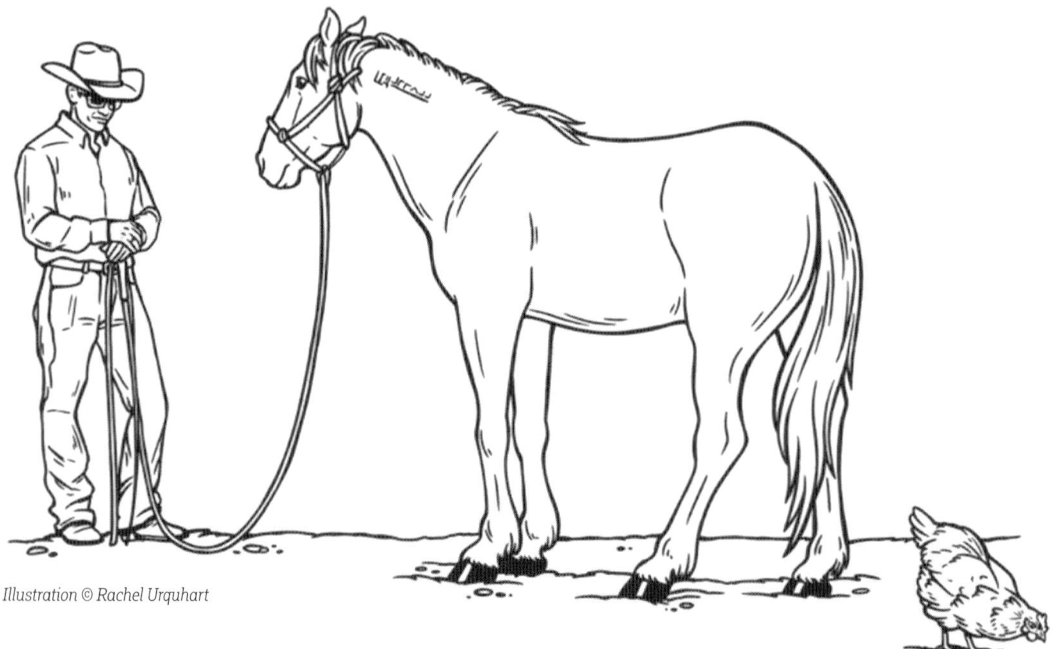

Illustration © Rachel Urquhart

ging er langsam am losen Strick rechts um mich herum.

Das war das erste Mal, dass er sich in unseren zwei gemeinsamen Einheiten bewegt hatte. Er ging einen Halbkreis um mich herum und blieb, meinem Rücken zugewandt, stehen. Ich erklärte dem Publikum, dass ich mir nicht sicher war, was ihn zu dieser Bewegung veranlasst hatte.

Sein Besitzer meinte: „Vielleicht beschützt er dich vor dem Huhn", und als ich mich umdrehte, sah ich, dass sich uns eines unserer Ranch-Hühner genähert hatte.

Ich bezweifelte, dass seine Bewegung etwas mit den Hühnern zu tun hatte, denn sie waren bereits am Vortag überall in der Arena herumgelaufen.

Dann kam das Huhn näher. Daraufhin lief der kleine Mustang wieder um mich herum, diesmal zwei volle Runden. Der Führstrick blieb stets locker, und das Pferd war tatsächlich im ganzen Körper weich gebogen – etwas, das er bei der Bodenarbeit mit dem Trainer nicht gezeigt hatte. Er blieb erneut stehen und positionierte seinen Körper zwischen mir und dem Huhn.

„Er beschützt dich wirklich vor dem Huhn. Er denkt, du bist Teil seiner Herde", meinte der Besitzer.

Als das Huhn schließlich davonging, verhielt sich der Mustang wieder so wie vor der Annäherung des Huhns.

Um es noch einmal zu betonen: Diese tiefgreifende Veränderung wurde nicht dadurch herbeigeführt, dass ich ihn zu etwas aufforderte, sondern weil ich ihn wissen ließ, wie viel Aufmerksamkeit ich ihm schenkte. Die Begegnungen und Interaktionen mit diesen beiden Mustangs veränderten meinen generellen Umgang mit Pferden. Von diesem Zeitpunkt an wollte ich herausfinden, wie die subtilen Anzeichen von Anspannung die Art und Weise beeinflussen, wie unsere Pferde auf unsere Anwesenheit und unser Training reagieren.

Das Gefühl, angestarrt zu werden

Pferde sind sich sowohl unseres inneren als auch unseres äußeren Energiezustands äußerst bewusst. Innerlich bestimmen unsere Absichten, Geduld und Stimmung, wie unsere Pferde das interpretieren, was in unseren Köpfen vorgeht. Äußerlich vermitteln unsere Körperhaltung, unser Gesichtsausdruck und unser Tonfall alle Informationen, die unsere Pferde benötigen. Oft spiegeln unsere Pferdeprobleme jene Probleme wider, die wir mit uns selbst haben. In seinem kontroversen Buch *The Sense of Being Stared At* (deutsch: „Das Gefühl, angestarrt zu werden") erforscht der englische Autor und renommierte Biologe Rupert Sheldrake die Vielschichtigkeit des Geistes und entdeckt, dass Säugetiere über Wahrnehmungsfähigkeiten verfügen, die stärker sind, als viele von uns es sich je vorstellen könnten. Eine Rezension des Buches auf Amazon enthielt eine recht treffende Zusammenfassung:

„Sheldrakes Genialität besteht darin, dass er allgemein bekannte Geschichten über menschliche und tierische Fähigkeiten, welche die akzeptierte wissenschaftliche Weisheit infrage stellen, aufgreift und einfache Methoden entwickelt,

um diese Behauptungen unter wissenschaftlich gültigen Bedingungen zu testen. Wie bei jeder Reihe von Experimenten, insbesondere bei solchen, die kontroverse Themen untersuchen, entwickeln sie sich allmählich zu immer ausgereifteren Versuchsaufbauten, um mögliche Fehler zu beseitigen.“

Sheldrake erzählt unter anderem, dass verdeckte Ermittler empfehlen, jene Person, die man zu überwachen versucht, nicht direkt anzusehen. Denn die ursprüngliche Beziehung zwischen Beute und Raubtier ist so stark in unserer angestammten DNA verankert, dass der Körper diesen intensiven, absichtlichen Blick eines anderen Menschen oft unbewusst wahrnimmt.

Er erzählt außerdem zahlreiche Anekdoten von Jägern und Fischern aller Art, die berichten, wie wichtig es ist, nicht die Absicht im Kopf zu haben, ein Beutetier zu töten oder zu fangen, oder auch Tiere beim Anpirschen nicht direkt anzustarren, da sie dies spüren können.

Ich wuchs auf einer Schaf- und Weizenfarm im Zentrum von New South Wales in Australien auf. Jedes Frühjahr, wenn die Mutterschafe lammten, legten sie sich hin, um zu gebären. Zum Leidwesen der Mutterschafe nutzten Krähen die Situation aus und fingen an, den Mutterschafen die Augen auszuhacken. Wenn mein Vater ein Mutterschaf mit ausgehackten Augen und eine Menge Krähen in der Nähe entdeckte, ging er los und holte sein Gewehr. Er war entweder zu Pferd oder mit dem Motorrad unterwegs, und wenn er zurückkam, waren die Krähen stets weg.

Mein Vater pflegte zu sagen: „Du siehst nie eine Krähe, wenn du ein Gewehr mithast. Es ist, als wüssten sie, wann du es dabeihast.“

Angesichts dessen, was ich heute weiß, denke ich, dass es mehr auf die *Absicht* ankommt, mit der man eine Waffe trägt, als auf die Waffe selbst. Er trug die Waffe stets nur dann bei sich, wenn er die Absicht hatte, damit eine Krähe zu erschießen.

Das mag zwar für einige von uns wie Hokuspokus klingen, aber ich habe so einige Interaktionen mit Pferden und anderen Tieren erlebt, die diese Theorie bestätigen. Doch keine dieser Interaktionen war so aufschlussreich wie ein simpler Kniff, den ich in einem Seminar von Joe Wolter sah.

Joe ist ein Horseman, der in den 1970er-Jahren für Ray Hunt arbeitete und auch viel Zeit mit Bill Dorrance verbrachte. Während des Seminars hatte Joe eine Herde von zehn Rindern an einem Ende der Arena zusammengetrieben. Er forderte die Teilnehmer auf, einzeln in die Herde zu reiten, ohne diese auseinanderzutreiben, und ein Rind vom Rest der Herde zu separieren. Dann demonstrierte er dies auf dem Pferd eines Teilnehmers. Als er in die Herde hineinritt, blieben die Rinder alle zusammen, und ganz langsam gelang es ihm, eines aus dem Pulk herauszulösen. Aber als er es die Teilnehmer versuchen ließ, flohen die Rinder in alle Richtungen. Nach einigen fehlgeschlagenen Versuchen sagte Joe: „Versucht sie nicht anzustarren. Nehmt sie einfach wahr, so, wie ihr auch den Zaun und die Hügel dahinter wahrnehmt.“

Die renommierte Reitlehrerin und Erfinderin des *Centered Riding*, Sally Swift, nennt diese Technik „sanfte Augen“. Mit sanften Augen zu schauen bedeutet, dass man die periphere Sicht gleichzeitig mit dem fokussierten Blick einsetzt. Wenn man es richtig macht, entspannen sich sämtliche Gesichts- und Halsmuskeln, und das wiederum kann dafür sorgen, dass sich der ganze restliche Körper entspannt.

Sobald Joes Seminarteilnehmer nicht mehr direkt auf das ausgewählte Rind starrten, sondern stattdessen die ganze Herde mit sanften Augen wahrnahmen, zerstreuten sich die Rinder nicht mehr. Das hat mir bewusst gemacht, welch enormen Einfluss es auf Tiere haben kann, wie und wo wir sie ansehen.

Ich habe den Begriff „sanfte Augen" erstmals gehört, als ich einige Jahre zuvor einer Reiterin in einem Seminar im Bundesstaat Washington geholfen habe. Sie meinte, dass ihr Pferd beim Ausreiten schön fleißig und geradeaus vorwärtsgehe, dass es ihm aber schwerfalle, in der Reitbahn die gleiche Energie zu entwickeln.

Der Reitplatz dort war etwa 30 Meter breit und 60 Meter lang. Ich bat sie, mir ihr Pferd dort vorzureiten, um sie zu beobachten und eine Lösung für das Problem zu finden. Sie hatte recht: Ihr Pferd bewegte sich während der Zeit in der Reitbahn weder gut vorwärts, noch schien es mir geradegerichtet. Darüber hinaus fiel mir noch etwas anderes an der Reiterin auf. Als sie durch die Ecke der kurzen Seite und anschließend die lange Seite entlangritt, starrte sie direkt auf die Bande am anderen Ende, die 60 Meter entfernt war. Wenn man ausreitet, starrt man nicht 60 Meter voraus, sondern schaut auf den Horizont und nimmt das ganze Panorama in sich auf. Ich wies sie darauf hin und ließ sie stattdessen über die Einzäunung am Ende des Reitplatzes hinaus zum Fuß der nahen Berge schauen. Als sie ihr Blickfeld derart erweiterte und anfing, auf einen Punkt in der Ferne zuzureiten, begann ihr Pferd, sich so zu bewegen, wie es das normalerweise im Gelände tat, mit guter Vorwärtsbewegung, gerade- und zielgerichtet. Jemand auf diesem Seminar meinte, dass Sally Swift diese Art zu schauen „sanfte Augen" nennt, und das war meine erste Begegnung mit dem Centered Riding. Das alles zeigt, wie sehr unsere Absichten und unser Blickfeld unsere Pferde beeinflussen. Wenn wir uns dessen bewusst sind, kann uns das vor Problemen bewahren, die wir normalerweise dem Pferd anlasten.

Leben in der Vergangenheit, Leben in der Zukunft

Den Großteil unseres Alltags denken wir Menschen entweder an Dinge, die erledigt werden müssen, oder wir machen uns unaufhörlich Gedanken über etwas, das in der Vergangenheit passiert ist. Es ist wichtig, dieses Konzept zu erläutern, bevor wir uns damit beschäftigen, inwieweit das die Zusammenarbeit mit unseren Pferden beeinflusst. Es tut mir leid, das sagen zu müssen, aber so etwas wie die Vergangenheit gibt es nicht, und die Zukunft existiert auch nicht. Das Einzige, was wir kontrollieren und erleben können, ist der gegenwärtige Augenblick. Wir können zwar in der Vergangenheit schwelgen oder uns über die Zukunft Sorgen machen, doch all das spielt sich nur in unseren Köpfen ab und wird in der Außenwelt keine Gestalt annehmen, trotz all der Ängste, die wir aufgrund unserer inneren Kämpfe entwickeln.

Es gibt zwei Arten, wie man nicht mit dem Pferd arbeiten kann, das man heute hat. Die erste ist, wenn man in der Vergangenheit lebt und sich damit beschäftigt, was das Pferd früher einmal oder vor fünf Minuten getan hat. Es kann sogar sein, dass man an dem festhält, was man selbst früher einmal oder vor fünf Minuten getan hat. Das Festhalten an der Vergangenheit ist ein Hindernis für zukünftiges Wachstum und Veränderung. Pferde sind nicht nachtragend und halten sich nicht mit vergangenen Erlebnissen auf. Gewiss, sie erinnern sich daran, die Wasserstelle zu meiden, die ihnen ein paar Tage lang den Magen verdorben hat, aber sie verbinden keine Geschichte damit.

Das Festhalten an der Vergangenheit beinhaltet auch Stereotypen bestimmter Pferderassen. Wir alle kennen die weit verbreitete Einstellung: „Araber sind verrückt, also gehe ich davon aus, dass es völlig normal ist, dass mein Araber ängstlich und schreckhaft ist." Oder das Geschlecht des Pferdes: In Großbritannien sagt man häufig, dass Fuchsstuten schwer zu händeln und unausstehlich sein können. Hier bemerken wir, dass eine Projektion dessen, was ein Pferd in der Vergangenheit getan hat, auf das, was es jetzt tut, uns daran hindert, das zu tun, was in der Gegenwart tatsächlich erforderlich ist.

In der Vergangenheit zu leben ist deshalb so schädlich für unser Training, weil wir die Gelegenheit verpassen, Verhaltensweisen, die sich ändern, zu belohnen. Die Erwartungshaltung, auf dasselbe Problem zu stoßen, das wir schon einmal hatten, erhöht nur die Wahrscheinlichkeit, dass sich dieses Problem manifestiert. Wenn wir unsere Erfahrungen aus der Vergangenheit in unser Training einbringen, werden wir am Ende zu wenig, zu viel, zu spät oder zu früh etwas vom Pferd fordern. Aufgrund unserer Vorurteile aus diesen vergangenen Erfahrungen wird das Pferd nicht so reagieren, wie wir es uns wünschen, und wir werden mit negativen Gefühlen wie Frustration, Ärger oder Wut reagieren. Diese Gefühle führen in einen Teufelskreis aus schlechtem Horsemanship und Unzufriedenheit. Um mit unserem Training voranzukommen, müssen wir bereit sein, an jedem einzelnen Tag mit dem Pferd eine frische, unbeschriebene Seite in unserem gemeinsamen Tagebuch aufzuschlagen. Wir müssen die limitierenden Glaubenssätze über uns selbst und das Pferd loswerden, um unsere gemeinsame Zukunft neu zu schreiben.

»

WENN DU DEPRESSIV BIST, LEBST DU IN DER VERGANGENHEIT.

WENN DU ÄNGSTLICH BIST, LEBST DU IN DER ZUKUNFT.

WENN DU IN FRIEDEN LEBST, LEBST DU IN DER GEGENWART.

Lao Tse

Die zweite Art, *nicht* mit dem Pferd, zu arbeiten, das man heute hat, besteht darin, dass wir uns auf all das konzentrieren, was schiefgehen könnte, und so zulassen, dass die Dinge tatsächlich schiefgehen. Glücklicherweise gibt es eine einfache Lösung für dieses Problem: Wenn wir unser Augenmerk von dem, was wir *nicht wollen*, auf das richten, was wir *wollen*, dann können erstaunliche Dinge geschehen.

Diese ganze Idee nahm ihren Ausgang auf einem Seminar in Australien, als mich eine Teilnehmerin, die eine sehr gute Reiterin ist, fragte: „Stellst du dir jemals geistig vor, was du von deinem Pferd möchtest, bevor du es dazu aufforderst?" Als ich antwortete, dass ich das nicht tue, sagte sie: „Du solltest es einmal versuchen; du wirst überrascht sein, was passiert."

Ich habe seitdem verstanden, dass die wirklich großen Pferdemenschen, von denen viele im Umfeld von Ray Hunt und den Dorrances waren, nicht nur genau dies beherrschten, sondern es auch durchweg als Teil ihres Trainingsprogramms einsetzten.

Das trifft jedoch nicht nur auf Leute zu, die mit Cowboys wie Ray Hunt und den Dorrances zu tun hatten. In ihrem Buch mit dem Titel *The Alchemy Of Lightness* (zu Deutsch: „Die Alchemie der Leichtigkeit") beschäftigen sich Dominique Barbier und Dr. Maria Katsamanis mit der Wissenschaft der mentalen Hilfe. Barbier ist ein in Frankreich geborener klassischer Dressurmeister und späterer Schüler von Nuno Oliveira. Oliveiras Arbeit beschäftigt sich eingehend mit der Idee, dass man ein Pferd dazu bringen kann, etwas zu tun, indem man einfach ein geistiges Bild der Bewegung schafft.

Kürzlich habe ich eine Bekannte, die viel Zeit mit Ray Hunt verbracht hat, zu diesem Thema befragt, insbesondere dazu, wie man es anderen Menschen gegenüber erklärt. Sie sagte: „Die Arbeit mit mentalen Bildern ist ein schwieriges Konzept, mit dem du ein paar Leute verschrecken könntest. Ich denke, diejenigen, denen es leichtfällt, damit zu arbeiten, halten es für selbstverständlich." *Ich denke, diejenigen, denen es leichtfällt, damit zu arbeiten, halten es für selbstverständlich?* Das gibt es also wirklich? Oh Mann, dachte ich mir, ich habe noch einen langen Weg vor mir, bis ich an diesen Punkt komme. Was bedeutet das nun für den durchschnittlichen Pferdebesitzer, jemanden wie mich, der nicht denkt, dass er die geistigen Fähigkeiten hat, sich mental vorzustellen, was sein Pferd tun soll?

Es hat mit der zweiten Art zu tun, *nicht* mit dem Pferd zu arbeiten, das man heute hat: in der Zukunft zu leben. Viele Menschen sind zu Recht besorgt, dass sie sich verletzen oder sogar getötet werden könnten, während sie mit ihrem Pferd unterwegs sind oder es reiten. Sie sind sehr gut darin, sich im Geiste auszumalen, was *nicht* passieren soll. Wenn die wahrlich erleuchteten Pferdemenschen wie Ray Hunt und die Dorrances sich mental vorstellen können, was *passieren soll*, und das Pferd reagiert darauf, dann kann dies logischerweise im Umkehrschluss auch bei Menschen funktionieren, die sich vorstellen, was *nicht* passieren soll. In meinen Seminaren erlebe ich viele Menschen, die, wenn sie beim Reiten auf ein kleines Problem stoßen, erstarren und nicht mehr in der Lage sind, jene Korrekturen vorzunehmen, die das Problem lösen. Oft erfolgt bei ihnen eine Überreaktion, was die Situation noch weiter verschlimmert. Wenn ich sie nach ihrem inneren Dialog während des Missgeschicks frage, hört sich das in etwa so an:

„Na ja, mein Pferd hat ein wenig gebuckelt, und das letzte Mal, als es das tat, bin ich gestürzt und habe mir drei Rippen gebrochen, und ich habe angefangen, über den Unfall nachzudenken, und mich gefragt, ob ein Krankenwagen hier die Auffahrt heraufkäme oder ob sie vielleicht einen Hubschrauber schicken würden. Dann dachte ich darüber nach, wer mir meine Medikamente von zu Hause

ins Krankenhaus bringt, und dann fiel mir ein, dass ich das Formular für die Kinder morgen für die Schule noch nicht unterschrieben habe, und die Katze hat ihre Blinddarmoperation morgen Abend, und ich war mir nicht sicher, ob ich das verschieben kann und...und...und..."

In dieser Situation besteht die Lösung einfach darin, einen Zügel zur Seite zu nehmen und den Körper des Pferdes ein wenig zu biegen, damit es sich nicht mit beiden Hinterbeinen gleichzeitig abstoßen kann. Um das zu erreichen, muss man jedoch die Schritte bedenken, die uns helfen, das gewünschte Ergebnis zu erzielen, und vor allem die mentale Gelassenheit haben, *nicht* an das zu denken, was wir *nicht* wollen. Unser innerer Dialog müsste eher wie folgt klingen:

„Okay, ich muss meine Körpermitte einsetzen, aufrecht sitzen und meine linke Hand am Zügel nach unten und zur Seite gleiten lassen. Jetzt muss ich ein wenig Druck auf den Zügel ausüben und ein wenig fester sitzen. Jetzt kreuzen seine Hinterbeine und treten herum, er ist langsamer geworden und hat sich etwas entspannt, also kann ich den Zügel ein wenig nachlassen."

Diese Technik, bei der wir uns einfach selbst erzählen, was wir tun, hilft uns dabei, unseren Verstand davor zu bewahren, in einen ständigen Monolog zu geraten über all die Dinge, die schiefgehen könnten. Sie lenkt unseren Geist auf das, was gerade passiert, und wie ich bereits erwähnt habe, gibt es nichts anderes in der Welt als das, was gerade passiert.

Große blaue Bäume und Pitchen beim Baseball

Meine gute Freundin Jane Pike aus Neuseeland ist ein Coach, der Menschen dabei hilft, Körper, Geist und Nervensystem in Einklang zu bringen. Sie sagt, dass man sich nicht von etwas *wegbewegen* kann, sondern nur auf etwas *zugehen* kann. Mit anderen Worten: Man kann nicht darüber nachdenken, was man nicht will, man kann nur darüber nachdenken, was man will.

Versuchen wir es doch gleich einmal. Ich möchte nicht, dass du dir jetzt einen großen blauen Baum vorstellst. Während du nicht an den großen blauen Baum denkst, möchte ich auch nicht, dass du an einen gelben Vogel denkst, der auf dem Baumwipfel sitzt. Ich möchte immer noch nicht, dass du an einen großen blauen Baum mit einem gelben Vogel darauf denkst, und ich möchte auch nicht, dass du an grünes Gras unter dem großen blauen Baum mit dem gelben Vogel darin denkst. Welches geistige Bild hattest du gerade?

Natürlich haben wir uns alle einen großen blauen Baum mit einem gelben Vogel darauf und grünem Gras darunter vorgestellt. Wir können gar nicht anders, als uns einen großen blauen Baum vorzustellen. Was wir allerdings können, ist uns etwas anderes vorzustellen. Stell dir vor, du hältst einen orangefarbenen Basketball in der Hand. Ich möchte, dass du die Beschaffenheit des Balls fühlst, sein Gewicht, wie fest er aufgepumpt ist, und ob es sich um einen neuen leuchtend orangefarbenen Ball handelt oder um das verblasste Orange eines Basketballs, der schon viele Spiele erlebt hat. Was hast du gesehen? Natürlich hast du einen Basketball gesehen, vielleicht konntest du sogar die Grübchen auf seiner Oberfläche oder die schwarzen Linien im Leder fühlen oder das abgenutzte Gummi riechen. Was du nicht gesehen hast, war ein großer blauer Baum. Wir können uns also nicht von dem großen blauen Baum entfernen, beziehungsweise nicht *nicht* an ihn denken, aber wir können uns auf den orangefarbenen Basketball zubewegen, beziehungsweise stattdessen an ihn denken.

Als ich zuletzt in Australien von einem Seminar zum nächsten fuhr, sah ich eine Reklametafel am Straßenrand, die dieses Konzept perfekt illustrierte. Sie warb für sich selbst als Werbestandort am Straßenrand. Sie richtete sich an Geschäftsinhaber, die vielleicht eines Tages ihr Produkt mit diesem Medium beworben haben. Die Tafel enthielt nur zwei Worte, die da lauteten: „UNSEE THIS" – auf Deutsch „SEHEN SIE DAS NICHT." Die Tafel hat ihren Zweck erfüllt, denn eine halbe Stunde später versuchte ich noch immer, nicht an die Reklame zu denken. Beim Versuch, nicht an die Reklame zu denken, dachte ich noch mehr an die Reklame – ein ziemliches geistiges Dilemma. Wenn man versucht, nicht vom Pferd zu fallen, denkt man nur noch mehr daran, vom Pferd zu fallen. Man sollte stattdessen besser darüber nachdenken, was man tun muss, um nicht vom Pferd zu fallen.

In dem Film *28 Days* mit Sandra Bullock in der Hauptrolle ist ihre Figur Gwen Anfang zwanzig und wegen ihrer Alkoholsucht in einer Entzugsklinik. Sie freundet sich mit Eddie Boone an, einem Profi-Baseballspieler, gespielt von Viggo Mortensen. In einer Szene ist er im Garten und wirft mit Basebällen auf eine Matratze, die an einen Baum lehnt. Darauf hat er mit schwarzem Filzstift eine Strike Zone, einen Zielbereich, gezeichnet, und nun übt er, die Bälle dort hineinzuwerfen. Mortensen überredet Bullock dazu, es auch zu versuchen. Sie versucht es und verfehlt. Sie murmelt eine selbstkritische Bemerkung wie „Ich wusste, dass ich schlecht bin". Mortensen fragt sie: „Woran hast du gedacht? Als du den Ball geworfen hast, woran hast du da gedacht?"

Sie antwortet sarkastisch: „Weiß nicht, an die Paarungsgewohnheiten afrikanischer Ameisen", und fügt dann hinzu: „Ich weiß es nicht, an das Strike-Ding", und zeigt auf die Matratze.

„Die Matratze?", fragt er. „Du hast daran gedacht, die Matratze zu treffen?"

„Ja."

„Nun, das klingt jetzt vielleicht komisch, aber das ist komplett falsch", entgegnet er. „Du konzentrierst dich also voll und ganz auf die Strike Zone. Das Nächste, was du weißt, ist, dass sie etwa so groß ist wie eine Erdnuss und du denkst: ‚Verdammt! Ich muss den kleinen Ball da reinbringen?' Damit hast du dich selbst aus dem Spiel gedrängt. Die Strike Zone, die Entscheidung, der Spielstand, wer den Ball schlägt, vergiss das alles. Du musst an die kleinen Dinge denken, die du kennst, die Dinge, die du kontrollieren kannst. Du kannst deine Haltung kontrollieren, dein Gleichgewicht, deinen Wurf, deinen Release. Wenn ich an diese kleinen Dinge denke, und nur an diese kleinen Dinge ..."

Er hält inne, lehnt sich zurück, dann wirft er den Ball. Er trifft hart auf die Matratze in der Mitte der Strike Zone auf.

Er fährt fort: „Wenn du den Ball loslässt, ist es vorbei, du hast keinen Einfluss mehr darauf, was dort drüben passiert", und zeigt auf die Matratze: „Das ist jetzt jemand anderes Problem."

Im Umgang mit Pferden ist man selbst das Einzige, was man wirklich kontrollieren kann. Genau wie beim Werfen eines Baseballs können wir das Ergebnis nur kontrollieren, indem wir uns selbst kontrollieren. Wir müssen in der Lage sein, unsere Gedanken zu kontrollieren, denn sie steuern unser Handeln. Wenn unsere Gedanken eine Katastrophe vorhersehen, versteift sich unser Körper und bereitet sich auf das vor, was unser Verstand prophezeit hat. Wenn wir uns auf die notwendigen Schritte konzentrieren können, um das Ergebnis zu kontrollieren, reagiert nicht nur unser Körper ruhiger, sondern unser Verstand hat jetzt den Gedanken an den großen blauen Baum durch den Gedanken an den orangefarbenen Basketball ersetzt, was ihm Klarheit und Zielstrebigkeit verleiht.

Jetzt folgt ein kleines Experiment, um zu zeigen, welche Macht unser Geist über unseren Körper hat. Ich möchte, dass du dir ein Schneidebrett vorstellst, das vor dir auf der Arbeitsplatte liegt. Sei dabei ganz konkret. Ich möchte, dass du dir ein wirklich schönes Schneidebrett vorstellst, das Weihnachtsgeschenk eines reichen Verwandten. Es ist aus exotischem Hartholz mit abwechselnd hellen und dunklen Streifen gefertigt. In der Mitte des Bretts liegt eine schön geformte, perfekt runde Orange. Sie kommt gerade aus dem Kühlschrank, und an ihrer Seite läuft ein wenig Kondenswasser herab. Du nimmst ein Küchenmesser, ein großes, schweres Tranchiermesser, das du gerade geschärft hast, setzt es oben an der Orange an, und RRTSCH!, du schneidest die Orange in zwei Hälften, jede Hälfte fällt auf die Seite und schaukelt hin und her, etwas Saft ist ausgetreten. Du nimmst eine der Hälften und schneidest sie in zwei Hälften, dann nimmst du eines der Viertel. Als du es hochhebst, läuft Saft heraus und läuft an deinem Handgelenk herunter. Jetzt schnupperst du an dem Stück Orange und nimmst den erfrischenden Zitrusduft auf.

Nun, wenn es dir so geht wie den meisten Menschen, wird dir jetzt das Wasser im Mund zusammenlaufen. Der Grund dafür ist, dass wir uns Speisen so gut vorstellen können, dass wir sie sehen, riechen und fast schmecken können. Wenn dies geschieht, sendet ein Teil unseres Gehirns, die Medulla oblongata, Neurotransmitter an die Speicheldrüsen, die umgehend die Speichelproduktion aktivieren. Die Medulla oblongata sorgt dafür, alle unbewussten Körperfunktionen wie Atmung, Herzschlag und Funktion der Blutgefäße, Verdauung, Niesen und Schlucken zu regulieren. Sie spielt auch eine große Rolle bei der Ausschüttung von Adrenalin. Wenn man also diesen Teil des Gehirns dazu bringen kann, Speichel zu produzieren, indem man sich eine Speise vorstellt, kann man diesen Teil des Gehirns auch dazu bringen, Adrenalin zu produzieren, indem man sich die allerschlimmsten Szenarien ausmalt, auch wenn sie gar nicht real sind.

Urteilsvermögen und Selbstgespräche

2018 vertraten meine Frau Robyn und ich Australien im Reining bei den Weltreiterspielen in Tryon, North Carolina. Wir hatten großes Glück, diese Gelegenheit zu bekommen, weil einige australische Reiner, die mehr Wettkampferfahrung hatten als wir, die Qualifikation nicht schafften. Die Qualifikation für die Weltreiterspiele ist eine Herausforderung, zu der alle Stars zur gleichen Zeit antreten müssen. Das war unser Glück. Ich hatte seit mehreren Jahren keine Kundenpferde mehr in Beritt genommen, um mich voll und ganz auf meine Online-Videoplattform und meine Seminare zu konzentrieren. Das bedeutete auch, dass ich seit einigen Jahren an keinen Reining-Wettbewerben mehr teilgenommen hatte. Robyn und ich hatten zwar Pferde, mit denen wir uns qualifizieren und an Wettkämpfen teilnehmen konnten, aber beide Pferde waren schon älter. Wir wollten sie schonen, indem wir die Zahl der harten Startläufe, die sie absolvieren mussten, begrenzten. Daher kaufte ich mir ein weiteres Pferd, auf dem ich neben der Qualifikation bei Turnieren antreten konnte, um wieder in den mentalen und physischen Rhythmus zu kommen, den man braucht, um Wettkämpfe auf hohem Niveau zu reiten. Um ehrlich zu sein, hatte ich das ganze Jahr über Probleme. Ich hatte das Gefühl, dass mein Timing nicht ganz stimmte, und ich fühlte mich körperlich nicht mehr so fit wie früher (und nichts außer täglichem Reiten würde daran etwas ändern). Aber ich wusste, dass das nur ein Teil des Prozesses war, zurück in den Wettkampfmodus zu gelangen, und ich versuchte, mich nicht zu sehr damit zu beschäftigen.

Im Laufe dieses Jahres nahmen wir die Hilfe unserer Freundin Jane Pike in Anspruch, die, wie ich bereits zuvor erwähnte, Reiter auch in mentalen Aspekten coacht. Sie arbeitet mit ihren Klienten hauptsächlich am Selbstvertrauen beim Reiten, betreut aber auch Turnierreiter. Jane bat uns im Vorfeld der Weltreiterspiele unter anderem, einen Fragebogen auszufüllen. Damals fand ich einige der Fragen seltsam und meinte, sie hätten nichts mit unserem Ziel zu tun, eine hohe Punktzahl in der Turnierarena zu erreichen. Anhand unserer Antworten auf dem Fragebogen erstellte Jane für jeden von uns einen eigenen Audiotrack, den wir uns anhören sollten. Er war etwa fünfunddreißig Minuten lang, und wir sollten ihn so oft hören wie möglich. Wir sollten dazu Stereokopfhörer verwenden, und als ich ihn zum ersten Mal anhörte, verstand ich auch, warum.

Die Aufnahme beginnt damit, dass Jane über den Glauben an sich selbst spricht, und in den ersten zehn Minuten scheint alles normal. Doch dann sprach die eine Jane in meinem rechten Ohr weiter, während eine andere Jane in meinem linken Ohr auftauchte. In den nächsten fünfundzwanzig Minuten gab es zwei verschiedene Jane-Monologe, einen in meinem rechten Ohr und einen in meinem linken. Ich machte also brav meine Hausaufgaben und hörte mir die Aufnahme an: Manchmal nickte ich ein, manchmal blieb ich bewusst dran, aber ich spürte nicht wirklich eine Veränderung.

Zu dieser Zeit befand ich mich am Beginn einer großen persönlichen Entwicklungsreise. Ich nahm an Gruppentherapiekursen zur Förderung emotionaler Intelligenz teil. In einer der Übungen, die der Kurs vorgab, sollten wir uns wertender Gedanken bewusst werden und sie zählen. Uns wurde vorgeschlagen, dafür einen Klicker zu verwenden, wie ihn Stewardessen oder Türsteher benutzen, um die Anzahl der Leute zu zählen, die ins Flugzeug steigen oder einen Nachtclub betreten. Ein anderer Vorschlag war, ein paar Kieselsteine in die eine Hosentasche zu legen und mit jedem wertenden Gedanken, den man bemerkt, jeweils einen Kieselstein rüber in die andere Tasche zu stecken. Am Ende des Tages zählt man diese Kieselsteine.

Ich dachte, dass ich wahrscheinlich drei oder vier wertende Gedanken am Tag haben würde, also entschied ich mich für die Kieselstein-Option. Am ersten Morgen, an dem ich mit dem Zählen begann, hatte ich schon vor dem Frühstück einundzwanzig. Sobald man anfängt, wertende Gedanken zu identifizieren, wird einem klar, wie viele davon man eigentlich hat. Man beginnt außerdem zu erkennen, dass viele dieser Urteile sich auf einen selbst beziehen. Sobald wir diese Muster der Selbstkritik bemerken, können wir uns selbst auf frischer Tat ertappen und unsere Gedanken auf etwas Positives umlenken. Diese Übung ähnelt einer Meditation, denn wir werden uns unserer Gedanken einfach nur bewusst und lassen sie ziehen, ohne an ihnen zu festzuhalten.

Während dieses Jahres der persönlichen Entwicklung lernte ich die Arbeit der Professorin, Dozentin, Autorin und Podcast-Moderatorin Brené Brown kennen. Sie begann ihre Karriere als Professorin in der Forschung am University of Houston's Graduate College of Social Work. Im Jahr 2012 hielt sie einen TED-Vortrag, der mit über 40 Millionen Aufrufen zu den fünf meistgesehenen TED-Vorträgen zählt. Brown nennt sich selbst eine Scham-Forscherin: Sie ist der Meinung, dass Scham die Geißel der Gesellschaft sei und verantwortlich für viele der Probleme, mit denen wir auf persönlicher und gesellschaftlicher Ebene konfrontiert sind. Eine der wichtigsten Grundlagen ihrer Arbeit stellt die Bedeutsamkeit der Unterscheidung zwischen Scham und Schuld heraus. Scham, sagt sie, ist eine Konzentration auf das Selbst. Schuldgefühle hingegen konzentrieren sich auf das Verhalten. Scham drückt sich aus als „Ich bin dumm“, während Schuld als „Ich habe etwas Dummes getan“ beschrieben wird. Wenn wir erkennen, wann wir uns selbst verurteilen, haben wir die Möglichkeit, den Gedanken von „Ich bin ein schlechter Mensch“ in „Ich habe etwas Schlechtes getan“ zu wandeln. Von „Ich bin schlecht als Elternteil“ zu „Ich habe eine schlechte Entscheidung getroffen“. Von „Ich kann nicht mit Pferden umgehen“ zu „Das ist nicht gut gelaufen, ich werde versuchen, es beim nächsten Mal besser zu machen“.

Als wir bei den Weltreiterspielen ankamen, fragte unser Chef d'Equipe, Rodney Peachey, sowohl Robyn als auch mich, was wir unserer realistischen Einschätzung nach mit unseren Pferden erreichen könnten. Die erste Runde bei den Weltreiterspielen ist der Mannschaftswettbewerb. Um die Mannschafts-Medaillenplätze zu ermitteln, werden dazu die Punkte der einzelnen Reiter jeder Mannschaft addiert. Die besten 15 aus dieser Runde kommen direkt ins Einzelfinale. Die Plätze 16 bis 35 treten erneut in einer Halbfinalrunde gegeneinander an, und die besten fünf dieser Halbfinalrunde ziehen ebenfalls ins Finale ein, sodass schließlich insgesamt 20 Pferde im Finale antreten. Rodney erkundigte sich nach dem Potenzial unserer Pferde, da er ein Gefühl dafür bekommen wollte, ob wir für eine Mannschaftsmedaille infrage kämen. Ich meinte, dass sowohl Robyn als auch ich mit unseren jeweiligen Pferden und auf der Basis früherer Erfahrungen jeweils 217 ½ Punkte erreichen könnten, wenn sowohl unsere Pferde als auch wir unsere Leistung abrufen könnten.

Die erste Turnierrunde kam, und ich erzielte 217 Punkte und Robyn 218. Wir haben beide exakt so gut abgeschnitten, wie wir es uns zugetraut hatten, und das war ein bisschen surreal. Wir traten gerade bei einem großen Turnier an, aber dennoch waren wir beide ruhig und konzentriert. Ich fühlte mich mehr als bei jedem anderen Wettbewerb in einem Zustand des Flows. Es reichte schließlich nicht, um unser Team in die Medaillenränge zu bringen, aber es genügte für Robyn und mich, um in die Halbfinalrunde zu kommen. Im Halbfinale fühlte ich mich wieder konzentriert, ruhig und in meinem Element. Mein Pferd Petey lieferte seine Bestleistung und wir erzielten 220 Punkte. Robyn war vier Läufe später am Start und erzielte 220 ½. Wir schafften es zwar nicht ins Einzelfinale, aber Robyns Wertung war die höchste von denen, die unter der Cut-Marke blieben, und ich lag zwei Ränge dahinter.

Es war ein unglaubliches Gefühl. Wir hatten gerade an den Weltreiterspielen teilgenommen und unseren eigenen Punkterekord aufgestellt. Irgendetwas hatte sich dabei völlig anders für mich angefühlt als bei meinen früheren Turnieren, und darum war ich neugierig: Was genau war diesmal anders gewesen? Zu diesem Zeitpunkt hatte ich fast fünfundzwanzig Jahre lang Pferde auf Turnieren vorgestellt. Plötzlich dämmerte mir, dass etwas fehlte. Mir wurde klar, dass jedes Mal, wenn ich zuvor an einem Turnier teilgenommen hatte, irgendwo in meinem Hinterkopf eine nörgelnde Stimme zu hören war, die sagte: „Du kannst das nicht!" oder „Was glaubst du, wer du bist?" oder „Du bist nicht gut genug!". Quälend wie ein ewig nervtötender Moskito. Ich hatte die Stimme nie bemerkt, bis sie plötzlich nicht mehr da war. Als ich Jane darauf ansprach, erklärte sie mir: Die Tonspur, die sie für uns gemacht hatte, nutzte eine Hypnosetechnik, die auf das Unterbewusstsein wirkt, in dem 95 % der Informationen, die wir aufnehmen, verarbeitet werden. Genau genommen waren es zwei verschiedene Stimmen. Beim Lauschen auf die eine, ging diese in unser Bewusstsein ein, während die andere unterdessen das Unterbewusstsein beeinflusste. Jane hatte mein Gehirn umprogrammiert, sodass es auf der unterbewussten Ebene reagierte. Sie hatte diese innere Stimme gezähmt, die ich selbst nicht kontrollieren konnte. Die Verbindung von Janes mächtiger Hypnosetherapie mit meinem bewussten Streben, mich von wertenden Gedanken zu lösen, bewirkten eine monumentale Steigerung meiner Gelassenheit und Entschlossenheit.

Ich reise häufig, um meine Seminare zu halten, und verbringe daher viel Zeit auf Flughäfen. Nachdem ich eine Zeit lang daran gearbeitet hatte, mir meiner wertenden Gedanken bewusst zu werden, erkannte ich, dass das, was ich für das Beobachten von Menschen auf den Flughäfen gehalten hatte, in Wirklichkeit ein Urteilen über Menschen war. Ich erkannte, dass ich nach jenen Dingen suchte, die ich an Menschen nicht leiden konnte, während ich mich an den Flughäfen aufhielt.

Ich begann, ein Mantra anzuwenden, das ich bei einer Meditations-Auszeit gelernt hatte. Jeder Person, die an mir vorbeiging, schaute ich in die Augen und dachte: „Mögest du glücklich sein." Als ich dies zum ersten Mal tat, hatte es eine bemerkenswerte Wirkung auf mich. Ich war die ganze Flughafenhalle entlanggelaufen und hatte bei jeder Person, an der ich vorbeikam, mein neu entdecktes Mantra ausgesprochen. Nun fühlte ich eine Leichtigkeit in mir, die ich vorher nicht gekannt hatte. Mir fiel auf, dass meine wertenden Gedanken immer ein dumpfes, dunkles Gefühl in mir hervorgerufen hatten. Erst indem ich meine Gedanken änderte und dieses dunkle, dumpfe Gefühl von einem hellen, verbundenen Gefühl abgelöst wurde, wurde mir klar, dass ich es die ganze Zeit mit mir herumgeschleppt hatte.

In den Seminaren habe ich stets gesagt: „Ich bin nicht sonderlich begabt. Ich kenne Leute, die wirklich begabt sind, und sie scheinen nicht viel tun zu müssen, um das gewünschte Ergebnis zu erzielen. Ich hingegen verwende einen bestimmten Ablauf, und wenn ich in meinem Ablauf die Schritte auf ausreichend kleine Schrittchen herunterbrechen kann, kann ich Pferden beibringen, ihre Sache wirklich gut zu machen." Seitdem ich an meiner inneren Welt, meinen Gedanken und meiner Energie arbeite, kommt es bei Seminaren manchmal vor, dass jemand mit einem ängstlichen Pferd kommt, mit dem er sehr große Schwierigkeiten hat, und ich ihn bitte, mir den Führstrick zu geben, um ihm zu zeigen, wie er das Problem lösen kann. Sobald ich dann den Führstrick in der Hand halte, ist das Pferd oft nicht länger unaufmerksam und ängstlich, sondern entspannt und konzentriert, obwohl ich noch gar nichts getan habe. Das war früher nicht so. Um ehrlich zu sein, kam es vor meiner persönlichen Entwicklungsreise niemals vor.

Ich denke, dass dies teilweise deshalb so oft in Seminaren geschieht, weil ich mit dem Pferd arbeite, das ich an diesem Tag habe. Ich habe keine Vorgeschichte mit dem Pferd, ich habe keine zukünftigen Deadlines, die ich einhalten muss, ich habe keine Erwartungen an das, was das Pferd tun sollte. Ich bin einfach nur da, um das Pferd zu unterstützen, in welcher Weise auch immer es das in diesem Moment benötigt.

Dies ist keine Methode, sondern eine innere Einstellung. Wann immer du mit deinem Pferd arbeitest, sei für es da, so wie es für dich da ist. Verbringe Zeit mit ihm, zeige ihm, dass du ihm zuhörst und dass du nur sein Bestes im Sinn hast. Damit legen wir das Fundament, das wir benötigen, um die anderen Prinzipien erfolgreich umzusetzen.

Foto © Tyler Schiller

Kapitel

02

Geh nicht wütend schlafen

Das dreizehnte Kaninchen

Das vegetative Nervensystem

Panikattacken

Die meisten Eheleute sind mit dem Satz „Geh nicht wütend schlafen“ vertraut. Vielleicht hat ihnen bei ihrer Hochzeit ein älterer, lebenserfahrener-Verwandter oder Gast diesen Ratschlag erteilt. Diesen Spruch gibt es schon sehr lange und er steht bereits in der Bibel:

»

LASST DIE SONNE NICHT ÜBER EUREM ZORN UNTERGEHEN.

Epheser 4:26

Im Grunde geht es darum, dass wir Spannungen zwischen unserem Partner und uns auflösen sollen, bevor wir zu Bett gehen. Am nächsten Morgen stehen beide dann ohne aufgestauten Unmut auf und sind bereit, den Tag mit Elan und Begeisterung zu beginnen.

Das ist im Prinzip großartig, und dennoch lassen wir alle zu, dass sich in unseren Beziehungen Ballast ansammelt. Ich bin mir sicher, dass ich nicht der Einzige bin, der sich mit seiner Frau schon mal über eine absolute Nichtigkeit gestritten hat – zum Beispiel darüber, ob der Toilettensitz nun oben war oder unten. Bei dem Streit ging es nicht wirklich um den Toilettensitz, sondern um aufgestaute Frustrationen aus vorangegangenen Situationen. Wer sich schon einmal wegen einer Belanglosigkeit gestritten-hat, sollte sich an den ersten Tag seiner Flitterwochen erinnern und überlegen, ob diese Kleinigkeit auch damals einen Streit ausgelöst hätte. Wahrscheinlich nicht. Wenn es damals kein Problem war, entspringt das jetzige Problem aufgestautem Frust; der Partner hat sich wahrscheinlich schon häufiger geärgert, als wir wahrgenommen haben. Solchen Ärger zu beenden ist nicht immer einfach. Möglicherweise müssen wir dafür akzeptieren, Fehler gemacht zu haben, und die Verantwortung für unser Handeln übernehmen. In einer Beziehung können keine Fortschritte gemacht werden, wenn Ärger, Ablehnung oder Frustration Raum zugestanden wird. Selbst wenn der Partner ein logisches, schlüssiges Argument für die Situation liefern kann, stehen dem Wachstum und der Entwicklung oft Emotionen im Weg.

Dasselbe gilt für die Arbeit mit unseren Pferden: Wenn das ultimative Ziel darin besteht, eine tiefe, authentische Beziehung aufzubauen, in der Vertrauen und Zuversicht herrschen, müssen wir unsere Fehler akzeptieren und an ihnen arbeiten. Bei unseren Pferden geht es weniger darum, nicht wütend ins Bett zu gehen – denn Ärger und Wut haben grundsätzlich in unserem Training nichts zu suchen –, sondern vielmehr darum, sich jeglicher aufgestauter Spannung bewusst zu sein.

Das dreizehnte Kaninchen

Die meisten Verhaltensprobleme, die Pferde zeigen, sind auf unterschwelliges Vorhandensein von Angst zurückzuführen. Ein hervorragendes Beispiel ist die Frage einer britischen Seminarteilnehmerin vor ein paar Jahren. Sie fragte mich: „Was macht man mit einem verrückten Pferd? Eines, das einfach aus dem Nichts explodiert?"

Ich bat sie um ein Beispiel. Sie sagte: „Mein Pferd ist einfach verrückt. Wir gehen ins Gelände, ich reite. Auf dem Weg kommt plötzlich ein Kaninchen aus dem nassen Gras geflitzt. Mein Pferd sieht es, weicht ein wenig seitlich aus, es macht ihm aber nichts aus. Ich reite also weiter, und ein weiteres Kaninchen springt hervor. Immer noch kein Problem. Dann noch eins und noch eins. Mein Pferd reagiert auf kein Kaninchen so wirklich. Aber dann, nach einer Stunde oder so, und nach ungefähr zwölf Kaninchen, springt wieder ein Kaninchen heraus, und mein Pferd flippt völlig aus und buckelt mich runter. Ich sagte doch, es ist verrückt!"

Im Laufe der Jahre habe ich unzählige Varianten dieser Geschichte gehört, in denen ein Pferd einfach „aus dem Nichts" reagiert hat. Tatsache ist aber, dass diese Explosionen nicht aus heiterem Himmel kommen, sondern durch ein stetiges Aufstauen von Angst verursacht werden.

Therapeuten nennen dieses Phänomen „Trigger Stacking" (trigger = Auslöser, stacking = stapeln), also das Anhäufen von Angstauslösern.

Ich erklärte es der Teilnehmerin so: Als ihr Pferd das erste Kaninchen sah, löste dieses bei ihm ein wenig Angst aus, aber es war in der Lage, sich zu beherrschen. Beim zweiten Kaninchen war die Angst etwas größer, aber immer noch beherrschbar, beim dritten Kaninchen etwas größer und so weiter. Das Pferd konnte mit diesen geringfügigen Steigerungen seiner Angst umgehen, bis das dreizehnte Kaninchen auftauchte.

Ich sagte zu der Teilnehmerin: „Offensichtlich hat dein Pferd eine Maximalkapazität von zwölf Kaninchen. Bis dahin kann es die Angst ertragen, aber das dreizehnte Kaninchen hat das Fass zum Überlaufen gebracht und die ganze Wucht des Schre-

Illustration © Rachel Urquhart

ckens kam mit Scheuen, Herumschnellen und Buckeln zum Vorschein."

Dabei ist zu beachten, dass jedes Pferd sein ganz eigenes Kaninchen-Limit hat. Manche Pferde ertragen nur ein Kaninchen, während andere in der Lage sind, viele weitere auszuhalten. Jedes Pferd ist anders, aber die Moral der Geschichte ist immer dies: Die einzige Möglichkeit, einen Ausbruch von antagonistischem Verhalten zu verhindern, besteht darin, unter der Angstschwelle des Pferdes zu bleiben und alle Trigger aufzulösen, sobald sie sich aufbauen.

Reizschwelle (Substantiv): Der Punkt, an dem ein Reiz eine ausreichende Intensität aufweist, um einen Effekt zu erzeugen.

Ein Horseman aus Arizona, Harry Whitney, bezeichnete dies als das „Sorgenfass" des Pferdes. Er sagte, ein Pferd könne eine bestimmte Menge an Sorgen aushalten. Wenn genug Sorgen hinzukommen, um das „Sorgenfass" zum Überlaufen zu bringen, kommt es zu Bocken, Scheuen, Durchgehen, Treten, Schlagen oder Steigen. Harry lieferte auch einen großartigen Vergleich zum Menschen:

Nehmen wir an, du bist eine Frau, daheim an einem Winterabend, allein, und siehst fern. Draußen tobt ein heftiger Gewittersturm, und plötzlich schlägt ganz in der Nähe der Blitz ein und der gewaltige Donner lässt das ganze Haus erbeben und dich in deinem Sessel ein wenig zusammenzucken. Kurz darauf gibt es noch einen Einschlag. Dann noch einen. Der Strom fällt aus, und überall geht das Licht aus. Du stehst auf und tastest dich in die Küche (diese Geschichte entstand vor der Zeit der Mobiltelefone), um die Streichhölzer in der Schublade zu finden, damit du eine Kerze anzünden kannst. Auf dem Weg zur Küche klopft es laut an der Haustür und eine tiefe, wütende, betrunkene Männerstimme schreit: „Mach auf!" Du rennst noch schneller durch die Finsternis zur Küche, und als du die Küchenschublade ruckartig öffnest und im Dunkeln nach den Streichhölzern kramst, klopft der aggressive Fremde an das Küchenfenster neben dir. Du trittst zurück, stößt gegen den Küchentisch, und die überraschende Kollision lässt dich vor Schreck aufschreien und einen Satz machen.

Nun übertragen wir das auf eine Pferdegeschichte: „Neulich ist mein Pferd gegen den Küchentisch gestoßen und hat sich erschreckt, was soll ich tun?" Die meisten Pferdeleute würden sagen: „Setz dich mal richtig durch und treib es zum Tisch, und dann lass es daran riechen" oder „Leg ein paar Karotten auf den Tisch und lass es die von dort fressen" oder irgendetwas anderes, das impliziert, dass der Tisch das Problem ist. Wenn wir aber über die menschliche Geschichte mit dem Tisch nachdenken, wird es jedem klar, dass der Tisch nicht das Problem ist. Man könnte zehnmal am Tag dagegenstoßen, ohne sich zu erschrecken.

Das tatsächliche Problem sind die aufgestauten Ängste oder, in Bezug auf meine erste Geschichte, die aufgestauten Kaninchen. In Seminaren bezeichne ich Ängste oft als Kaninchen. Das erinnert jeden daran, dass das dreizehnte Kaninchen, der Tisch oder was auch immer es ist, nur Kleinigkeiten sind, die erst zu einem Problem werden, wenn sie gehäuft auftreten. Manchmal wird eine solche Anhäufung durch eine Reihe von Ereignissen verursacht, bei denen das Pferd nicht in der Lage ist, wieder zur Ruhe zu kommen, was im Grunde bedeutet, dass es im „Fight or Flight"-Modus (Kampf-oder-Flucht-Reaktion) steckenbleibt.

Manchmal wird das Pferd sogar selbst zum Verursacher seiner eigenen Furcht. Wenn ein Pferd vor etwas erschrickt, scheut und ein paar Meter wegrennt, sorgt das Rennen für noch mehr Angst, was dazu führt, dass es noch mehr rennt, und das Ganze sorgt für einen riesigen Schneeballeffekt und endet normalerweise in einer Katastrophe.

Wenn es uns gelingt, den Schneeball zu stoppen, bevor er in Fahrt kommt, können wir die drohende Lawine wirksam verhindern.

Illustration © Rachel Urquhart

Panikattacken

Meine Frau Robyn litt früher unter Panikattacken. Die erste, die ich miterlebte, passierte, als wir noch recht frisch verheiratet waren. Sie wachte um zwei Uhr nachts auf und sagte mir, dass etwas nicht stimmte. Dass sie sich nicht gut fühlte. Sie sagte, es fühlte sich an, als hätte sie einen Herzinfarkt. Ich fuhr sie also in die Notaufnahme, wo sie von einem Arzt untersucht wurde. Er sah Robyn in die Augen und erklärte ihr: „Es geht Ihnen gut." Sofort sah sie mich hilfesuchend an und sagte: „Ich fühle mich, als würde ich sterben."

Wenn ein Pferd mitten in einem völligen Nervenzusammenbruch steckt, ist es ungefähr so effektiv, ihm zu sagen, dass es jetzt gefälligst damit aufhören soll, wie wenn ich Robyn gesagt hätte: „Sei doch nicht dumm, mit dir ist alles in Ordnung". Hätte ich das zu ihr gesagt, hätte sich Robyn noch immer genauso elend gefühlt, aber sie hätte außerdem gelernt, dass ich absolut keine Empathie für ihre Gefühle habe. Ich hätte wahrscheinlich ihr Vertrauen verloren und dafür gesorgt, dass sie sich in ihrem Zustand völlig alleingelassen gefühlt hätte. An dieser Stelle kommt wieder das Prinzip *Arbeite mit dem Pferd, das du heute hast* ins Spiel: Wir müssen akzeptieren, was unser Pferd (oder unsere Frau) uns im jetzigen Moment sagt, und uns nicht darauf versteifen, wie es sich noch vor Stunden oder Minuten verhalten hat.

Die Panikattacken bestimmten viele Jahre lang Robyns Leben. Sie hatte keine Kontrolle darüber. Sobald eine Panikattacke auftrat, folgten zwei Stunden, in denen sie glaubte, sie würde sterben. Für Robyn war das definitiv alles andere als eine angenehme Situation, und für mich war es belastend, ihr nicht helfen zu können. Sie litt außerdem an Flugangst. Zum Glück hatte sie noch nie eine Panikattacke in einem Flugzeug gehabt, denn das wäre ein völliges Desaster gewesen. Vermutlich hätten die Flugbegleiter ihr eine Zwangsjacke anlegen und sie an ihren Sitz fesseln müssen.

Schließlich entdeckte Robyn eine Technik, die versprach, ihr gegen die Panikattacken zu helfen. Dazu sollte sie es sich, wenn es ihr gut ging und sie völlig entspannt war, an einem ruhigen Ort bequem machen und sich etwas vorstellen, das ihr ein wenig Angst machte. Für Robyn genügte die Vorstellung, dass ihrem kleinen Hund Holden etwas Schlimmes zustößt. Dann sollte sie eine bestimmte Atemübung, z. B. die „Vier-Quadrat-Atmung" (auch Box-Atmung), solange durchführen, bis sie wieder vollkommen entspannt war.

Es gibt unterschiedliche Atemtechniken zur Entspannung, und die Vier-Quadrat-Atmung ist eine der einfachsten und wirksamsten. Zuerst atmet man ein, während man zählt, sagen wir bis vier, dann hält man die Luft an, während man wieder bis vier zählt, dann atmet man aus, während man bis vier zählt, pausiert bis vier und atmet dann wieder bis vier ein und so weiter. Sobald Robyn wieder entspannt war, sollte sie den ganzen Prozess wiederholen. Als ich Robyn fragte, wie sie mit der Übung vorankam, gab sie zu, dass sie noch nicht wirklich daran gearbeitet hatte. Jedes Mal, wenn ich nachfragte, schien die Antwort die gleiche zu sein. Also hörte ich schließlich auf zu fragen.

Ein paar Monate später waren wir in Kanada und flogen von Calgary nach Toronto – ein kurzer, zweistündiger Flug.

Ich schlafe normalerweise im Flugzeug, wobei ich beim Abheben einschlafe und bei der Landung aufwache. Als wir in Toronto landeten, wachte ich auf und sah zu Robyn hinüber. Sie wirkte blass und sehr besorgt. Ich fragte: „Geht es dir gut?" Sie antwortete: „Jetzt schon, aber ich hatte eine Panikattacke." Als ich das hörte, suchte ich mich nach Kratzspuren und Blessuren ab, denn ich nahm an, sie müsse sich wie ein wildes Tier im Käfig verhalten haben beim Versuch, sich von ihrem inneren Kampf zu befreien. „Was ist passiert? Bist du okay?", fragte ich erneut. Sie antwortete: „Eigentlich hatte ich nicht wirklich eine Panikattacke. Also, sie war im Anrollen, aber ich habe doch ein bisschen mit dieser Atemtechnik geübt, von der ich dir erzählt habe, und als ich mit der Vier-Quadrat-Atmung begann, verschwand die Panikattacke."

Ein echtes Wunder, denn sobald Robyns Panikattacken einmal begannen, führten sie üblicherweise zu einem zwei Stunden währenden Elend. Noch nie hatte eine begonnen, ohne dass auch der gesamte Zyklus ablief. Auslöser war für gewöhnlich eine Sinneswahrnehmung. In diesem Fall hatte das Hin- und Herschaukeln des Flugzeugs aufgrund der Turbulenzen dazu geführt, dass Robyn ein wenig schwindlig wurde. Sie leidet von Zeit zu Zeit unter Schwindelgefühlen und dachte: „Was passiert, wenn mir in diesem Flugzeug schwindelig wird?" Bei solchen Gedanken schüttet der Körper Adrenalin aus, das den Herzschlag beschleunigt. Robyn machte sich in der Regel Sorgen, wenn sich ihre Herzfrequenz erhöht, was wiederum zu einer erhöhten Adrenalinausschüttung führt, wodurch ihr Herz wieder schneller schlägt, was wiederum für mehr Adrenalin sorgt. Dieser Kreislauf setzt sich dann solange fort, bis sie völlig erschöpft und ausgelaugt ist.

Nun da Robyn einen Weg entdeckt hatte, sich selbst wieder in einen normalen Zustand zurückzuversetzen, hatte sie im Flugzeug keine vollständige Panikattacke erlitten. Einzig und allein die Fähigkeit, ihre Gedanken inmitten der steigenden Anspannung zu unterbrechen und ihr Nervensystem bewusst in einen Zustand der Ruhe zurückzuführen, war es, was sie davon abhielt, eine Boeing 737 zu zerlegen. Die Sache ist die: Sie hatte im Vorfeld keine Boeing 737 zum Üben zur Verfügung gehabt. Aber sie hatte geübt, indem sie sich selbst *ein wenig Angst* gemacht und ihr Nervensystem darauf trainiert hatte, sich selbst zu resetten, und so war sie vorbereitet, als die Situation eintrat.

Oft höre ich Leute sagen: „Mein Pferd ist nur auf Turnieren überdreht, und ich kann die Turnieratmosphäre zu Hause ja schwerlich nachstellen." Wenn man erst einmal verstanden hat, dass es nicht um die Turnieratmosphäre geht, sondern um das Unvermögen, das Nervensystem zu beruhigen, dann wird die Lösung klar.

Sympathikus versus Parasympathikus

Um zu verstehen, warum die Trainingsprinzipien so wirksam sind, gilt es erst zu verstehen, wie die Körper unserer Pferde funktionieren. Von allen Systemen im Körper des Pferdes ist das vegetative Nervensystem in Bezug auf das Trainingdas wichtigste. Der Begriff „vegetativ" beschreibt unwillkürliche und unbewusste Prozesse in unserem Körper, wie beispielsweise Atmung, Verdauung und Blutkreislauf. Diese Körperfunktionen müssen wir nicht aktiv kontrollieren. Das vegetative Nervensystem, das für diese Prozesse zuständig ist, teilt sich in zwei Untergruppen: das parasympathische und das sympathische Nervensystem. Diese beiden Nervensysteme arbeiten zusammen, um die notwendige Energie zu erzeugen und zu regulieren, die benötigt wird, um den physiologischen und emotionalen Anforderungen einer bestimmten Situation gerecht zu werden. Der parasympathische Zweig wirkt wie eine Bremse, die das Nervensystem verlangsamt. Das parasympathische Nervensystem hilft dem Körper, sich zu entspannen und zu erholen, indem es den Ruhe- und Verdauungszustand auslöst. In Extremsituationen, die eine Lebensbedrohung darstellen, kann es auch dazu beitragen, den Körper zu schützen, indem es Teile des Körpers herunterfährt, um Sauerstoff und andere Ressourcen zu sparen. Wenn ein Tier angespannt ist, einen schnellen Herzschlag hat und Adrenalin durch seinen Körper strömt, sorgt das parasympathische Nervensystem dafür, dass das Tier sich beruhigt, indem es den Herzschlag verlangsamt. Im Jahr 1974 prägten die Wissenschaftler Benson, Beary und Carol den Begriff „Entspannungsreaktion", um den parasympathischen Deaktivierungsprozess zu beschreiben, der es dem Körper ermöglicht, nach Anstrengung wieder in einen Ruhezustand zurückzukehren. Einfach ausgedrückt, hilft das parasympathische Nervensystem dem Körper, sich nach körperlicher Anstrengung oder hohen Alarmzuständen zu beruhigen und zu regenerieren.

Der Sympathikus hingegen ist der Beschleuniger, der das Pferd dazu veranlasst, aktiv zu werden, d. h. bestimmte Bewegungen, Aktivitäten, Spiele, Übungen usw. auszuführen. Dieses System verursacht auch die „Kampf oder Flucht"-Reaktion, bei der die Tiere in einen Zustand hoher Alarmbereitschaft versetzt werden, bereit, ihr Leben zu schützen.

Beide Systeme werden sowohl für das tägliche Leben als auch für das Überleben benötigt. Damit domestizierte Pferde in Gefangenschaft gut funktionieren, muss das trainingsbedingte Ansprechen ihres Nervensystems in nachhaltiger Weise erfolgen, und der Wechsel zwischen den Zuständen ihres Nervensystems als Reaktion auf die jeweiligen Anforderungen sollte reibungslos erfolgen können. Wir möchten, dass unsere Pferde geistig anwesend und in der Lage sind, angemessen auf ihre Umgebung zu reagieren. Bei übermäßig stimulierten Pferden kann es zu einer Übererregung (oder Hyperarousal) kommen. Dies führt zu Bocken, Durchgehen, Scheuen und Steigen: All das sind gefährliche Bewegungshandlungen, die jenseits unserer Kontrolle liegen. Diese Ausbrüche deuten darauf hin, dass eine Schwelle überschritten wurde, sodass das Pferd mit Gefahrenabwehr reagiert, anstatt nur eine Erregung seines Sympathikus zu erleben und sich mit einer körperlichen Aktivität zu beschäftigen, die sich sicher anfühlt.

Natürlich wird das Pferd nach einiger Zeit wieder in einen ruhigen und entspannten Zustand zurückkehren. Wenn jedoch die Schwelle zur Übererregung überschritten wurde, können wir die körperlichen Auswirkungen kaum verhindern, bis sich die Dinge von selbst beruhigt haben. Wenn Pferde rennen, buckeln und scheuen, wird Adrenalin in ihrem Körper ausgeschüttet und der Herzschlag beschleunigt sich. In diesem Fall müssen wir abwarten, bis die aktivierte Energie verbraucht ist und sich das Pferd wieder beruhigt, vorausgesetzt, es fühlt sich sicher genug.

Ein schöner Galopp auf einem gut ausgebildeten Pferd ist ein Bewegungsvorgang, der den Sympathikus miteinbezieht, ohne dass dabei eine Kampf-oder-Flucht-Reaktion ausgelöst wird, da das Pferd ein gewisses Maß an Sicherheit empfindet. Das Pferd befindet sich in einem völlig anderen Gemütszustand, unterhalb seiner Reizschwelle und somit im grünen Bereich. Ein mental ausgeglichenes Pferd, das sich sicher fühlt, kann körperliche Anstrengung erleben, ohne in den Überlebensmodus zu geraten, es sei denn, die Umstände erfordern dies.

Um ein sicheres Trainingsumfeld für uns und unsere Pferde zu schaffen, müssen wir die Möglichkeit ausschließen, dass es zu unkontrollierten, hochmobilen Aktivitäten kommt, wie beispielsweise Durchgehen, Steigen, Scheuen oder Aufbäumen (die Liste ist nicht vollständig, aber es wird klar, was ich meine). Um diese Möglichkeit auszuschließen, muss sich das Pferd sicher fühlen. Fühlt ein Pferd sich nicht sicher oder wechselt es trotz unserer Bemühungen in den Überlebensmodus, müssen wir so ruhig und so weit wie möglich auch mental mit ihm verbunden bleiben und darauf achten, dass wir nicht noch weiter dazu beitragen, dass das Pferd die Gefahr bestätigt sieht.

Indem wir, statt weiter Öl ins Feuer zu gießen, Sicherheit vermitteln, wird sich das Pferd schließlich wieder beruhigen. Eine Bestrafung könnte hingegen zu verstärktem Flucht- oder Kampfverhalten oder einem Shutdown führen.

Gerät das Pferd in einen Shutdown (Untererregung oder Hypoarousal), erstarrt es regelrecht – vergleichbar mit der Handbremse in einem Auto. Eine Feststellbremse ist nicht dafür gedacht, als Hauptbremssystem des Autos zu dienen – dafür ist die Fußbremse zuständig. Somatische Traumatherapeuten wie Kathy Kain und Stephen Terrell erklären, dass man das Auto zwar ohne die Fußbremse zum Stehen bringen kann, wenn man die Handbremse stark genug zieht, dies jedoch keine vernünftige Art ist, ein Auto abzubremsen oder zum Stehen zu bringen, allein schon weil es zu einem viel zu hohen Verschleiß führt.

Wenn ein Pferd nun auf diese Weise die Notbremse zieht, kann es in einen Shutdown-Zustand geraten, der eigentlich ein Erstarren oder ein innerlicher Zusammenbruch ist. Bei manchen Pferden kann die Interaktion mit uns auch zur Dissoziation führen. Die somatische Traumatherapeutin und Gründerin von EQUUSOMA® Horse-Human Trauma Recovery, Sarah Schlote, beschreibt dies wie folgt: „Wenn ich meinen Körper nicht in Sicherheit bringen kann, verlasse ich ihn einfach." In einem Shutdown-Zustand ist weder Lernen noch Entwicklung möglich. Einen Shutdown zu erkennen, ihm vorzubeugen oder innezuhalten und unsere Pferde sicher zurück in ihren Körper und dessen Umgebung zu begleiten, ist unerlässlich, um sie in ihrer Entwicklung überhaupt unterstützen zu können.

Als Herdentiere haben sich Pferde so entwickelt, dass ihre Nervensysteme im Kollektiv reagieren. Bei Gefahr bringt dies einen Überlebensvorteil, etwa bei der

Flucht in der Gruppe. Das sorgt wiederum dafür, dass sich Pferde in Gemeinschaft sicher fühlen. Sich in einer Beziehung sicher zu fühlen, bedeutet, dass Beziehungen möglich sind. Wenn wir uns derart sicher fühlen, verlangsamt sich unser Herzschlag, was es uns ermöglicht, miteinander in Verbindung zu bleiben, sei es im Ruhe- und Verdauungszustand oder wenn wir Aufregung empfinden. Dieser Mechanismus kommt auch bei Zebras in der Herde zum Tragen, die sich allein durch die Anwesenheit ihrer Artgenossen geborgen fühlen. Eine wichtige Grundlage für ein Gefühl von Sicherheit und Geborgenheit in Beziehungen ist Empathie. Der Psychologieprofessor Daniel Siegel von der University of Los Angeles beschreibt dies als ein „Sich-gefühlt-Fühlen". Mit anderen Worten: Der Andere versteht genau, was wir aus unserer Perspektive heraus fühlen und empfinden, und reagiert entsprechend darauf. Wir wenden uns instinktiv an sichere Beziehungspartner, um Trost und Schutz zu finden, wenn in unserem Leben etwas schiefläuft. Wir rufen unseren Partner, unsere Freunde, Eltern, erwachsene Kinder, Kollegen oder verschiedene Fachleute an, um Beistand dafür zu erhalten, den Überlebensmodus zu bewältigen oder zu überwinden.

Fehlt eine solche Gemeinschaft oder die Familie oder nehmen wir andere grundsätzlich nicht als sicher wahr, dann sind Kampf, Flucht oder Erstarren der nächstbeste Ausweg. Die Grafik auf Seite 49 zeigt weitere Verhaltensweisen, die je nach Sicherheitsgrad, den ein Pferd empfindet, auftreten können.

Eine der ersten und wichtigen Fähigkeiten, die ein Pferd erlernen sollte, ist das Stillstehen am Führseil. Aufgaben wie Putzen, Hufe auskratzen und Satteln erfordern, dass ein Pferd stillsteht, während sich Menschen um es herum bewegen und Gegenstände getragen werden. Pferde lernen normalerweise selbstständig, sich an Dinge in ihrem Lebensraum zu gewöhnen, indem sie sich ihnen nähern und wieder zurückweichen, und erfahren so letztlich, dass von diesen Dingen oder Gegenständen keine Gefahr ausgeht. Es gibt allerdings auch verschiedene Methoden, die der Mensch anwendet, um den Effekt der Gewöhnung beim Pferd zu erzeugen.

Eine gängige Methode, um dieses Ziel zu erreichen, ist die Desensibilisierung eines Pferdes z. B. mit einem Plastiksack an einem Stock. Ziel ist es, dass das Pferd sich nicht bewegt, wenn der Beutel herumflattert und es berührt. Traditionell werden auf dieser Idee basierende Methoden angewendet, um Widerstand des Pferdes in Situationen, die sich unserer Kontrolle entziehen, zu verhindern. Im Folgenden möchte ich einige auf diesem Konzept basierende Herangehensweisen beschreiben und erklären, wie das Nervensystem jeweils auf diese Art des Trainings reagiert.

Die folgenden Beispiele sind nicht als Anleitung gedacht, und ich möchte auch niemanden dazu ermutigen, diese Methoden anzuwenden. Ich erhebe auch nicht den Anspruch, eine vollständige Liste von Desensibilisierungsmethoden unter Verwendung operanter Konditionierung vorzulegen. Ich möchte aber einige Methoden beschreiben, um deren potenzielle Auswirkungen auf das Nervensystem zu veranschaulichen, und so dafür zu sorgen, Dissoziation oder Überforderung bei Pferden zu vermeiden.

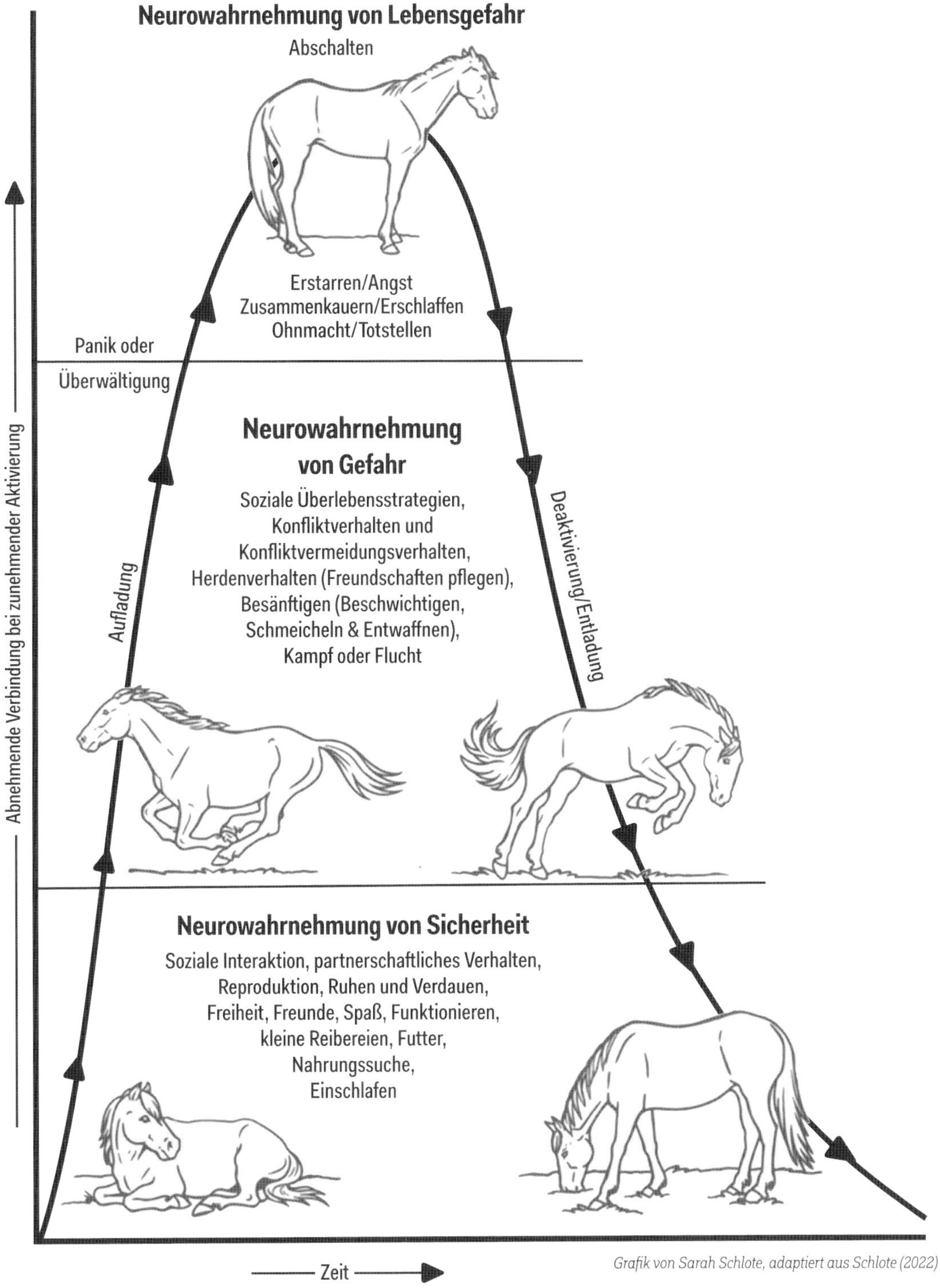

Grafik von Sarah Schlote, adaptiert aus Schlote (2022)

Flooding

Der Begriff Flooding (deutsch: Überfluten) bezieht sich auf eine erzwungene Konfrontation mit einem in sicherer Umgebung angstauslösenden Objekt oder einer beängstigenden Situation, die so lange anhält, bis die Angstreaktion nachlässt und durch neutrale Gefühle ersetzt wird. Diese Methode wurde häufig zur Desensibilisierung von Pferden eingesetzt. Dafür band man das Pferd an einen stabilen Pfosten, hobbelte es, damit es sich nicht bewegen konnte und „sackte es aus", strich es also mit einem raschelnden Gegenstand überall ab und ließ diesen an seinen Körper schlagen, ohne damit aufzuhören, egal wie die Reaktion des Pferdes ausfiel. Am Ende stand das Pferd still, obwohl der Sack um es herumflatterte. Hatte man diesen Vorgang wiederholt angewendet, konnte man sich dem Pferd mit dem Flattersack nähern, ohne dass es sich bewegte oder darauf reagierte. Das Pferd steht bei dieser Methode dann zwar körperlich still, sie birgt jedoch die Gefahr, dass das Pferd geistig dissoziiert oder völlig aufgibt. Ein dämonischer Sack verfolgt das Pferd und es hat keine Chance wegzulaufen, also zieht es die Notbremse und schaltet sich ab. Pferde, die auf diese Weise trainiert werden, sind oft so lange ruhig, bis sie es nicht mehr sind. Wenn sie irgendwann in der Zukunft wegen irgendetwas Angst bekommen, braucht es nicht viel und ein gefährliches, explosives Verhalten bricht hervor. Diese Methode birgt außerdem die Gefahr, dass ein damit trainiertes Pferd allgemein häufiger dissoziiert, da dies zu seinem Hauptabwehrmechanismus in Stresssituationen wird. Beide Ergebnisse lassen wenig Raum für effektive Trainingsfortschritte.

Das traditionelle Pressure-and-Release

Der Begriff „negative Verstärkung" bezieht sich darauf, dass etwas, das das Pferd unangenehm findet, entfernt wird, sobald es ein gewünschtes Verhalten zeigt. Diese Methode wird verwendet, um Pferde an verschiedene Objekte zu gewöhnen, indem man mit einer Armlänge Abstand vom Kopf des Pferdes ein Führseil hält und ein Objekt, wie z. B. einen Plastiksack an einem Stock, langsam auf das Pferd zubewegt, wobei man sich immer weiter vom Kopf in Richtung Körper des Pferdes vorarbeitet. Im Gegensatz zum Flooding darf sich das Pferd bei dieser Methode zwar bewegen, der Mensch wedelt dann aber weiterhin so lange mit dem Objekt, bis das Pferd stehen bleibt. Sobald es steht, hört auch das Wedeln mit dem Objekt sofort auf. Eine andere Variante besteht darin, mit dem Wedeln aufzuhören, sobald das Pferd erste Anzeichen zeigt, langsamer zu werden, auch wenn es noch nicht vollständig stehen geblieben ist. Ein wesentlicher Unterschied zwischen dieser Methode und dem Flooding besteht darin, dass ein höheres Maß an Aufmerksamkeit gegenüber dem Verhalten des Pferdes erforderlich ist, um den Druck (engl.: pressure) im richtigen Moment wegzunehmen (engl.: release). Das Pferd lernt, dass, sobald es langsamer wird oder aufhört, sich zu bewegen, auch das Objekt aufhört, sich zu bewegen – und das bringt die Erleichterung, die das Pferd sucht. Das ist etwas ganz anderes als das Flooding, bei dem das Pferd lernt, dass es die furchterregende Sache nicht aufhalten kann – egal, was es tut. Ohne ein hohes Maß an feinster Aufmerksamkeit für kleinste Veränderungen beim Pferd kann die negative Verstärkung jedoch zu ähnlichen Risiken führen wie das Flooding. Es besteht auch hier die Gefahr, dass wir durch das Nachlassen des Drucks, wenn das Pferd langsamer wird oder stehen bleibt, versehentlich den Shutdown als die richtige Antwort verstärken. Sarah Schlote betont oft, dass still nicht gleichbedeutend ist mit entspannt. Es kann leicht passieren, dass man eine Verlangsamung oder ein Stehenbleiben als Anzeichen dafür interpretiert, dass das Pferd sich entspannt, was aber nicht unbedingt der Fall sein muss. Ein weiterer Nachteil der Verwendung von negativer Verstärkung zur Desensibilisierung eines Pferdes besteht darin, dass das Pferd letztendlich lernt, dass Stillstehen nicht unbedingt zu Erleichterung führt, weil das beängstigende Objekt trotzdem immer näher kommt, egal ob das Pferd sich bewegt oder nicht.

Empathische Resonanz und Pressure-and-Release

Das Nachlassen von Druck kann dabei helfen, eine Verbindung herzustellen, indem wir darüber dem Pferd zeigen, dass wir seine Äußerungen wahrnehmen und diese Relevanz haben. Die Vermittlung von empathischer Resonanz kann dem Pferd ein Gefühl von Sicherheit in unserer Gegenwart vermitteln, noch bevor wir uns an irgendeiner Art von Desensibilisierungsarbeit versuchen. Das kann z. B. beinhalten, dass wir bei der kleinsten merklichen Veränderung eine Pause einlegen, sei es eine Veränderung des Gesichtsausdrucks, der Körperhaltung, der Aufmerksamkeit oder eines anderen Verhaltens. Die Veränderung beruht idealerweise nicht auf einer Angstreaktion, sondern ist eher ein Zeichen von Neugierde. Bei dieser Vorgehensweise steht nicht ein Objekt, sondern die Beziehung im Vordergrund.

Bei der direkten Arbeit mit einem beängstigenden Objekt ist es wichtig, auf die Mimik zu achten. Wenn Pferde zum Beispiel beginnen, sich Sorgen zu machen, wird ihre Gesichtsmuskulatur sehr starr. Die Ohren werden unbeweglich, die Augen hören auf zu blinzeln und auch die Lippen bewegen sich nicht mehr. Analysiert ein Pferd eine Bedrohung, fällt es ihm durch das Verringern oder Stoppen eigener Bewegungen leichter, Anzeichen von Gefahr zu erkennen. Wenn wir uns dem Pferd mit dem Flattersack nähern und, noch bevor wir ihm nahekommen, bemerken, dass seine Augen nicht mehr blinzeln, können wir dort innehalten. Das Innehalten lässt das Pferd wissen, dass wir seine Besorgnis und sein zunehmendes Gefühl der Beunruhigung wahrgenommen haben – und ebendas schafft Verbundenheit. Wir warten dann, bis es wieder beginnt zu blinzeln oder andere Zeichen der Entspannung zeigt, wie etwa ein Senken des Kopfes oder eine ruhigere Atemfrequenz, bevor wir fortfahren. Ob wir an dieser Stelle mit der Annäherung des Objekts fortfahren oder uns weiter zurückziehen, um die Neugierde des Pferdes zu wecken, damit es sich uns nähert, hängt davon ab, was unser Ziel ist und was im Pferd vorgeht.

Wenn wir den Druck, den ein Objekt ausübt, sofort beim ersten oder frühesten Anzeichen einer Angstreaktion (nicht erst, wenn das Pferd langsamer wird oder stoppt) auflösen, vermitteln wir dem Pferd, dass wir erkannt haben, dass ihm gerade etwas zu viel ist, und dass wir bereit sind, uns anzupassen. Ich habe die Erfahrung gemacht, dass dies Vertrauen und Verbindung schafft und mit dem gleichen physischen Ergebnis wie die anderen Methoden endet (das Pferd zeigt weniger Angst vor dem Objekt). Manchmal übersehen wir diese kleineren Anzeichen von Besorgnis und halten stattdessen erst beim ersten Anzeichen einer Bewegung inne. Wenn das Pferd bereits begonnen hat, sich von dem Objekt zu entfernen, sind wir zu spät dran. Dennoch ist es auch dann wichtig, hier innezuhalten, um unseren Fehler zu korrigieren, und das Pferd wissen zu lassen, dass wir seine Besorgnis erkannt haben. Wir sollten darüber hinaus weiter daran arbeiten, die allerkleinsten Signale zu registrieren. Wenn wir diese Kleinigkeiten bemerken, sind wir wahrscheinlich auch gut darin, echte Bedrohungen zu erkennen, und daher in schwierigen Situationen ein vertrauenswürdiger Partner für unser Pferd.

Die Ergebnisse hängen also, wie hier klar wurde, davon ab, welche Zustände des Nervensystems die von uns angewandten Methoden hervorrufen, und davon, inwieweit wir in der Lage sind, die kleinsten und wichtigsten Veränderungen bei unseren Pferden wahrzunehmen und darauf reagieren zu können. Unser Timing und unsere empathische Resonanz sind entscheidend. Wir müssen nicht nur darauf achten, wann im Pferd eine Veränderung vorgeht, sondern auch bereit sein, entsprechend darauf zu reagieren. Warten

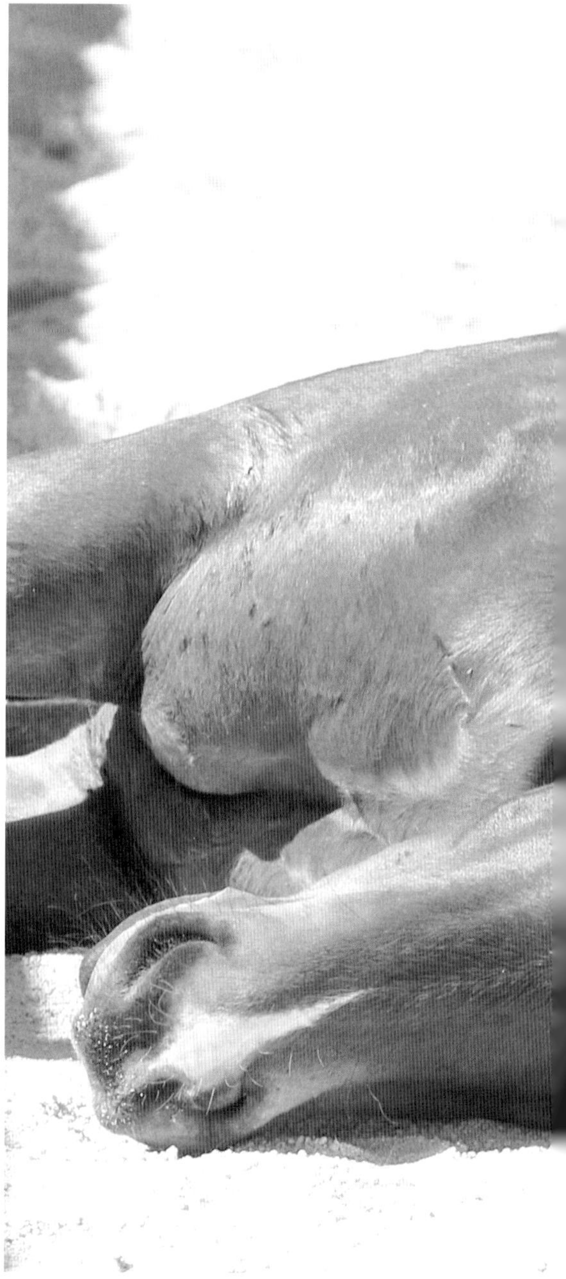

Foto © Tyler Schiller

wir zu lange oder nicht lange genug, kann dies Verwirrung stiften. Wir werden in den späteren Kapiteln *Mache Falsches schwer und Richtiges leicht* sowie *Beziehung geht vor Horsemanship* noch näher auf diese Idee eingehen.

Kapitel

03

Mach Falsches schwer und Richtiges leicht

Laterale Biegung
Wenn die Aufforderung schon schwer genug ist
Die Links-rechts-Übung

Wer sich in der Pferdewelt ein wenig auskennt, hat bestimmt bereits den Spruch gehört: „Mach Falsches schwer und Richtiges leicht“, oder, wie der legendäre Horseman Ray Hunt zitiert wird: „Make the right thing easy and the wrong thing difficult“. Bei meinen Vorträgen auf Pferdemessen in aller Welt frage ich die Zuschauer gerne, wie viele von ihnen diesen Spruch schon gehört haben. In der Regel heben dann die meisten Menschen im Publikum die Hand. Viele können jedoch keine genaue Antwort auf die Frage geben, was das ihrer Meinung nach bedeutet. Normalerweise sind einige sehr selbstbewusste Zuschauer dabei, und die verkünden dann, es würde bedeuten, man müsse hart und strikt reagieren, wenn das Pferd nicht das tut, was man will. Um zu verdeutlichen, dass es nicht darum geht, hart zum Pferd zu sein, bitte ich die Zuschauer aufzustehen. Wenn alle etwa zehn Sekunden lang gestanden haben, frage ich sie: „Ist aufstehen schwer?“ Dann schütteln sie normalerweise alle den Kopf und verneinen.

Dann bitte ich sie, sich zu setzen. Wenn sie sitzen, frage ich sie: „Ist hinsetzen leicht?“

Verbreitetes Nicken im Auditorium.

Als Nächstes frage ich sie: „Ist aufstehen schwerer als hinsetzen?“

Hier stimmen normalerweise alle zu. Ich erkläre also, dass das Aufstehen zwar anstrengender ist als das Hinsetzen, aber dennoch nicht schwer. Man fühlt sich nicht bestraft, wenn man für zehn Sekunden aufsteht. Man muss nicht unbedingt das Falsche schwer machen, um das Richtige *leichter* zu machen. Wenn man also Falsches schwer und Richtiges leicht macht, geht es keinesfalls um Bestrafung, sondern um den Unterschied zwischen den beiden.

Wenn Druck eine Hilfe ist

Der wichtigste Teil dieses Prinzips besteht darin zu verstehen, dass Pferde nicht durch Druck lernen, sondern durch das Auflösen von Druck. Pferde sind eigentlich unaufhörlich auf der Suche nach einem friedlichen Ort, an dem sie frei sind von äußeren Zwängen. Wenn ein kalter Wind weht, sieht man Pferde beispielsweise gern hinter Baumgruppen stehen, und sie stehen dort, weil es dort gerade gemütlicher als woanders ist. Genauso verhält es sich, wenn wir eine Hilfe oder ein Signal geben: Das Auflösen eines von uns gesetzten leichten Drucks ist für das Pferd, wenn es tut, worum wir es bitten, bereits die Belohnung. Wenn ein Reiz allerdings persistiert, egal, was das Pferd tut, lernt es bald, ihn zu ignorieren. Schaffen wir es also, das Aussetzen unserer Hilfen exakt zu timen, können wir unsere Pferde dazu bringen, stets nach der richtigen Antwort auf eine Aufforderung zu suchen.

Wie bereits erwähnt, interpretieren viele Menschen das Prinzip *Mach Falsches schwer und Richtiges leicht* als einen Freibrief für grobes Verhalten. Nichts könnte jedoch weiter von der Wahrheit entfernt sein. Es geht nicht darum, den Druck zu steigern, wenn Pferde etwas falsch machen; es geht darum, den Druck wegzunehmen, wenn sie es richtig machen. Die meisten Menschen tun dies, indem sie die Hilfen aussetzen, sobald sich das Pferd auf die von ihnen gegebene Hilfe hin vorwärts bewegt. Wir bitten das Pferd, sich vorwärts zu bewegen, und die Hilfengebung wird fortgesetzt, solange es dieser Bitte noch nicht nachkommt (solange es also das Falsche tut). Sobald es zu einem Schritt nach vorne ansetzt, setzen wir die Hilfen aus.

Manche Menschen ärgern sich über ihre vermeintlich „faulen" Pferde und behaupten, nur wenn sie die Schenkel ständig am Pferd hätten, könnten sie es in Bewegung halten. Mit dieser Art der Hilfengebung sei es aber leicht, das Pferd anzuhalten, denn sie müssten nur die treibenden Hilfen aussetzen und das Pferd bliebe stehen. Damit wird das Richtige schwer und das Falsche leicht gemacht, also das Gegenteil von dem, was wir eigentlich erreichen wollen. Die ganze Zeit, in der das Pferd sich vorwärts bewegt – das Pferd also das Richtige tut –, setzen diese Reiter ihre Schenkel ein. Wenn sie anhalten möchten, setzen sie die Schenkelhilfe aus: Nun denkt das Pferd, dass es den Ort der Ruhe, also jenen ohne Druck, genau dann erreicht, wenn es anhält.

Die Lösung dieses Problems ist also, den treibenden Schenkel auszusetzen, sobald das Pferd zu einem Schritt vorwärts ansetzt. Nun könnten diese Reiter sagen: „Wenn ich das tue, wird mein Pferd anhalten!" Wunderbar! Dann können wir den treibenden Schenkel wieder einsetzen, nachdem es angehalten hat. Das Falsche ist das Anhalten, und um das Falsche schwer zu machen, müssen wir ihm die Möglichkeit geben, das Falsche zu tun, bevor wir es korrigieren können. Sobald es anhält, kommt der Schenkel dran. Sobald es losgeht, lässt der Schenkel los. Wenn wir diesen Vorgang oft genug wiederholen, wird das Pferd bald erkennen, dass es bloß vorwärtsgehen muss, um zu verhindern, dass der Schenkel treibt.

Eines der häufigsten Probleme im Umgang mit Pferden besteht darin, dass das Pferd davon abgehalten wird, etwas Falsches zu tun, was bedeutet, dass wir bereits Druck auf das Pferd ausüben, während es noch das Richtige tut. Ich versuche stattdessen stets, meinen Pferden die Möglichkeit zu geben, eine eigene Entscheidung zu treffen. Denn das gibt mir die Gelegenheit, den Fehler vollständig zu korrigieren, anstatt sie dauerhaft daran hindern zu müssen, einen Fehler zu machen. Es gibt ein berühmtes Zitat von Michael Jordan, dem wohl besten Basketballspieler aller Zeiten, das dieses Konzept auf den Punkt bringt:

„Ich habe in meiner Karriere mehr als 9.000 Körbe verfehlt, über 300 Spiele verloren und 26-mal habe ich den Ball für den spielentscheidenden Wurf zugespielt bekommen und ihn verschossen. Ich bin in meinem Leben immer wieder gescheitert, und genau das ist der Grund, warum ich erfolgreich bin."

Wenn ich das Pferd einen Fehler machen lasse, sitze ich unterdessen nicht einfach wie eine Statue da, bis es seine Entscheidung getroffen hat. Ich lege all meine Konzentration, meine konkrete Absicht sowie etwas Energie in meinem Sitz. Das sind allerdings alles sehr subtile Energien, die nicht als Druck registriert werden. Es sind eher Hinweise, die ich meinem Pferd geben möchte.

Seitliches Abbiegen

Eine der wichtigsten Bewegungen, die wir von unseren Pferden verlangen, ist das seitliche Abbiegen des Kopfes nach links und nach rechts. Seitliches Abbiegen bedeutet, dass der Kopf des Pferdes auf Zügeldruck unter dem Sattel oder durch den Druck des Führstricks bei der Bodenarbeit mit einer Drehung des Kopfes aus dem Atlantoaxialgelenk reagieren soll. Der Körper folgt dem Kopf, und wenn sich der Körper in einem gewölbten Bogen ausrichtet, erarbeiten wir eine biomechanisch gute Haltung. Alles, was wir dazu tun müssen, ist, ganz leicht den Zügel oder das Führseil aufzunehmen und dabei gerade so viel Druck auszuüben, dass wir in einem 90-Grad-Winkel zum Kopf des Pferdes den Slack aus dem Seil nehmen, also das Seil so aufnehmen, dass es nicht mehr locker durchhängt, sondern wir leichten Kontakt haben, und warten. Wir warten auf die kleinste Bewegung des Pferdekopfes in diese Richtung und lassen dann sofort wieder los. Damit machen wir das Richtige leicht; auch wenn wir das Falsche nicht unbedingt schwer gemacht haben, war es doch unangenehmer als das Richtige. Wenn das Pferd den Druck des Führseils an der Seite seines Kopfes spürt, mag dies uns unbedeutend erscheinen, ist aber fürs Pferd ausreichend Druck, um Komfort im Nachgeben zu finden, indem es seinen Kopf in die richtige Richtung bewegt.

Eine Lektion zu diesem Thema habe ich bereits früh in meiner Karriere gelernt. Vor vielen Jahren besuchte ich ein Reining-Seminar eines sehr erfolgreichen Horseman und Reining-Trainers. Einer der Teilnehmer war ein professioneller Ausbilder von American Saddlebreds (einer US-Gangpferderasse) namens Frank, der sich spaßeshalber ein gut ausgebildetes Reining-Pferd gekauft hatte. Am ersten Morgen des Kurses arbeiteten wir an Zirkeln, und nach dem Mittagessen nahmen wir uns Spins vor. Ein Spin ist eine Reihe von 360-Grad-Drehungen, bei denen sich die Vorhand des Pferdes schnell um die Hinterhand bewegt.

Weil er wusste, dass Franks Pferd entsprechend ausgebildet war, bat der Trainer darum, dass Frank als Erster mit ihm am Spin arbeitet. Frank ritt sein Pferd aus der Gruppe heraus und forderte es zum Spin auf. Er bewegte seine Zügelhand etwa dreißig Zentimeter seitlich vom Hals des Pferdes weg, begann mit dem äußeren Schenkel an die Seite des Pferdes zu klopfen und benutzte Stimmhilfen, indem er ziemlich viel mit der Zunge schnalzte. Trotz alledem drehte sich das Pferd nur langsam, wie in einem kadenzierten Schritt. Der Trainer schlug Frank vor, den Schenkel nicht einzusetzen, während sich das Pferd drehte.

„Aber er wird aufhören, wenn ich den Schenkel weglasse", erklärte Frank, woraufhin der Trainer antwortete: „Das ist in Ordnung. Wenn er aufhört, werden wir den Schenkel wieder einsetzen, bis er reagiert. Leite die Lektion ein, indem du einfach deine Hand ein wenig bewegst."

Der Blick, den Frank ihm zuwarf, verriet seine Skepsis. Frank bewegte seine Zügelhand ein paar Zentimeter von der Seite des Pferdehalses weg, aber das Pferd bewegte sich nicht. Der Trainer wies ihn an, zusätzlich mit dem Schenkel zu klopfen. Als er das tat, machte das Pferd ein paar Spin-Schritte und hielt wieder an. Da sollte er erneut mit dem Schenkel klopfen, woraufhin das Pferd ein paar weitere Schritte machte und danach abermals stehen blieb. Noch einmal wurde er angewiesen, mit dem Schenkel zu klopfen, bis sich das Pferd bewegte.

Dieses Muster wiederholte sich eine Zeit lang, bis das Pferd schließlich im Spin blieb – ganz ohne Schenkel. Sie hielten an, ließen das Pferd eine Weile rasten und wiederholten dann den Vorgang. Bald konnte Frank seine Hand bewegen, und das Pferd führte den Spin aus und behielt währenddessen einen gleichmäßigen Rhythmus bei – ohne Schenkel und ohne

Schnalzen, lediglich mit locker durchhängenden Zügeln, die ein paar Zentimeter seitlich vom Hals des Pferdes getragen wurden.

Als sie diesen Punkt erreicht hatten und das Pferd bemerkte, dass jeglicher Druck im Spin ausblieb, war es deutlich fleißiger bei der Sache, anstatt nach jedem Schritt zu denken: „Können wir aufhören?"

Nun bat der Trainer Frank, während des Spins einmal mit der Zunge zu schnalzen. Wenn das Pferd dann nicht schneller werden würde, sollte er den Schenkel anlegen. Sie arbeiteten eine Weile daran und erreichten schließlich den Punkt, an dem sie vollkommen still und entspannt stehen konnten und Frank seine Zügelhand dann nur leicht zur Seite bewegen brauchte, damit das Pferd mit einer ordentlichen Portion Energie anfing, in den Spin zu gehen.

Gegen Ende der Übungseinheit sagte der Trainer: „Jetzt schnalzt du einmal." Frank tat wie geheißen, und das Pferd drehte sich so schnell, dass Frank fast herunterfiel.

Bis dahin hatte ich noch nie bei einem Pferd derart tiefgreifende Veränderungen in so kurzer Zeit gesehen. Bei dieser Demonstration wurde mir klar, wie wichtig es ist, den Druck wegzunehmen, sobald man bekommt, was man will. Am Anfang hatte Frank seine Hand, seinen Schenkel und seine Stimme eingesetzt, um einen trägen Spin zu bekommen. Das erstaunliche Ergebnis am Ende wurde nicht dadurch erreicht, dass Frank mehr Druck ausübte als am Anfang, sondern dadurch, dass er ganz genau wusste, wann er Druck ausüben sollte und wann nicht. Wie ich bereits sagte: Wenn wir Druck ausüben, während das Pferd das Richtige tut (in diesem Fall den Spin), um es daran zu hindern, das Falsche zu tun (in diesem Fall das Anhalten), machen wir dadurch das Richtige schwer oder zumindest unangenehm. Ich werde später im Kapitel *Die Anwendung deiner Hilfen* im Detail erklären, wie die Genauigkeit der einzelnen Aktionen zum Lernprozess beiträgt.

Um dieses Prinzip effektiv umzusetzen, müssen wir uns das Prinzip *Arbeite mit dem Pferd, das du heute hast* bewusst machen. Wir müssen präsent sein, uns unseres Körpers bewusst sein, wissen, was unsere Hände und Beine gerade tun, und sicherstellen, dass wir uns nicht von unseren Erwartungen übermannen lassen. Wir müssen in der Lage sein zu unterscheiden, was *gerade jetzt* schwieriger für unser Pferd ist, und nicht, was *gestern* schwieriger war. Jeden Tag wird sich unser Pferd verändern, lernen und wachsen. Wir sollten mit diesen Veränderungen rechnen und uns auf das Unerwartete vorbereiten.

Wie du eine Trainingssituation vorbereitest

Wenn wir unserem Pferd etwas Neues beibringen, müssen wir nicht nur die Natur des Pferdes und seine tief verwurzelten Verhaltensweisen berücksichtigen, sondern auch darauf achten, was es denkt und fühlt. Die Fähigkeit, angemessen zu entscheiden, wann man etwas Neues im Umfeld oder in der Trainingsroutine hinzufügt, ist für den Erfolg des Pferdes von entscheidender Bedeutung.

Ein großartiges Sprichwort, das ich vor ein paar Jahren gehört habe, lautet: „Ein guter Anführer stellt nur Ja-Fragen." Das heißt, man fordert sein Pferd niemals zu etwas auf, das es nicht entweder sofort tun oder dessen Lösung es nicht schnell finden kann. Dieses Prinzip wird in dem Kapitel *Das Pferd muss die Antwort kennen, bevor du fragst* ausführlich behandelt.

Sagen wir mal, dass du ein junges Pferd das erste Mal auf dem Reitplatz reitest. Häufig fühlen sich Pferde dann vom Tor, das zum Stall führt, magisch angezogen. Diese Gegebenheit kannst du nutzen, um es dir leichter zu machen, einen ersten Galopp zu erarbeiten. Vielleicht fehlt es deinem Pferd auch an Energie? Dann könntest du entscheiden, den ersten Galoppsprung am anderen Ende des Reitplatzes einzuleiten, wenn dein Pferd sich schon in Richtung Tor bewegt. Dadurch nutzt du die natürliche Anziehung deines Pferdes zum Stall, um den Übergang in den Galopp zu erleichtern. Würdest du den ersten Galoppsprung auf der Seite, die weg vom Stall führt, einleiten, müsste dein Pferd nicht nur verstehen, dass es nun angaloppieren soll, sondern auch dass es das soll, obwohl es ihm widerstrebt, da es sich dort vom Stall wegbewegt. Oft haben wir mehr Kontrolle über eine Situation, als uns bewusst ist. Allerdings übersehen Menschen oft wertvolle Informationen, die ihnen ihre Pferde geben, weil sie es eilig haben, ein bestimmtes Ergebnis zu erzielen. Diese Menschen stellen möglicherweise die richtige Frage, aber zur falschen Zeit oder am falschen Ort.

Wenn ich einem jungen Pferd beibringe, sich lenken zu lassen, bin ich bereit, auf eine Gelegenheit mit bestmöglichen Erfolgsaussichten zu warten. Ich erwarte niemals vom Pferd, dass es sich in eine Richtung bewegt, wo es nicht hin möchte (wie z. B. an das unheimliche Ende des Reitplatzes, weg vom Stall oder von den anderen Pferden), da dies meine Aufgabenstellung schwerer machen würde, als nötig. Wenn ich zu diesem Zeitpunkt noch im Round Pen arbeite und mein Pferd von der Mitte des Round Pens auf die andere Seite zusteuert, achte ich darauf, dass es sich schräg auf den Zaun zubewegt. Ist das der Fall, erwarte ich, dass es sich, sobald es den Zaun erreicht, zur offeneren Seite hinwenden wird. Also frage ich es, ob es in diese Richtung abwenden kann, *bevor* es dort ankommt. Wenn es dort ankommt, veranlasst es der Zaun, in die von mir gewünschte Richtung abzuwenden. Dann setze ich meine Hilfen aus und belohne so das Abwenden. Indem ich die Umgebung zu meinem Vorteil nutze und mich darauf einstelle, was mein Pferd tut, kann ich die Vorgehensweise mit der höchsten Erfolgswahrscheinlichkeit wählen. Mit anderen Worten: Ich konzentriere mich darauf, das Richtige leicht zu machen.

Vor einiger Zeit las ich in den sozialen Medien den Beitrag einer Trainerin. Darin sagte sie, dass es nicht notwendig sei, das Falsche schwer und das Richtige leicht zu machen, wenn man es nur richtig anstellen würde. Sie meinte weiter, würde man ein Pferd zu einer halben Hinterhandwendung auffordern und es dazu sein Gewicht nach hinten verlagern lassen, bevor man es um die Wendung bittet, dann sei es gar nicht nötig, das Falsche schwer zu machen.

Meines Erachtens ist dies eine Fehlinterpretation dieses Prinzips, die sich mehr auf den „Falsches schwer"-Teil konzentriert, statt auf den Teil „Richtiges leicht". Diese Trainerin, derzufolge dieses Prinzip nicht notwendig sei, erklärte, wenn sie wolle, dass sich ein Pferd um die Hinterhand drehte, sei es hilfreicher, das Pferd zuerst sein Gewicht zurückverlagern zu lassen, als es zu korrigieren, weil es die Übung falsch ausführt. Wenn ein Pferd diese spezielle Übung falsch ausführt, dreht es sich mit der Vorhand auf der Stelle, wobei die Hinterhand herumschwenkt. Wenn wir es auffordern, sein Gewicht zuerst nach hinten zu verlagern, wird es für das Pferd schwierig, mit dem Hinterteil nach außen zu schwenken, und es wird ihm stattdessen leichtfallen, mit der Vorhand herumzutreten. Manchmal kann es sehr dienlich sein, unseren Pferden das Fehlermachen zu erlauben, z. B. durch das Aussetzen der Hilfen während des Spins. Hier in diesem Fall ist es jedoch die Art und Weise, die Situation vorzubereiten, die das Richtige leicht macht.

Ein altes Sprichwort besagt: „Du kannst ein Pferd zum Wasser führen, aber du kannst es nicht zum Trinken zwingen." Das ist wahr, aber die Chance, das Pferd zum Trinken zu bewegen, ist größer, wenn man wartet, bis es durstig ist. Genau darum geht es in diesem Teil des Prinzips: die Dinge so zu gestalten, dass man mit hoher Wahrscheinlichkeit die Antwort „Ja" bekommt.

Ein weiteres gutes Beispiel dafür ist, wie man dem Pferd das Rückwärtsrichten unter dem Sattel beibringt. Viele Reiter fordern ihr Pferd auf, sich rückwärts zu bewegen, während sie an Vorwärts denken. Das macht es dem Pferd schwer, die Aufgabe zu verstehen. Besser ist es zu warten, bis das Pferd ruhig stillsteht. Wenn wir das Pferd zunächst mit dem Kopf zu einer Wand oder zu einem Zaun gerichtet aufstellen, bevor wir ihm das Rückwärtsrichten beibringen, erhöhen sich unsere Chancen auf einen erfolgreichen Versuch. Wir können viele Situationen entsprechend vorbereiten: Wir werden einzig durch unsere Vorstellungskraft und unser Wissen über die Denkweise von Pferden begrenzt. Der Sinn dieser Prinzipien ist es, jene fundamentalen Grundlagen zu verstehen, auf denen alle Trainingsmethoden für Pferde basieren. Es liegt an uns, jede Situation zu analysieren und danach jene Methoden auszuwählen, die größtmögliche Erfolgschancen bieten.

Wenn die Aufforderung schon schwer genug ist

Manchmal, wenn wir ein Pferd auffordern, eine Lektion zu zeigen, ist die Aufforderung selbst schon mit genug Druck verbunden, und es gibt keinen Grund, diesen noch zu erhöhen. Das ist ähnlich wie beim anfänglichen Anfragen nach dem Seitlichen Abbiegen, das in einem früheren Abschnitt dieses Kapitels beschrieben wurde (siehe Seite 56). In dem Fall konnte nichts schiefgehen. Was das Pferd auf die Anfrage hin zuerst tut, kann nicht als ein Nein ausgelegt werden; es wäre nur eben auch kein Ja. Bei der Ausbildung von Pferden achte ich stets darauf, dass ich sie nur um Dinge bitte, von denen ich mir ziemlich sicher bin, dass sie klappen werden, vor allem zu Beginn der Ausbildung, wenn das Pferd noch die grundlegenden Basics lernt. Wenn man das richtig angeht, kommt man eigentlich nie in die Verlegenheit, eine Nein-Antwort zu erhalten, man muss lediglich darauf warten, dass sie die Ja-Antwort herausfinden. Wir haben im Wesentlichen zwei Möglichkeiten: Wir können den Körper unseres Pferdes zwingen, das zu tun, was wir wollen, oder wir können dem Pferd die Chance geben, die Antwort selbst herauszufinden. Ersteres wäre so, als würden wir unseren Fahrlehrer bitten, während der Führerscheinprüfung das Lenkrad zu halten, und sobald wir bestanden haben, können wir die Straßen unsicher machen. Wir hätten dann jedoch immer noch nicht bewiesen, dass wir selber bewusst und vorausschauend entscheiden und handeln können. Das Ziel meiner Ausbildung ist es, dass das Pferd willens und in der Lage ist, selbstständig zu tun, was ich von ihm verlange, ohne dass ich ihm andauernd reinreden muss.

Manche Menschen missinterpretieren dieses Prinzip dahingehend, dass sie das Falsche noch schwerer machen, wenn ihr Pferd nicht die richtige Antwort findet. Das führt zu einem Wettkampf im Drücken und Ziehen zwischen einem mehr als 500 Kilogramm schweren Vierbeiner und einem kleinen Menschen. Dieser Streit gipfelt schließlich in Bestrafung, die Gefühle wie Wut, Frustration und Enttäuschung auslöst.

Vor nicht allzu langer Zeit erzählte mir eine Pferdebesitzerin, dass ihr Pferd beim Aufzäumen mit den Vorderbeinen nach ihr schlug. Nach einigem Nachfragen fand ich heraus, dass das ursprüngliche Problem darin bestand, dass das Pferd seinen Kopf hob und zurückwich, als sie ihm die Trense anlegen wollte. Die Besitzerin meinte, sie würde dem Pferd darum nun das Leben schwer machen, indem sie es um das ganze Stallgebäude herum rückwärts schickt, wenn es zurückweicht.

Das hat nichts damit zu tun, das Falsche schwer zu machen, sondern es ist vielmehr eine Bestrafung des Pferdes dafür, seiner Besitzerin mitzuteilen, dass es gerade beunruhigt ist. Es war also die Reaktion der Besitzerin auf das, was geschah, die das Pferd dazu veranlasste, mit den Vorderbeinen nach ihr zu treten.

In dieser Situation ist das Gebiss, das dem Pferd hingehalten wird, Herausforderung genug – es gibt keinen Grund, die Umstände noch schwerer zu gestalten. Eine Möglichkeit, hier anzusetzen, wäre, das Gebiss solange dem Pferdemaul näherzubringen, bis das Pferd zurückweicht, und dann dem Pferd zu folgen, wobei jener Abstand zwischen Gebiss und Pferd, der das Zurückweichen ausgelöst hat, beibehalten wird. Das Pferd wird sich zwar entziehen, aber auch feststellen, dass die Trense dadurch nicht verschwindet. Und es lernt auch, dass es unbequem ist, sich mit hoch erhobenem Kopf rückwärts zu bewegen. Nicht wir haben es ihm schwer gemacht, sondern das Pferd hat es sich selbst schwer gemacht.

Sobald das Pferd nicht mehr zurückweicht, nehmen wir die Trense weg, um ihm zu zeigen, dass das Gebiss verschwindet, wenn es etwas Leichteres tut, als sich mit hochgerissenem Kopf rückwärts zu bewegen. Das Pferd wird dadurch zwei Dinge lernen. Erstens lernt es, dass es ihm nicht hilft, sich rückwärts zu entziehen. Zweitens und noch wichtiger ist, dass es lernt, dass wir Menschen kontrollierbar und empathisch sind. In dem vorangegangenen Desensibilisierungsbeispiel könnten wir das Zurückweichen des Pferdes wahrscheinlich sogar vermeiden, indem wir Veränderungen seines emotionalen Zustands genau beobachten, noch bevor das Tier zurückweicht. Was ich damit meine, ist z. B., dass das Pferd die Trense kommen sieht und, noch bevor es zurückweicht, versucht, den Kopf leicht anzuheben, um der Trense auszuweichen. Wenn wir diese Bewegung erkennen und, sobald das Pferd dazu ansetzt, sofort innehalten können – selbst wenn wir noch einen ganzen Meter entfernt sind –, dann ermöglicht uns das, zu warten, bis das Pferd sich deutlich entspannt, um dann erst die Trense wegzunehmen. Diese Vorgehensweise sorgt dafür, dass das Pferd deutlich schneller mit der Trense einverstanden sein wird. Häufig ist in solchen Situationen nicht die Trense das Problem des Pferdes. Das Problem liegt vielmehr darin, dass es nicht gehört wird. Sobald es weiß, dass es eine Stimme hat und dass diese auch Gehör findet, ist es in der Regel mit allem einverstanden, was wir versuchen zu tun. Dies alles geht zurück auf etwas, das ich die „Bremse durch soziale Verbundenheit" nenne. Die soziale Verbundenheit mit uns wirkt direkt über den Parasympathikus auf das Pferd, entspannt und beruhigt es, und funktioniert dadurch wie die Fußbremse im Auto, die wir bei der Beschreibung des Nervensystems besprochen haben.

Um an solchen Dingen zu arbeiten, müssen wir sehr präsent sein. Wir müssen begreifen, dass unser Pferd Schwierigkeiten hat, das Gebiss zu akzeptieren. Das Einzige, was wir in diesem Moment tun sollten, ist daran zu arbeiten, dass es besser wird. Das Problem ist meist nicht das Pferd, sondern vielmehr die Einstellung und die Erwartung des Menschen: „Jetzt mach schon! Lass mich schnell die Trense aufziehen, denn heute habe ich einen Ausritt geplant." Wenn uns das Pferd, wenn wir es um etwas bitten, eine andere Antwort gibt als jene, die wir uns wünschen, dann sollten wir einfach warten. Es sagt uns damit, dass allein unsere Bitte es bereits veranlasst, nach einem Ausweg aus dem von uns ausgeübten Druck zu suchen. Wenn wir der Bitte noch etwas hinzufügen, wird dies zusätzlichen Stress verursachen und mit hoher Wahrscheinlichkeit zu einem negativen Verhaltensausbruch führen. Wenn das Pferd die richtige Antwort findet oder etwas tut, das der richtigen Antwort ähnelt, sorgt das Aussetzen der Hilfen dafür, dass das Pferd lernt, wie leicht es sein kann.

Wann du eine Übung einsetzt, um das Falsche schwer zu machen

In manchen Fällen kann es Sinn machen, sich stärker auf das Schwermachen zu konzentrieren. Das gilt aber nur, wenn wir das Pferd bitten, eine Übung oder Bewegung auszuführen, die ihm schwer fallen würde, wenn es sie falsch ausführt. Normalerweise hat die Entscheidung für diese Vorgehensweise also mit der Körperhaltung des Pferdes zu tun oder damit, wie es sich selbst trägt. Ein alltägliches

Beispiel dafür sind die simplen, grundlegenden Gangartübergänge in der Dressur.

Um einem Pferd beizubringen, sich in Selbsthaltung zu bewegen, was letztendlich zur Versammlung führt, fordert man es zu einer Reihe von Übergängen auf. Üblicherweise sind es Übergänge vom Schritt zum Trab und dann wieder zurück zum Schritt. Schließlich werden die Abstände zwischen den Übergängen immer kürzer, und das Pferd, das bereit ist, einen Übergang in eine höhere oder auch in eine niedrigere Gangart umzusetzen, beginnt, seinen Körper so zu halten, dass es jederzeit einen Gangartübergang sowohl in die höhere als auch in die niedrigere Gangart ausführen kann. Das tut das Pferd deshalb, weil ihm, wenn es im Schritt oder im Trab auseinanderfiele, der Übergang in eine andere Gangart sehr schwerfallen würde. Es bringt seinen Körper also entsprechend in Haltung, um in einer Ausgangsposition zu sein, in der ihm ein Übergang - von dem es ja weiß, dass er kommt - leichtfällt. Da es nicht vorhersehen kann, welche Gangart verlangt werden wird, versetzt es sich demnach in einen energiesparenden Gleichgewichtszustand in der Mitte.

Bei meinen Seminaren demonstriere ich diese Übergangsübung oft an einem Zuschauer. Ich wähle jemanden, der reichlich zusammengesunken auf seinem Stuhl hängt, die Beine gekreuzt und zu einer Seite gestreckt, während eine Körperhälfte gekrümmt ist. Ich bitte alle Zuschauer zu beobachten, wo sich die Körperteile der Versuchsperson befinden und wie ungleichmäßig in Bezug auf den Schwerpunkt sie verteilt sind. Dann frage ich meine Versuchsperson, ob sie bitte aufstehen würde. Ich warte ein paar Sekunden und bitte sie dann, sich zu setzen. Ich warte, bis sie sich wieder in ihre krumme Position zurückgelehnt hat, und fordere sie dann auf, aufzustehen. Dann setzen. Dann aufstehen. Setzen. Auf. Setzen. Immer schneller, bis die Person sich beim Setzen bereits darauf vorbereitet, wieder aufzustehen. Dann sage ich: „Freeze! Nicht bewegen!"

Nun fordere ich das Publikum auf: „Ich möchte, dass ihr euch jetzt die Körperhaltung unseres Versuchskaninchens anseht. Die Füße stehen hüftbreit mit den Fußballen fest auf dem Boden. Die Hände liegen auf den Oberschenkeln, die Körpermitte ist in Spannung, der Rücken gerade. Die Haltung ist auf halbem Weg zwischen aufrechtem Stehen und aufrechtem Sitzen. Unsere Versuchsperson sitzt, ist aber jederzeit bereit aufzustehen, und hat auf jedem Fuß und jedem Sitzknochen das gleiche Gewicht."

Die wichtigste Erkenntnis daraus ist, dass ich die Versuchsperson dazu gebracht habe, diese Position einzunehmen, ohne sie explizit aufzufordern, diese Position einzunehmen. Ich habe nicht gesagt: „Nicht lümmeln" oder „Setz dich gerade hin". Ich bat sie einfach, eine Reihe von Übungen zu machen, die schwer auszuführen waren, als sie krumm in ihrem Stuhl hing.

Die ganze Arbeit an den Übergängen, die wir mit unseren Pferden machen, endet mit diesem Resultat. Die Übergänge zielen darauf ab, den Körper des Pferdes dazu zu bringen, diesen Mittelweg zu finden: den Ort der Balance, aus dem es sich leicht vorwärts, rückwärts und nach rechts oder links bewegen kann, ohne seinen Körper erneut anzupassen.

Ein gutes Beispiel für einen Athleten, der genau das tut, ist ein Tennisspieler, der darauf wartet, dass der Ball zu ihm zurückgeschlagen wird. Er ist bereit, für einen Vorhand- oder Rückhand-Schlag ans Netz zu stürmen, und genauso bereit, für einen Lupfer zurückzulaufen. Wenn ein Pferd dieses Niveau der Selbsthaltung beziehungsweise Versammlung erreicht, hat es sowohl lateral (von Seite zu Seite) als auch in Längsrichtung (von vorne nach hinten) sein Gleichgewicht gefunden. Um an diesen Punkt zu gelangen, bedarf es vieler kleiner Schritte. Denn der Versuch, das Pferd in diese Position zu zwingen, schafft nur den Anschein von Gleichgewicht. In Wirklichkeit strotzt es sowohl mental als auch physisch vor lauter Spannung.

Eine unkomplizierte, einfache Übung, die ich früh in der Ausbildung des Pferdes einsetze, ist die Links-rechts-Übung, die das laterale Gleichgewicht verbessert. Die Grundlage der Übung ist, dass ich in einer bestimmten Gangart am losen Zügel reite (normalerweise beginne ich damit im Trab), und wenn das Pferd nun nach links abbiegt, erlaube ich ihm, sich in diese Richtung zu bewegen. Anschließend lenke ich es sanft zurück nach rechts und lasse dann los. Wenn es nach rechts abbiegt, lenke ich es nach links und lasse los.

Diese Übung vereint zwei Varianten von *Mach Falsches schwer und Richtiges leicht:* Zum einen, eine Übung einzusetzen, durch die das Falsche schwer wird. Normalerweise fallen junge Pferde auf die Schulter, wenn sie derart von der Spur abkommen. Wenn mein Pferd sich in dieser Übung nach links bewegt und links auf die Schulter fällt, fordere ich es nur mit meinem direkten, rechten Zügel auf, einen Bogen nach rechts zu gehen. Es ist schwer für das Pferd, nach rechts zu wenden, während es seine Schulter[1] links hängen lässt. Daher wird es seine Körperhaltung korrigieren und seine linke Schulter anheben, um es sich selbst leichter zu machen. Ich bitte es nicht, die Schulter zu heben; ich fordere es lediglich auf, in die Richtung abzuwenden, die entgegengesetzt ist zu jener, in die es sich gerade bewegt. Das fällt auch unter ein anderes Prinzip, das ich *Tue das Gegenteil* nenne.

Der andere Aspekt der Anwendung des Prinzips *Mach Falsches schwer und Richtiges leicht* in dieser recht einfachen Übung ist, dass die Bitte selbst schon schwer genug ist. In dieser Übung bitte ich das Pferd lediglich, sich mit dem inneren Zügel in die entgegengesetzte Richtung zu drehen. Fällt es ihm schwer, seinen Körper in der Wendung korrekt einzusetzen, ziehe ich nicht etwa stärker am Zügel, sondern warte ab. Wendet das Pferd schließlich ab, lasse ich los. Eine häufige Wiederholung dieser Lektion führt dazu, dass das Pferd beginnt, sich selbst so zu halten, dass es locker aus der Richtung, in die es sich gerade bewegt, in eine andere abwenden kann. Diese Kontrolle seines lateralen Gleichgewichts hat eine tiefgreifende Auswirkung auf sein Gleichgewicht in der Längsachse. Mit dieser Art von Übungen schaffen wir die Voraussetzung dafür, dass das Pferd das, worum wir es bitten, von sich aus anbietet, anstatt dass wir es durch Zwang dazu bringen müssen. Diese Vorgehensweise nennen wir auch „Unsere Idee zu der des Pferdes machen“.

1 Der Begriff „auf die Schulter fallen“ beschreibt, dass das Pferd in einer Wendung nicht ausbalanciert ist und deshalb mehr Gewicht auf sein inneres Vorderbein bringt als auf irgendein anderes.

Übergänge – aufwärts und abwärts

Dieses Thema wird im Kapitel *Wähle, wo du arbeitest und wo pausiert wird* noch deutlich ausführlicher behandelt, aber es muss hier dennoch Erwähnung finden, weil es so eng verwandt ist mit dem Prinzip *Mach Falsches schwer und Richtiges leicht*. Pferde haben sich evolutionär zu Energiesparmeistern entwickelt. Den meisten macht es nicht unbedingt etwas aus zu arbeiten, aber wenn es einen weniger anstrengenden Weg gibt, werden sie ihn mit Sicherheit finden.

Ich habe gehört, dass Bill Gates angeblich einmal gesagt hat, er stelle gerne faule Leute ein, weil sie stets die einfachste Lösung für anstehende Aufgaben finden. Auch Pferde sind in diesem Sinne faul, weil sie immer versuchen, den Weg des geringsten Widerstands zu gehen. Wenn ich ein Pferd habe, das einen bestimmten Teil der Reitbahn bevorzugt, trainiere ich häufig dort Übergänge in eine höhere Gangart. Übergänge in eine ruhigere Gangart plane ich an den Stellen ein, die es weniger anziehend findet. Bald wirken gerade diese Stellen deutlich attraktiver für das Pferd. Seine Wahrnehmung dessen, wo auf dem Reitplatz Entspannung herrscht, kann sich auf diese Weise verändern.

Das zuvor weniger ansprechende Ende des Reitplatzes wird plötzlich zum attraktiveren Ort mit weniger Arbeit, weshalb sich das Pferd dort gerne aufhält. Ich möchte noch einmal betonen, wie fundamental wichtig es ist, die richtige mentale Perspektive auf diese Situation zu haben. Wir dürfen sie weder als Bestrafung betrachten, noch versuchen, etwas zu „reparieren": Wir entscheiden lediglich, wo wir einen Gang herauf- oder einen Gang herunterschalten.

»

MACH FALSCHES SCHWER UND RICHTIGES LEICHT!

Dieser Ansatz hilft uns auch, wenn das Pferd dorthin driftet, wo andere Pferde sind. Wenn es zu einem anderen Pferd möchte, erlaube ich das, aber sobald es dort ankommt, trabe ich an. Ich fordere es nicht auf, sich vom anderen Pferd zu entfernen, sondern nur, im Trab zu bleiben. Üblicherweise trabt das Pferd dann kleine Kreise um das andere Pferd herum und fällt möglicherweise in den Schritt zurück. Wenn es das tut, trabe ich erneut an. Das mache ich, bis das Pferd irgendwann entscheidet, dass es lieber etwas anderes tun möchte, als kleine Kreise um seine Artgenossen herumzutraben. Es wird seinen Kurs ändern und sich in eine andere Richtung bewegen. Dann bitte ich es, in den Schritt zu wechseln oder sogar anzuhalten. Ich erlaube ihm, so lange es möchte, Schritt zu gehen oder stehenzubleiben. Sollte es dann wieder zum anderen Pferd zurückdriften, trabe ich wieder an.

Mach Falsches schwer und Richtiges leicht ist kein Freibrief, das Pferd zu bestrafen oder gar den Druck zu erhöhen. Es geht darum, die Dinge so vorzubereiten, dass das Pferd Entscheidungen treffen kann und dabei herausfindet, wie es den leichten Weg des geringsten Widerstandes findet.

Kapitel

04

Das Donkey-Kong-Prinzip

Talent fördern:
Der entscheidende Faktor
$E=mc^2$
Das Taubenexperiment

Vor einigen Jahren hatten wir eine Praktikantin auf unserer Ranch. Normalerweise machen wir mit unseren Praktikanten einen Deal aus: Sie passen auf unser Zuhause auf, wenn wir weg sind, und als Gegenleistung erhalten sie persönliche Hilfe von mir mit ihrem Pferd, wenn ich wieder zu Hause bin. Diese Praktikantin interessierte sich ganz besonders für das Salsa-Tanzen. Ihre Leidenschaft für Salsa war so groß, dass sie sich sogar für ein Studium in Mexiko-Stadt entschieden hatte, um dort komplett in die Salsa-Szene eintauchen zu können. Sie erzählte mir einmal, dass es beim Tanzen ein Sprichwort gibt, das nicht nur auf das Tanzen anwendbar ist, sondern auch auf Pferde, und eigentlich alles, was man im Leben erreichen möchte (siehe hier links).

» ANFÄNGER NEIGEN DAZU, UNTERRICHT FÜR FORTGESCHRITTENE ZU NEHMEN, UND FORTGESCHRITTENE NEIGEN DAZU, UNTERRICHT FÜR KÖNNER ZU NEHMEN, ABER DIE WIRKLICHEN KÖNNER UNTER DEN TÄNZERN NEHMEN UNTERRICHT FÜR ANFÄNGER.

Unbekannt

Dieses Prinzip, zu den allereinfachsten Schritten zurückzukehren, hat Gültigkeit für jede Tätigkeit, die bis zum höchsten Niveau verfolgt wird, sei es nun Salsa oder Pferdetraining. Bei einem meiner Seminare traf ich einmal auf eine Boxerin. Damals hatte sie zwanzig Kämpfe als Amateurin bestritten: elf Siege und neun Niederlagen. Sie wollte Profi werden und hatte erst kurz zuvor einen neuen Trainer gefunden. Er sagte, wenn sie Profi werden wolle, müsse sie wieder mit den Grundlagen des Boxens beginnen. Und so hatte sie in den drei Monaten, seit sie den neuen Trainer hatte, nur an ihrem Jab (eine abrupt geschlagene Gerade mit der Führhand) gearbeitet, erzählte sie mir. Keine Haken, keine Crosses und keine Uppercuts. Kein Speedball und kein Sandsack. Nur der Jab.

Als sie ein Jahr später ihren ersten Profikampf bestritt, gewann sie. Ich schickte ihr eine Glückwunschnachricht und fragte, wie es gelaufen sei. Sie meinte: „Meine Gegnerin war eine viel bessere Boxerin als ich, aber mit dem Jab habe ich sie zermürbt."

Dieses Kapitel trägt den Titel Das *Donkey-Kong-Prinzip*, benannt nach dem Videospiel-Klassiker. Ich spielte als Kind nicht viele Videospiele, aber eines, an dem ich mich versucht habe, war Donkey Kong. Das Prinzip könnte nach jedem beliebigen modernen Videospiel benannt werden, da die meisten so aufgebaut sind, dass man erst die Grundlagen üben muss, bevor man in die eigentliche Geschichte einsteigen kann. In den ersten Levels läuft man am Startpunkt los und wandert so lange durch die Spielwelt, bis man auf die erste Aufgabe trifft. Wenn man an dieser ersten Aufgabe scheitert, ist das gesamte Level verloren und man muss wieder zurück zum Anfang. Man kehrt so lange immer wieder an den Ausgangspunkt zurück, bis man schließlich nach wiederholtem Scheitern das ganze Level ohne Fehler schafft.

Diese erste Aufgabe besteht darin, die grundlegendste Bewegung in diesem speziellen Spiel auszuführen. Es ist eine Fähigkeit, auf der jede andere Bewegung im Spiel basiert. Wenn man diese Aufgabe erfolgreich bewältigt, kommt man weiter und trifft auf die zweite Aufgabe.

Bei Donkey Kong muss man zuerst über ein Fass springen. Dies erfordert Timing und die Fähigkeit zu springen. Wenn man danach versucht, die zweite Aufgabe zu erledigen, und dabei scheitert, kann man es jedoch nicht gleich noch einmal probieren. Man kehrt stattdessen ganz an den Anfang zurück, bewältigt die erste Aufgabe noch einmal, und kann sich dann an der zweiten Aufgabe versuchen. Normalerweise hat die zweite Aufgabe etwas mit der ersten Aufgabe zu tun, ist aber etwas anspruchsvoller.

»

NUR DIEJENIGEN, DIE GEDULD HABEN, DIE LEICHTEN DINGE PERFEKT ZU MACHEN, WERDEN DIE FÄHIGKEIT ERLANGEN, SCHWIERIGE DINGE MIT LEICHTIGKEIT ZU ZU TUN.

James J. Corbett (1866–1933)

Bei der zweiten Aufgabe von Donkey Kong muss man über zwei Krokodile springen. Dies erfordert Timing, die Fähigkeit zu springen, das Geschick, ein Seil zu greifen, und die Fertigkeit, das Seil im richtigen Moment loszulassen, um die Wasserfalle darunter zu überwinden. Schafft man die zweite Aufgabe, geht man zur dritten über. Scheitert man an der dritten Aufgabe, stirbt man und kehrt wieder an den Anfang des Levels zurück. Man muss erneut erst die erste Aufgabe und dann die zweite Aufgabe bestehen, bevor man die dritte Aufgabe angehen kann. Ich glaube, die dritte Aufgabe in Donkey Kong besteht darin, zu lernen, wie man feindlich gesonnene Spinnen besiegt. Doch um zu ihnen zu gelangen, ist eine Kombination aus Über-Fässer-Springen und An-Seilen-Schwingen erforderlich.

Im Grunde genommen kann man sich im Spiel nie auf seinen Lorbeeren ausruhen, denn es zwingt einen, die Grundlagen zu wiederholen, auch, wenn man sie schon beherrscht, und zwar so lange, bis man alle Aufgaben hintereinander lösen kann, ohne Fehler zu machen. Sobald man es im ersten Level bis zum Ende geschafft hat, speichert das Spiel diesen Fortschritt. Man hat seine Fähigkeiten bewiesen und darf beim nächsten Mal mit Level zwei beginnen.

Ich bin überzeugt, dass jeder schon einmal Kinder beim Spielen eines Videospiels beobachtet hat – sie sind wie kleine Ninjas, die mühelos schwierige Levels durchspielen. Man fragt sie: „Wie lange spielst du schon an diesem Level?“, und sie antworten: „Ich habe es gerade erst begonnen.“ Es ist erstaunlich, wie gut sie die wirklich anspruchsvollen Level beim ersten Versuch meistern. Das liegt an der Struktur des Spiels, die sie dazu bringt, die Grundlagen zu üben.

Talent entwickeln

Im Buch „The Talent Code“ (deutscher Titel: „Erfolg braucht kein Talent“) spricht Daniel Coyle über drei Schritte, die erforderlich sind, um das aufzubauen, was Menschen gerne für Talent halten, was aber tatsächlich nur das Ergebnis sorgfältiger Planung und Vorgehensweise ist. Den ersten Schritt nennt Coyle „Deep Practice“ (engl. für: Tiefentraining). Er erklärt zunächst, dass man jede Fähigkeit fest im Körper verankern kann, indem wir im Gehirn mehr Myelin entwickeln. Wir bezeichnen das gemeinhin als Muskelgedächtnis. Der Begriff ist etwas irreführend, denn Muskeln selbst haben eigentlich kein Gedächtnis. Vielmehr ist es die Myelinisierung der entsprechenden Gehirnzellen, die dafür sorgt, dass wir durch Üben besser werden. Myelin legt sich um die Enden von Nervenzellen, isoliert diese und verstärkt die elektrischen Impulse der Nerven. Wenn eine Nervenzelle wiederholt Signale abfeuert, legt sich mehr Myelin darüber, wie bei der Verbreiterung einer Autobahn, damit mehr Autos passieren können. Jede Nervenzelle, die wirklich gut vernetzt ist, oder, wie wir sagen würden, ein Muskelgedächtnis hat, verfügt über eine große Menge an Myelin. Bei Videospielen wie Donkey Kong muss man grundlegende Fähigkeiten wiederholt üben, wodurch die entsprechenden Nervenzellen mit Myelin ausgestattet werden.

Folgendes geschieht in unserem Gehirn, wenn wir einen Gedanken denken, uns ärgern oder die rechte Hand heben:

1. Die elektrische Energie in unserem Gehirn nimmt zu, bis sie eine bestimmte Schwelle, das sogenannte Aktionspotenzial, überschreitet.
2. Sobald diese Schwelle überschritten ist, werden Elektronen in einem Neuron (einem Knotenpunkt in unserem Netzwerk von Nervenzellen) abgefeuert und wandern zum nächsten.
3. Elektronen, die in einer bestimmten Reihenfolge durch eine bestimmte Gruppe von Neuronen wandern, führen dazu, dass wir eine bestimmte Handlung ausführen oder einen bestimmten Gedanken denken.

Um von einem Neuron zum nächsten zu gelangen, müssen die Elektronen eine weite Strecke zurücklegen. Tatsächlich gibt es im menschlichen Körper Nervenbahnen mit einer Gesamtlänge von mehr als 72,4 Kilometern. Um ihre elektrischen Signale zu übertragen, benutzen sie sogenannte Axone – stellen wir uns diese wie eine Straße vor, die zwei Städte miteinander verbindet. Alle diese Axone sind mit einer fettigen, weißen Substanz überzogen – dem Myelin.

Es schützt unsere Axone und isoliert sie, aber nicht nur das. Die Dicke des schützenden Myelins um unsere Axone bestimmt, wie schnell und wie genau Elektronen von einem Neuron zum nächsten gelangen können, bis hin zur Muskelaktivierung. Wenn wir uns eine neue Fähigkeit aneignen, z. B. das Autofahren, reagieren wir anfangs noch viel zu langsam und beherrschen die Technik noch nicht besonders gut, weil unsere neuronalen Netze noch nicht ausreichend entwickelt sind. Fahren wir öfter Auto und erleben unterschiedliche Situationen im Straßenverkehr, feuert unser Gehirn wiederholt Nervenimpulse ab, sodass sich Muster bilden und die Nervenbahnen, die wir beim Fahren benutzen, myelinisiert werden, wodurch sich unsere Reaktionszeiten und unsere Fahrpraxis verbessern. Diese myelinisierten Axone ähneln einem Pfad im Wald – etliche Leute müssen ihn gehen, bevor man ihn wirklich als Pfad benutzen kann. Mit Myelin werden diese Wege zu Straßen und die Straßen zu Autobahnen. Je

»

AUCH WENN ES SO AUSSIEHT UND SICH SO ANFÜHLT, ALS SEI TALENT VORHERBESTIMMT, HABEN WIR TATSÄCHLICH GROSSEN EINFLUSS DARAUF, WELCHE FÄHIGKEITEN WIR ENTWICKELN, UND WIR HABEN MEHR POTENZIAL, ALS WIR VIELLEICHT VERMUTEN.

Daniel Coyle

Nervenzelle

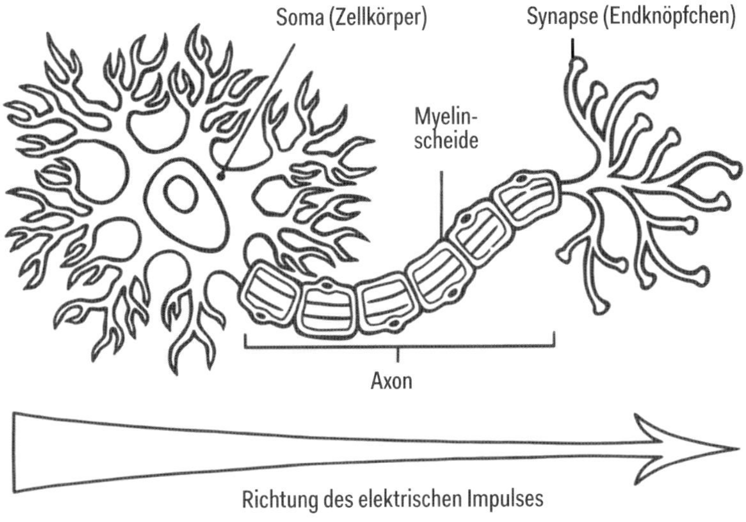

Illustration
© Rachel Urquhart

mehr Myelin wir also entwickeln, desto besser wird jede Fähigkeit in unserem Körper und Gehirn verankert.

Im von Coyle als „Tiefentraining" benannten ersten Schritt entwickeln wir also Myelin. Laut Coyle sind dafür drei Dinge erforderlich:

1. Wiederholungen
2. Fehler machen
3. Korrektur dieser Fehler

Myelin ist lebendes Gewebe, was bedeutet, dass es wie ein Muskel trainiert werden muss, um gesund zu bleiben und zu wachsen. Je stärker wir die Axone in unserem Gehirn benutzen, desto dicker wird die Myelinschicht um sie herum, und umso einfacher wird es, jene Fähigkeiten auszuführen, die wir gerade praktizieren, wenn diese Neuronen feuern. Einfach ausgedrückt: Übung macht den Meister.

Hier kommt der Wiederholungscharakter des *Donkey-Kong-Prinzips* ins Spiel. Nehmen wir an, wir beginnen mit unserem Pferd zu arbeiten, und am ersten Tag brauchen wir eine Stunde, um ihm etwas beizubringen. Am Ende der Stunde kann es die Aufgabe auf Aufforderung erfüllen.

Wenn wir am nächsten Tag wiederkommen, setzen wir nicht voraus, dass das Pferd die Aufgabe noch beherrscht. Wir beginnen stattdessen wieder dort, wo wir am Vortag begonnen haben, um zu sehen, ob es sich erinnert. Das Gleiche gilt für ein Videospiel. Wenn man eine Stunde für die erste Aufgabe in einem Videospiel braucht und es dann ausschaltet, kann man am nächsten Tag nicht mit der zweiten Aufgabe beginnen, wenn man es wieder einschaltet. Man muss die erste Aufgabe wiederholen. Bei unserem Pferd beginnen wir also wieder mit der ersten Aufgabe, und es dauert vielleicht diesmal nur 15 Minuten, bis es sie so gut beherrscht wie am ersten Tag nach einer Stunde. Dann können wir ihm den zweiten Schritt beibringen. Das kann 45 Minuten Arbeit bedeuten, aber am Ende dieser Stunde am zweiten Tag haben wir Schritt eins und zwei geschafft.

Wie bei einem Videospiel gilt: Wenn wir in der letzten Trainingseinheit bis zu Schritt zwei gekommen sind, können wir am dritten Tag nicht mit Schritt drei beginnen. Wir beginnen wieder ganz von vorn und wiederholen die Schritte eins und zwei, bevor wir zu Schritt drei übergehen. Es kann sein, dass wir zehn Minuten brauchen, um Schritt eins noch einmal durchzugehen, dann 15 Minuten, um Schritt zwei zu wiederholen, und danach brauchen wir vielleicht nur 35 Minuten, um Schritt drei zu erarbeiten. Aber am Ende dieser Stunde am dritten Tag beherrscht unser Pferd die ersten drei Schritte hintereinander und fehlerlos.

Durch tägliches Wiederholen der Lektionen werden die Axone beim Pferd myelinisiert. Die Myelinisierung dieser Axone sorgt dafür, dass die Sache mit jedem Schritt einfacher wird. Schritt eins ist leichter als Schritt zwei, und Schritt zwei ist leichter als Schritt drei. Wie kommt es also, dass unser Pferd Schritt drei in 35 Minuten lernt, aber am ersten Tag eine Stunde brauchte, um Schritt eins zu lernen, der viel einfacher war? Wenn man lernt, ein Pferd zu trainieren, z. B. mithilfe meiner Online-Videothek, werden nicht nur die Nervenenden des Pferdes myelinisiert, sondern auch die eigenen. Die Antwort liegt in einer Trainingsroutine, bei der jeder Schritt auf den vorhergehenden, leichteren Schritten aufbaut.

Wie einfach ist es für dich, von deinem Wohnort aus in die Berge zu fahren? Bei mir ist es so: Ich fahre etwa zwei Stunden lang auf einer vierspurigen Autobahn, dann biege ich auf eine zweispurige Straße ab, die gut ausgebaut ist, aber eine niedrigere Geschwindigkeitsbegrenzung hat, und nach einer Weile biege ich auf eine holprige Teerstraße ab, die gerade breit genug für zwei Autos ist. Dann erreiche ich endlich ein Tor, das zu einem Schotterweg führt, der mich auf den Gipfel meines Berges bringt. Was aber, wenn wir uns vorstellen, dass es nur einen holprigen Feldweg gibt, der direkt vor dem Haus beginnt? Der Weg in die Berge wäre eine lange und beschwerliche Reise, bei der man nur so zwischen Schlaglöchern und Schlammlachen umhergeworfen werden würde. Aber da es Autobahnen, Landstraßen und sogar asphaltierte Zufahrtsstraßen gibt, kann ich von meinem Haus aus ganz einfach auf den Gipfel des Berges fahren.

Der repetitive Prozess mit einem Pferd kann so einfach sein wie das Einfangen eines misstrauischen oder ängstlichen Pferdes. Man durchläuft vielleicht jeden Tag mehrere Schritte, um es einzufangen, aber wenn man mit dem Pferd arbeitet, das man heute hat, und jedes Mal, wenn man sich ihm nähert, auf seine Bedürfnisse eingeht, wird es schließlich immer besser darin, sich einfangen zu lassen. Durch Wiederholung kommen wir schließlich an einen Punkt, an dem wir diese einzelnen Schritte nicht mehr durchführen müssen. Das Pferd kommt dann einfach auf uns zu und lässt sich auf uns ein, sobald wir die Weide betreten. Wenn dein Pferd jedes Mal, wenn du es dazu aufforderst, tut, was du möchtest, gibt es nicht mehr viel Myelin, das um diese Fähigkeit herum wachsen kann. Wenn sich das Wachstum verlangsamt, ist es an der Zeit, die Übung zu vertiefen und zu verfeinern.

Cal Newport, Autor und Informatikprofessor an der Georgetown University, nennt dies „Deep Work" (engl. für: Tiefenarbeit) und meint damit das Ausführen von etwas, das man noch nicht gut beherrscht. Es geht im Grunde genommen darum, am Beginn der nächsthöheren Stufe anzufangen. Es hat keinen Sinn, die Übungszeit mit der Wiederholung von etwas, das man schon perfekt beherrscht, zu verbringen.

Die erste Herausforderung im zweiten Level eines Videospiels wird dir all die grundlegenden Fähigkeiten abverlangen, die du im ersten Level erlernt hast (einschließlich der dafür myelinisierten Axone). Ohne das vorherige Training aus dem ersten Level wäre es unmöglich, das zweite Level zu meistern. Du würdest ständig Fehler machen, scheitern und gezwungen sein, wieder von vorne zu beginnen. Durch die Korrektur deiner Fehler lässt du jedoch neue Sets von Neuronen zusammenfeuern, was die Myelinhülle um die Axone verstärkt und deine Leistung verbessert. Wenn wir jedoch den Schritt zurückgehen und diese Fehler beheben, lassen wir dadurch neue Gruppen von Neuronen gemeinsam feuern und stärken das Myelin um die Axone zwischen ihnen. So werden wir besser.

Jetzt beginnen wir mit etwas, das Coyle „Chunking" nennt, was man in etwa mit „Zusammensetzen einzelner Teilschritte" übersetzen könnte. Dabei werden verschiedene schon erlernte Fertigkeiten zu Gruppen von Fertigkeiten zusammengefasst, die wiederum in Kombination mit weiteren Fertigkeitsgruppen noch komplexere Fähigkeiten bilden.

Ein Beispiel für Chunking: Stell dir vor, ich diktiere dir einen Satz, den du aufschreiben sollst. Ich sage: „Es war ein warmer Sommertag, als wir mit unseren Pferden zum Strand ritten." Mit hoher Wahrscheinlichkeit kannst du den Satz problemlos wortwörtlich aufschreiben.

Und jetzt stell dir vor, was wäre, wenn ich sagten würde: „Era un cálido día de verano, cuando montamos nuestros caballos a la playa." Das ist genau der gleiche Satz auf Spanisch. Wenn du kein Spanisch sprichst, hättest du wahrscheinlich große Schwierigkeiten, die Wörter zu verstehen, geschweige denn, sie korrekt aufzuschreiben. Zwischen deiner Fähigkeit, den Satz auf deutsch und der, ihn auf Spanisch aufzuschreiben, besteht eine Diskrepanz, weil dein Gehirn den Satz auf Deutsch in drei Teile zerlegt oder gegliedert hätte.

Als ich sagte: „Es war ein warmer Sommertag", hast du daraus ein Teilstück gebildet und möglicherweise den Sonnenschein bildlich vor dir gesehen. Als ich dann sagte, „als wir auf unseren Pferden ritten", hast du daraus eine nächste Einheit gebildet und vielleicht ein inneres Bild vom Reiten auf deinem Pferd gehabt. Das Gleiche gilt für den letzten Teil, bei dem du dir wahrscheinlich den Strand vorgestellt hast.

Du musst dir nur diese drei Dinge merken, um die gesamte Wortfolge aufzuschreiben: Sonne, Pferde, Strand. Das ist möglich, weil du bereits jedes Wort im Satz kennst, weißt, wie man jedes Wort im Satz schreibt, und weißt, wie man Sätze auf Deutsch bildet. Wenn ich es auf Spanisch sage, und du Spanisch nicht verstehst, müsstest du versuchen, dir jedes einzelne der dreizehn Wörter der Reihe nach zu merken, weil du mit den Wörtern nichts verbinden könntest.

Dasselbe gilt für eine unlogische Aneinanderreihung von Wörtern, wie „Feuer Regenschirm ging Vase dieses Hummel kann dreißig fähig Käse Wi-Fi substanziell Freiheit", die man sich, im Gegensatz zum ersten Satz, den ich genannt habe, kaum merken kann, obwohl beide Sätze genau dreizehn Wörter enthalten. Es gibt nichts, was den zweiten Satz zusammenhält und stützt.

Unsere Hilfen, Hinweise, innere Energien und konsistente Trainingsmethoden ermöglichen es unseren Pferden, eine Reihe von Grundbewegungen zu gruppieren und zu immer komplexeren Übungen zusammenzusetzen.

Donkey Kong und Pferde

Das *Donkey-Kong-Prinzip* auf Pferde anzuwenden bedeutet nicht, dass man an jedem einzelnen Tag ihres Lebens jeden Schritt durchlaufen muss. Wie bei Videospielen kommt man an einen bestimmten Punkt, an dem man ein abgeschlossenes Level speichern kann. Das ist das „Zusammensetzen der einzelnen Teilschritte" dieses Levels. Bei Pferden ist es ganz ähnlich. Ich mache die Bodenarbeit nicht ein ganzes Pferdeleben lang. Wenn all das einmal sitzt, braucht man nicht mehr viel daran zu arbeiten. Ich gehe nicht jedes Mal, wenn ich meine Pferde reite, den Prozess des Anreitens durch, denn wenn dieser Teil erst einmal gefestigt ist, brauche ich ihn nicht mehr zu wiederholen.

Vor ein paar Jahren begann ich mich für das Training mit positiver Verstärkung, auch Clickertraining genannt, zu interessieren. Ich belegte einen Online-Kurs bei einer Trainerin namens Alexandra Kurland. Eines der Konzepte, die sie gleich zu Beginn erklärte, ist das Schleifentraining.

Eine Schleife ist für sie ein Verhalten, das dem Tier beigebracht wurde. Ein Beispiel für solch eine Schleife kann etwas so Einfaches sein wie das seitliche Abbiegen des Pferdekopfes als Reaktion auf den sanften Kontaktaufbau am Führseil oder am Zügel. Sie sagt: „Wenn deine Schleife sauber sitzt, dann darfst du weitergehen. Wenn deine Schleife sauber sitzt, *musst* du sogar zum nächsten Schritt übergehen."

Wenn die Übung, die wir abfragen, jedes Mal perfekt funktioniert, können wir zum nächsten Schritt übergehen. Das bedeutet aber auch, dass wir zum nächsten Schritt übergehen müssen, sobald das, was wir verlangen, perfekt funktioniert. Wenn wir etwas, das das Pferd schon beherrscht, immer wieder üben, ist das ein sicherer Weg, das Pferd mit dieser Aufgabe zu langweilen oder gar zu verunsichern. Wenn wir also nach dem *Donkey-Kong-Prinzip* vorgehen und dabei ganz zum Anfang zurückkehren, drillen wir die einzelnen Schritte nicht, sondern überprüfen nur, ob sie noch funktionieren. Wenn wir zu jenem Schritt kommen, der nicht funktioniert, haben wir herausgefunden, was möglicherweise die Ursache für ein Problem im weiteren Verlauf des Trainings ist, und haben nun die Möglichkeit, es zu korrigieren.

Ich werde oft gefragt: „Woher weiß ich, wann ich das Training für diesen Tag beenden soll?" Diese Frage ist ein bisschen, als würde man fragen: „Wie lang ist ein Stück Schnur?" Im Allgemeinen ist es ein guter Zeitpunkt aufzuhören, wenn das Pferd besser wird. Besser werden kann *besser als am Anfang* bedeuten, aber wenn wir wie bei Donkey Kong an den Anfang zurückmussten, dann ist es vielleicht sinnvoller, den ersten Schritt noch einmal ganz neu zu lernen, um ihn wirklich gut zu machen.

Es ist recht einfach, einem Pferd irgendeine Technik beizubringen, die für sich genommen cool aussieht.

Nehmen wir an, wir bringen unserem Pferd Schritt Nummer 27 bei. Nur weil das Pferd Schritt 27 kann, heißt das aber nicht unbedingt, dass es auch die Schritte eins bis 26 beherrscht. Das bedeutet, dass wir unserem Pferd möglicherweise den Schritt Nummer 28 nicht beibringen können, weil ihm die Grundlagen fehlen, um Schritt 28 auszuführen.

Wenn wir Schritte überspringen, haben wir keine Rückfallebene, auf die wir zurückgreifen können, wenn die Dinge aus dem Ruder laufen.

Häufig, wenn bei meinen Seminaren kleine Kinder anwesend sind, vielleicht fünf oder sechs Jahre alt, gehe ich zu einem der Kinder hin und flüstere ihm zu: „Ich möchte, dass du etwas für mich in das Mikrofon sprichst." Möglicherweise lächelt das Kind verlegen, aber in den meisten Fällen stimmt es zu. Ich sage ihm, dass wir zuerst etwas üben müssen. Ich flüstere ihm zu: „Ich möchte, dass du wiederholst, was ich zu dir sage." Es nickt und ich sage „E". Normalerweise sieht mich das Kind fragend an, ob das alles ist, und sagt dann „E". Ich sage dann „E ist gleich", und das Kind wiederholt das.

Als Nächstes lasse ich es sagen: „E ist gleich MC." Wenn es das wiederholt, sage ich: „E ist gleich MC Quadrat." Wenn es auch das wiederholen kann, mache ich eine Ansage ins Mikrofon, dass mein junger Freund hier allen etwas zu sagen hat. Dann gebe ich dem Kind das Mikrofon und bitte es, das Gelernte ins Mikrofon zu sagen. Meist zögernd sagt es dann: „E = MC Quadrat."

Ich beglückwünsche das Kind dazu, alles korrekt aufgesagt zu haben, und frage dann: „Kannst du uns jetzt die Relativitätstheorie von Albert Einstein erklären?" Es sieht mich ahnungslos an und weiß nicht, wovon ich rede. Natürlich tut es das nicht, als fünfjähriges Kind. Ich bedanke mich also und sage: „Alles prima, das war nur ein Scherz", und dass es das sehr gut gemacht hat. Ich erkläre allen, dass diese kleine Demonstration illustrieren soll, dass es lediglich ein Kunststückchen ist, wenn ein Pferd scheinbar anspruchsvolle Bewegungen zeigt, ohne die wirklichen Grundlagen dafür erlernt zu haben.

Aber ich weise auch darauf hin, wie ich in nur ein oder zwei Minuten einem kleinen Kind beigebracht habe, „$E=mc^2$" zu sagen. Ich habe das *Donkey-Kong-Prinzip* angewendet. Ich habe nicht versucht, es alles auf einmal zu lehren. Ich habe ihm den ersten Buchstaben, „E", beigebracht, und als es mir das nachsprechen konnte, habe ich „ist gleich" hinzugefügt. Als wir „E ist gleich" hatten, fügte ich „MC" als ein Wort hinzu, sodass es jetzt sagen konnte „E ist gleich MC", und das letzte einfache Teilstück war, das Wort „Quadrat" am Ende hinzuzufügen. Dieser Prozess ist der Grundgedanke des Chunking, des Zusammensetzens, und wird universell in allen Arten von Ausbildung eingesetzt.

Vor vielen Jahren kam ein Mädchen zu mir, um Unterricht zu nehmen. Es hatte zuvor klassischen Dressurunterricht bei einem örtlichen Trainer gehabt. Als sein Pferd aus dem Anhänger kam, wirkte es sehr nervös. Dieses Pferd war voller Angst. Es sah nicht gerade ruhig und selbstsicher aus, und ich glaube, ich sagte damals auch so etwas zu dem Mädchen wie: „Er sieht mir nicht gerade gefestigt aus", woraufhin es schnell erwiderte: „Oh ja, aber Sie sollten mal seinen Spanischen Schritt sehen. Er geht wirklich einen tollen Spanischen Schritt."

Während die junge Frau ihr Pferd sattelte, dachte ich immer noch: „Mann, dieses Pferd ist alles andere als gefestigt", aber sie sagte mir immer wieder: „Oh, Sie sollten mal sehen, wie er den Spanischen Schritt macht."

Als die junge Frau mit dem Satteln fertig war, stieg sie auf und ritt auf dem Reitplatz umher. Wir hatten damals einen großen überdachten Reitplatz, und sie ritt dort ihre Runden auf diesem Pferd, das mir noch immer ziemlich ängstlich vorkam. Sie redete die ganze Zeit nur davon, wie gut es den Spanischen Schritt konnte. Sie war nicht daran interessiert zu hören, dass es ein paar Grundlagen bräuchte. Sie war ausschließlich daran interessiert, mir zu sagen, dass es den Spanischen Schritt beherrschte. Irgendwann mittendrin schoss das Pferd los, und die junge Frau zog an beiden Zügeln, klammerte sich mit beiden Beinen fest und verkrampfte ihren Sitz, wobei sie erschrocken schrie: „Whoa!"

Damals war ich jünger und wahrscheinlich etwas weniger tolerant als heute und ich ärgerte mich auch darüber, dass die junge Frau meinen Vorschlag, an den Grundlagen zu arbeiten, ignorierte. So rief ich ihr zu, während ihr Pferd an mir vorbeiraste: „Jetzt zeig mal den Spanischen Schritt!" Das hat natürlich nichts gebracht. Ich möchte mit dieser Geschichte aufzeigen, dass das, was man seinem Pferd zuerst beibringt, Grundlage für alles sein sollte, was danach kommt, und nicht nur ein für sich alleinstehendes Kunststückchen in Form eines Spanischen Schrittes oder eines fünfjährigen Kindes, das „$E=mc^2$" sagen kann.

Ist das Donkey-Kong-Prinzip mechanisch oder basiert es auf Gefühl?

Vor einigen Jahren besuchte ich einen Horseman, den ich nicht nur wegen seines beeindruckenden Horsemanships bewundere, sondern auch, weil er ein ganz besonderer Mensch ist. Jonathan Field gehört zu den Menschen, die eine derartige Energie der Ruhe ausstrahlen, dass man sich in ihrer Nähe einfach besser fühlt. Ich war gerade in der Gegend und besuchte ihn, um ein wenig von dieser Energie zu spüren, doch er fragte mich, ob ich nicht auch Lust hätte, etwas mit seinen Pferden zu machen. Selbstverständlich wollte ich, denn der Mann ist ein Meister-Horseman und er hat ein paar beeindruckende Pferde, die in der Freiheitsdressur auf hohem Niveau ausgebildet sind, und diese Pferde privat vorgeführt zu bekommen, gehört zu den Dingen, die man mit Geld nicht kaufen kann.

Jonathan begann mit einem seiner älteren Pferde, das ziemlich berühmt ist, aber jetzt im Ruhestand nicht mehr als Liberty Horse eingesetzt wird. Dieses Pferd ist so bekannt, dass es inzwischen als Breyer-Modellpferd erhältlich ist – es ist also wirklich ganz schön berühmt.

Er sagte mir, er habe eine Weile nicht mehr mit diesem Pferd gearbeitet und spielte mit ihm eine Abfolge von Übungen durch, um danach ein paar coole Freiheitslektionen zu zeigen. Als ich dann dran war, beeindruckte mich die enorme Sensibilität dieses Pferdes bei der Freiarbeit. Ein bloßer Gedanke genügte, um es auf den Zirkel zu schicken oder es in die Mitte hereinkommen zu lassen.

Am nächsten Tag fuhr Jonathan mich zum Flughafen, und ich erzählte ihm vom *Donkey-Kong-Prinzip*. Er meinte, es klinge ein bisschen mechanisch, und er arbeite mit seinen Pferden mehr nach Gefühl.

Ich sagte: „Okay, dann lass uns mal über dein Liberty Horse gestern sprechen. Was hast du als Erstes gemacht?" Er antwortete, dass er sein Pferd zunächst in der Arena freiließ und es dann ein bisschen zum schnelleren Laufen animierte, wohl, weil es etwas eingerostet war, aber auch, um es dazu zu bringen, einen Platz für eine Pause zu suchen.

Ich fragte: „Okay, und was hast du dann gemacht?"

Er erklärte mir weiter, dass er sich als Nächstes seitlich zum Pferd drehte, sein Zeichen, dass das Pferd hereinkommen darf, und er dann vom Pferd wegging. Das Pferd sollte gerade hereinkommen und sich an seiner rechten Schulter positionieren. „Ist das geschehen?", fragte ich.

„Nein", war die Antwort. „Es kam in meine Richtung und auf halbem Weg drehte es ab, also trieb ich es wieder weiter, bis es einen Platz zum Anhalten suchte."

„Und was hast du dann getan?"

„Ich drehte meine Schulter weg, ging los, und es trabte zu mir und ging an meiner Schulter in Position."

„Cool, und was ist dann passiert?"

„Dann begann ich, einen kleinen Kreis nach links zu gehen, und es blieb dabei an meiner rechten Schulter", antwortete er. „Dann habe ich die Peitsche auf die andere Seite gewechselt, was für das Pferd das Zeichen ist, ebenfalls die Seite zu wechseln und sich zu meiner anderen Schulter zu begeben."

„Hat es das?"

„Oh nein, das hat es nicht. Es war ziemlich

aufgedreht und lief davon, also musste ich doch ein wenig mehr mit ihm arbeiten und wieder ganz von vorne anfangen."

Da sah ich ihm in die Augen und sagte: „Genau das ist das *Donkey-Kong-Prinzip*. Jedes Mal, wenn es sich bei der Antwort nicht sicher war oder sich geirrt hat, bist du zurück an den Anfang gegangen und hast von dort die Übung neu aufgebaut." Jonathan sah mich seltsam an, überlegte eine Minute und meinte schließlich: „Hmm, ich glaube, du hast recht."

Das Taubenexperiment

Das *Donkey-Kong-Prinzip* funktioniert ähnlich wie das von Verhaltensforschern entwickelte Experiment „Die 300-Pick-Methode". Bei diesem Experiment nehmen die Verhaltensforscher einen Taubenkäfig und bringen darin einen Auslöser an, der einer altmodischen Schreibmaschinentaste ähnelt. Mit dieser Taste verbunden, ist an der Außenseite des Käfigs ein Apparat angebracht, der eine bestimmte Anzahl von Weizenkörnern in den Käfig abgibt, sobald die Taste gedrückt wird. Die Verhaltensforscher haben einen Drehknopf, mit dem sie die Anzahl der notwendigen Tastendrücke für die Ausgabe eines Weizenkorns erhöhen und verringern können.

Dann setzen sie eine Taube in den Käfig und bringen ihr bei, durch Picken die Taste auszulösen. Anfangs wird die Taube jedes Mal, wenn sie irgendetwas anpickt, mit einem Weizenkorn belohnt, das die Rutsche herunterkommt. Nach einer Weile assoziiert die Taube das Picken von Dingen mit einer Futterbelohnung, und die Verhaltensforscher reduzieren nach und nach die Möglichkeiten, die eine Belohnung auslösen, bis nur noch die Taste eine Belohnung einbringt.

Sobald die Taube den Rhythmus „picken, fressen, picken, fressen, picken, fressen" ausführen kann, bezeichnet man sie als „Ein-Pick-Taube". Sie hat somit die erste Regel des Spiels gelernt: Picke auf die Taste, und du erhältst ein Weizenkorn. Noch ist sie nur eine Ein-Pick-Taube. Die Forscher erhöhen nun den Schwierigkeitsgrad, indem sie den Regler auf der Rückseite des Kornspenders auf zwei Picks drehen. Nun geschieht Folgendes: Die Taube pickt auf die Taste und will sich ihr Weizenkorn holen, aber es kommt keines heraus. In der Überzeugung, dass das einmalige Picken der Taste funktioniert, pickt sie noch einmal. Das Weizenkorn kommt heraus und sie frisst es. Dann pickt sie einmal auf den Auslöser, und es kommt kein Weizenkorn heraus, aber weil sie überzeugt ist, dass ein Weizenkorn herauskommt, wenn sie einmal auf die Taste pickt, tut sie es erneut. Ein Weizenkorn kommt heraus. Das geht einige Zeit so weiter, bis die Taube die zweite Regel des Spiels begreift: Nicht mit einem Picken bekommt man ein Weizenkorn, sondern mit zweimal. Bald lautet der Rhythmus: „pick-pick, fressen, pick-pick, fressen, pick-pick, fressen". Dieser Prozess funktioniert, weil die Nervenbahnen, die der Taube sagen, dass sie picken soll, immer stärker und effizienter werden.

In diesem Teil des Pferdetrainings – und wahrscheinlich im Training sämtlicher Tiere – geht es zunächst um das

Erlernen des Lernens. Zuerst bringt man ihnen bei, wie etwas zu tun ist, indem man das Gewünschte verstärkt und belohnt. Das ist Schritt eins, die Basis der ganzen Sache. Sobald sie wissen, wie sie sich die Belohnung verdienen können, und dies auch wollen, beginnt man damit, die Anforderungen für das Verhalten zu ändern, das erforderlich ist, um die Belohnung zu erhalten. Auf diese Weise kann man recht einfach immer umfangreichere und bessere Verhaltensweisen trainieren. Je weiter man mit dem Training voranschreitet, desto leichter wird es, wie wir in unserer Geschichte von der 300-Pick-Methode sehen werden.

Sobald die Taube souverän zwei Picks für ein Weizenkorn macht, wird auf drei Picks erhöht. Jetzt hört sich der Rhythmus so an: „pick-pick, pick, fressen, pick-pick, pick, fressen, pick-pick, pick, fressen". Das geht eine Weile so weiter, bis die Taube herausfindet, dass es tatsächlich drei Picks sein müssen, und der Rhythmus wird bald zu: „pick-pick-pick, fressen". Dies ist ein weiterer Wendepunkt auf dem Weg, einem Tier das Nachdenken beizubringen. Jetzt geht es nicht mehr nur um eine von zwei Möglichkeiten, sondern um viele Möglichkeiten.

Sobald die Taube drei Picks schafft, stellen die Verhaltensforscher den Apparat auf vier. Wenn vier gut geht, steigern sie auf fünf, und wenn fünf gut geht, steigern sie auf sechs. Dies ist nun ein sehr wichtiger Wendepunkt in der Ausbildung. Bis zu diesem Zeitpunkt hat sich die Anzahl der Picks in Schritten von eins erhöht. Wenn die Taube unsicher war, hat es immer funktioniert, noch einmal zu picken. Das Erlernen dieses Verhaltens ist nun ein Werkzeug, das die Verhaltensforscher einsetzen, um bei der Erhöhung der Anforderungen größere Sprünge zu machen. Die nächste Zahl, auf die sie den Apparat nach der Sechs drehen, ist die Zehn.

Wenn die Taube sechsmal picken kann und die Forscher dies auf zehnmal steigern, ändert sich das Verhalten ein wenig. Die Taube pickt sechsmal: „pick-pick-pick-pick-pick-pick". Dann sucht sie nach dem Futter, pickt noch einmal und sucht wieder nach dem Futter. Bis zu diesem Zeitpunkt ist jedes Mal ein Weizenkorn herausgekommen. Aber dieses Mal nicht. Die Taube ist sich nun sicher, dass ein Weizenkorn herauskommen wird, wenn sie nur noch einmal pickt. Also pickt sie wieder, das sind acht Picks. Kein Weizenkorn erscheint, also pickt sie noch einmal, das sind neun. Immer noch kein Weizenkorn, also pickt sie noch einmal. Bingo! Ein Weizenkorn kommt zum Vorschein. Jetzt hat sie den Sprung von sechs auf zehn mit relativer Leichtigkeit geschafft, während das Erlernen der ersten Stufen ein langsamer und mühsamer Prozess war. Der Grund dafür ist der Aufbau von Myelin auf der Nervenbahn, von dem wir vorhin sprachen. Der Schotterweg wurde gerade zu einer befestigten Straße.

Dies wird so lange fortgesetzt, bis die Taube ein perfektes Stakkato-Zehnerpicken macht, dann wird die Anforderung erneut erhöht. Die Anforderung wird weiter und weiter angehoben, sobald die Taube die jeweilige Schwierigkeitsstufe beherrscht, bis sie schließlich die 300 Picks erreicht hat. Soweit ich weiß, picken sie nicht mehr als etwa 300-mal für ein einziges Weizenkorn. Der letzte Sprung in der Schwierigkeitsstufe geschieht jedoch von 250 auf 300 Picks. Das Erstaunliche daran ist, dass man anfangs die Anforderungen nicht um mehr als eins steigern kann, aber am Ende dann um ganze 50.

Auf dem Weg zum Ziel werden Fehler gemacht. So kann es passieren, dass die Taube aufgibt. Das ist aber völlig normal. Das Ablaufprotokoll sieht dafür die „noch mal"-Funktion vor, die schon früh in der Ausbildung implementiert wurde. Nehmen wir an, die Anforderung wurde von 60 auf 80 erhöht. Die Taube pickt 60-mal, dann noch einmal, das sind 61, dann noch einmal, das sind 62. Das geht so weiter, bis sie bei 73 ankommt und anfängt daran zu zweifeln, dass die Taste funktioniert. Die Taube wendet sich ab und probiert andere Dinge aus, sie versucht etwa wieder an den Käfigteilen zu picken, die ihr anfänglich ein Weizenkorn eingebracht haben. In diesem Fall stellt der Verhaltensforscher das Gerät sofort wieder auf eins.

Irgendwann, wenn sonst nichts funktioniert, pickt die Taube ein letztes Mal auf die Taste, und siehe da, es kommt ein Weizenkorn aus dem Apparat heraus. Dann fängt das Ganze wieder von vorne an: Man beginnt wieder bei eins, dann weiter mit zwei und so fort, bis man wieder dort ist, wo man war, und dann geht es weiter.

Dies ist die vierte große Entwicklungsstufe in diesem Training. Ursprünglich lautete die Regel, um ein Weizenkorn zu bekommen: „Picke einmal!" Dann änderte sich die Regel in „Picke einmal mehr als das, was du bereits kennst", um ein Weizenkorn zu erhalten. Dann hieß es: „Wenn du es noch einmal versuchst, bekommst du ein Weizenkorn", und schließlich heißt es: „Du bekommst ein Weizenkorn, wenn du noch einmal pickst, nachdem du aufgehört hast." Sie bringen die Taube nie in eine Lage, in der sie scheitern kann, bis sie ihr das Handwerkszeug beigebracht haben, sich aus dem Scheitern herauszudenken.

Ab einem bestimmten Punkt laufen die Trainingsprinzipien alle zusammen. Sich zu vergewissern, ein Sicherheitsnetz in das Training eingebaut zu haben, bevor wir es brauchen, fällt auch unter das Prinzip *Das Pferd muss die Antwort kennen, bevor du fragst*.

Ich habe früher auf einer Anlage trainiert, auf der auch ein Grand-Prix-Dressurreiter trainierte. Im Grand Prix Special in der Dressur besteht eine der geforderten Lektionen aus 15 aufeinanderfolgenden Fliegenden Einer-Wechseln. Ich hatte das Glück, auf dieser Anlage den langwierigen Prozess beobachten zu können, durch den ein Pferd von einem Fliegenden Wechsel bis hin zu 15 aufeinanderfolgenden Wechseln ausgebildet wird.

Ein Pferd wird etwa vier oder fünf Jahre unter dem Sattel ausgebildet, bevor es die mentale Gelassenheit, die körperliche Stärke und die Geschicklichkeit beim Handwechsel hat, um in diesen Prozess einzusteigen. Zunächst muss es in der Lage sein, jederzeit und überall perfekt die Hand zu wechseln. Das bedeutet, dass es in der Lage sein muss, in den Außengalopp umzuspringen, in einer Ecke in den Außengalopp zu wechseln, oder auch überall sonst, wo man die Hand wechseln kann. Sobald es dies beherrscht, wechselt man die Hand, reitet fünf Galoppsprünge und wechselt dann erneut die Hand. Daran wird so lange gearbeitet, bis es perfekt funktioniert und das Pferd weder Spannung noch Erregung aufbaut und auch den Wechsel nicht vorwegnimmt.

Der nächste Schritt besteht darin, die Hand zu wechseln, vier Galoppsprünge zu reiten und dann wieder zurückzuwechseln. Sobald das felsenfest sitzt, arbeitet man an drei Galoppsprüngen zwischen den Wechseln, dann an zwei Galoppsprüngen zwischen den Wechseln, dann an einem Galoppsprung zwischen den Wechseln, bis man das Pferd schließlich auffordern kann, auf die andere Hand umzuspringen und sofort beim nächsten Sprung wieder zurückzuwechseln.

Sobald dies erreicht und gefestigt ist, kann man zwei Fliegende Wechsel absolvieren, reitet fünf Sprünge und wechselt dann erneut. Wenn das klappt, wechselt man, wechselt wieder, reitet vier Galoppsprünge und wechselt dann erneut. Dieses schrittweise Vorgehen wird fortgesetzt, bis man drei Wechsel hintereinander durchführen kann, ohne dass dazwischen ein weiterer Sprung liegt. Wenn das Pferd zu irgendeinem Zeitpunkt ängstlich, nervös oder aufgeregt ist, kehrt man ganz zum Anfang zurück und beginnt von vorne – wie bei der 300-Pick-Methode oder wie wenn man in einem Videospiel stirbt.

Wie man sieht, spiegelt dieser Ablauf das Bausteinprinzip wider, das sowohl bei Videospielen als auch beim Taubenexperiment zum Einsatz kommt. In diesen beiden Fällen besteht der Schritt-für-Schritt-Prozess zunächst aus sehr kleinen Schrittchen, aber je weiter der Fortschritt, desto größere Schritte kann man machen. Bei den 15 Fliegenden Wechseln ist es nicht anders.

Dieser schrittweise Prozess wird fortgesetzt, bis das Pferd etwa acht Fliegende Wechsel hintereinander beherrscht, wobei es mit jedem Galoppsprung die Hand wechselt. Bis dahin hat es vielleicht vier oder fünf Jahre gedauert. Sobald das Pferd aber acht Fliegende Wechsel springen kann, dauert es vielleicht nur noch zwei Wochen, bis es 15 schafft. Zumindest war es so in dem Fall, den ich miterleben durfte.

Es kommt also darauf an, die Grundlagen zu festigen und die neuronalen Bahnen zu myelinisieren. Zu wissen, wann man neu anfangen muss, erfordert Übung. Das Pferd wird uns mitteilen, wenn wir zu früh zu viel verlangt haben. Die Arbeit mit dem Pferd, das wir heute haben, ist dabei entscheidend. Wir müssen lernen einzuschätzen, wo in seiner Entwicklung unser Pferd zu jedem beliebigen Zeitpunkt steht. Sollen wir zum nächsten Schritt übergehen oder besser einen Schritt zurückgehen und sicherstellen, dass alles perfekt funktioniert, bevor wir einen weiteren Schritt hinzufügen? Diese Frage sollten wir uns laufend stellen, während wir mit den anderen Prinzipien arbeiten.

Zusammenfassend lässt sich sagen, dass es beim *Donkey-Kong-Prinzip* um mehrere Dinge geht. Zum einen geht es, wenn etwas schiefläuft, darum, zum Anfang zurückzukehren (oder zurück zum Anfang des zuletzt Etablierten), um unserem Pferd mehr Vertrauen in die Antworten zu geben, die es bereits kennt. Auf diese Weise können wir die Grundlagen perfektionieren und jene Nervenbahnen ausbauen, die wir in unserem zukünftigen Training benötigen werden. Darüber hinaus konzentriert sich dieses Prinzip auf unsere Fähigkeit, Übergänge zu nutzen, um fließend von einem Schritt zum nächsten zu gelangen.

Nur weil wir jede einzelne Note auf einer Gitarre spielen können, heißt das nicht, dass wir auch das Solo von „Stairway to Heaven" oder „Sultans of Swing" spielen können. Dazu muss man diese Noten korrekt nacheinander spielen können, in der richtigen Reihenfolge, und von Beginn an fehlerfrei. Das ist es, worum es beim *Donkey-Kong-Prinzip* wirklich geht.

Kapitel
05

Wähle, wo du arbeitest und wo pausiert wird

Zielsucht
Das eingebaute GPS des Pferdes
Die entlarvende Natur gerader Linien

Wenn wir uns mit der Arbeit von Pferdeethologen beschäftigen, also den Wissenschaftlern, die sich mit dem Verhalten von Pferden in ihrer natürlichen Umgebung befassen, stoßen wir früher oder später auf die Bedürfnispyramide des Pferdes. Diese zeigt die primären Bedürfnisse des Pferdes auf, die erfüllt sein müssen, damit es überleben kann. Zu diesen Bedürfnissen zählen Sicherheit, Komfort, Nahrung und Spiel. Der jeweilige emotionale Zustand eines Pferdes bestimmt, was es an einem bestimmten Tag motiviert. Ein Pferd, das Angst hat, kann vielleicht kein Leckerli annehmen, solange es sich nicht in Sicherheit fühlt. Pferde, die sich hingegen gut aufgehoben fühlen, machen sich kaum Sorgen um ihre Sicherheit, sie lassen sich gut durch Futter oder Spiel motivieren. In den vorangegangenen Kapiteln *Arbeite mit dem Pferd, das du heute hast* und *Gehe nicht wütend schlafen* habe ich ausführlich beschrieben, wie wichtig es ist, die Reizschwellen eines Pferdes zu erkennen. Wenn wir unserem Partner Pferd vermitteln können, dass wir uns unserer Umwelt, unseres Körpers und der Vorgänge zwischen Pferd und Mensch bewusst sind, kann es sich in unserer Nähe sicher fühlen und ist daher bereit, sich auf die höheren Ebenen seiner Bedürfnisse einzulassen.

Wenn ein Pferd sich körperlich sicher fühlt, sucht es als Nächstes nach Komfort. Komfort bedeutet nicht nur die Abwesenheit von Stress durch empfundene Bedrohung, sondern auch die Abwesenheit von

Unbehagen, Druck und Energieaufwand. Die Linderung von Unbehagen kann zum Beispiel darin bestehen, dass sich das Pferd bei Hitze unter einen schattigen Baum stellen kann. Bei kaltem Wind und Regen kann es auch bedeuten, auf einer Weide Schutz im Unterstand zu finden. Ein Pferd wird sich stets für die komfortabelste Option, die ihm zum jeweiligen Zeitpunkt zur Verfügung steht, entscheiden, und seine Wahl hängt von den Umständen und Geschehnissen in seiner Umgebung zu diesem Zeitpunkt ab.

Der Versuch, Druck zu vermeiden, kann darin bestehen, sich vom Heuhaufen eines anderen Pferdes fernzuhalten. In einer Fütterungssituation in Gefangenschaft, in der nur begrenzte Futterressourcen vorhanden sind, kann es passieren, dass ein Pferd ein anderes von seinem zugeteilten Futter vertreibt. Das vertriebene Pferd wird sich von dem Futter fernhalten, da es so mehr inneren Komfort erlangt, als wenn es immer wieder verjagt werden würde.

Es ist also stets ein Abwägen. Würde das Pferd lieber fressen? Ja. Aber würde es lie-

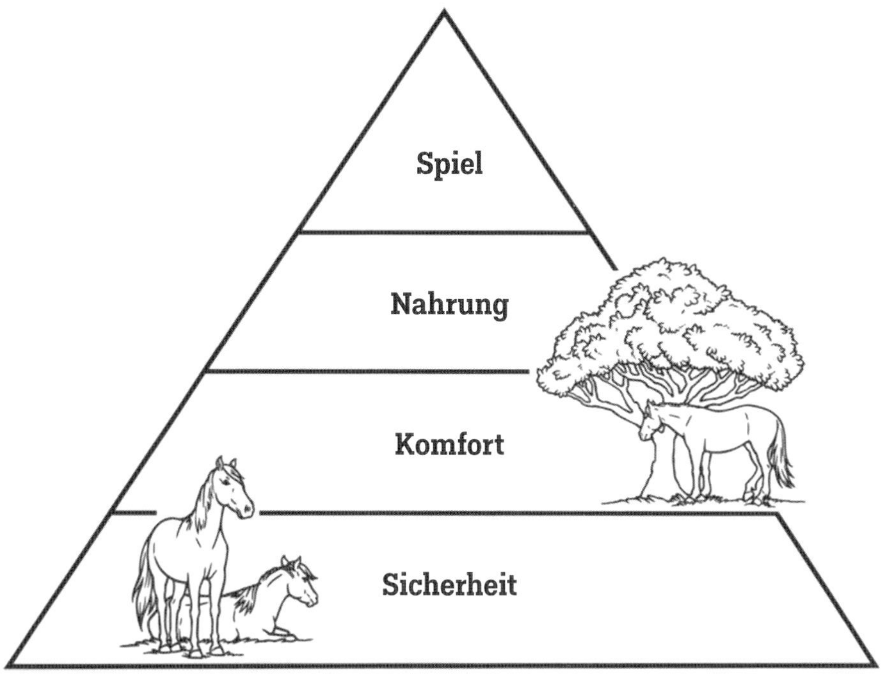

Illustration © Rachel Urquhart

ber aufs Fressen verzichten, als herumgescheucht zu werden? Ebenfalls ja. Komfort kann bedeuten, dass es lieber süßes als bitteres Gras frisst. Für Pferde ist Komfort eine Variable. Sie werden immer die bessere Option wählen, die bequemere Option, die Option mit dem geringsten Druck, und die Option, bei der sie weniger Energie aufwenden müssen. In den meisten Fällen würde sich ein Pferd lieber ausruhen als sich bewegen, lieber entspannt als ängstlich sein und sich lieber sicher als bedroht fühlen. Dieses Grundbedürfnis nach Komfort kann von uns genutzt werden, um alltägliche Interaktionen als Gelegenheiten zum Training zu nutzen.

Das eingebaute GPS

Pferde haben ein eingebautes GPS: Sie wissen immer, wo ihr Zuhause oder ihre Herde ist. Ein Pferd weiß zu jeder Zeit, wo es sich befindet, wo es zuvor gewesen ist, und auch, was es dort getan hat. Es gibt Handy-Apps wie etwa Equilab, die Ausritte aufzeichnen und markieren, wo man Schritt gegangen, getrabt und galoppiert ist. Pferde brauchen so etwas nicht, sie tragen es bereits in sich.

Eine Reihe von Verhaltensproblemen, bei denen ich im Laufe der Jahre geholfen habe, hatten ihre Ursache in diesem intrinsischen GPS und darin, dass Pferde Ruhe lieben. Damit zusammenhängende Probleme können von Eilen, Trödeln, Steigen, auf die innere Schulter fallen und über die äußere Schulter drängen, bis hin zu technischeren Dingen reichen, wie z. B., wenn während des Fliegenden Wechsels zuerst die Vorderbeine umspringen. All diese Probleme werden in der Regel dadurch verursacht, dass das Pferd nicht ausreichend Pausen auf dem Reitplatz erhält. Wenn das Pferd dort ausschließlich arbeitet und erst beim Verlassen des Platzes seine Pause bekommt, setzt sein internes GPS die Markierung für den Lieblingsplatz irgendwo außerhalb des Reitplatzes, dort, wo es rasten darf.

In der Regel wurden diese Verhaltensweisen dem Pferd unwissentlich vom Reiter antrainiert, der sich der Macht dieses Prinzips nicht bewusst ist. Wenn ich darauf hinweise, schwört die Person oft, es dem Pferd nicht antrainiert zu haben.

Ich frage also: „Welches Problem hast du mit deinem Pferd?" Die Antwort ist: „Es regt sich auf und eilt bei Ausritten nach Hause."

Ich frage weiter: „Es wird also schwer regulierbar, ja? Wenn du von einem Ausritt nach Hause kommst, steigst du dann ab und stellst es weg?"

„Ja."

Daraufhin frage ich: „Und? Rennt es wild herum, wenn du es auf die Koppel zurückgebracht hast?" Normalerweise legen sie den Kopf schief, denken kurz nach und erklären dann: „Nein, eigentlich grast es nur und steht mit den anderen Pferden herum." Ich antworte also: „Es ist also nicht schwer regulierbar. Es ist faul. Es ist bereit, eine Menge Aufwand zu betreiben, um dahin zurückzukehren, wo es nichts tun muss."

Normalerweise sage ich das, damit die Menschen über ihre Vorurteile gegenüber dem Verhalten ihres Pferdes nachdenken. Das Pferd ist nicht faul, es ist nervös und will dorthin zurück, wo es sich wohlfühlt. Teil dieses Wohlbefindens ist, dass die Nervosität aufhört, sobald es dort ankommt. Am häufigsten wird dieses Verhalten dadurch ausgelöst, dass das Pferd insbesondere während der ersten Ritte das Bedürfnis hat, bei seinen Artgenossen zu sein. Das junge Pferd entwickelt die Erwartungshaltung, dass es nicht mehr arbeiten muss, wenn es zurück nach Hause kommt. Im Kapitel *Antizipation: Bester Freund oder schlimmster Feind* werden wir uns ausführlicher mit Erwartungen beschäftigen. Das Pferd lernt unbeabsichtigt, dass der Reiter am Ende jedes Ausritts absteigt und die Arbeit beendet ist. Das Gleiche kann auf dem Reitplatz passieren, wenn der Reiter am Ende jeden Rittes durch das gleiche Tor hinaus und zurück zum Stall reitet. Sehr bald wird das Pferd das Tor äußerst anziehend finden. Solche Muster werden vom Pferd registriert und in seinem GPS gespeichert.

Zielsucht

Vor ein paar Jahren sah ich auf Facebook ein Meme mit folgendem Spruch:

„Hüte dich vor der Zielsucht. Zielsucht ist die Vorstellung, dass du dein Glück in deinem nächsten Job, in deinem nächsten Haus oder mit deinem nächsten Partner finden wirst. Solange du an der Vorstellung festhältst, dass das Glück woanders liegt, wird es nie da sein, wo du bist."

Ein Pferd, das zurück in den Stall will, leidet unter Zielsucht, egal ob es von einem Ausritt zurückkommt oder auf dem Reitplatz geritten wird. Seine Gedanken sind auf eine bestimmte Sache gerichtet, während sein Körper ganz woanders ist, und es wird sich erst dann wohlfühlen, wenn sein Körper dort ist, wo seine Gedanken sind. *„Solange du an der Vorstellung festhältst, dass das Glück woanders liegt, wird es nie da sein, wo du bist."* Der Schlüssel zu diesem Prinzip liegt darin, die Gedanken des Pferdes an denselben Ort zu bringen wie den Körper.

Im Laufe der Jahre, in denen ich Pferde auf diversen Reitanlagen in den USA trainiert habe, gab es in der Regel überall ein oder zwei Dressurtrainer. Und so habe ich etliche Dressurstunden mitbekommen. Eine übliche Unterrichtseinheit, während der auf einen 20-Meter-Zirkel geritten werden soll, klingt in etwa so:

„Setz den inneren Schenkel ein, er fällt nach innen. Mehr Schenkel innen, mehr, mehr. Gut so! Jetzt halbe Parade, er wird zu eilig, wieder halbe Parade. Gut so! Gut so! Jetzt Außenzügel, er läuft über die Schulter raus. Weiter so. Gut so! Gut so! Jetzt tippe ihn mit der Gerte an. Er muss mehr vorwärts. Vorwärts! Gut so!"

Dann wiederholt sich der Zyklus in der Regel: Innenschenkel, halbe Parade, äußerer Zügel, dann Tippen mit der Gerte. Wieder und wieder und wieder. Der Grund für diese ewigen Wiederholungen liegt darin, dass sie sich nicht mit der Ursache des Problems befassen, sondern nur mit den Symptomen. Bei dieser Geschichte geht es nicht nur um Dressur. Ich habe die gleiche Situation in einer Vielzahl von Disziplinen erlebt. Ich werde die Lektion im Folgenden noch einmal durchgehen und erklären, warum die Symptome durch Zielsucht verursacht werden.

Zunächst sehen wir uns an, was das Ziel des Pferdes ist. Es ist das Tor, denn der Weg zurück in den Stall, zum komfortablen Ruheplatz, führt durch das Tor. Beginnen wir mit der Schulter, über die das Pferd nach innen fällt. Dies geschieht immer auf der vom Tor abgewandten Seite des Zirkels, und das Pferd fällt über die Schulter zum Tor hin. An dieser Stelle ruft der Trainer: „Innerer Zügel, innerer Schenkel!“ Einen

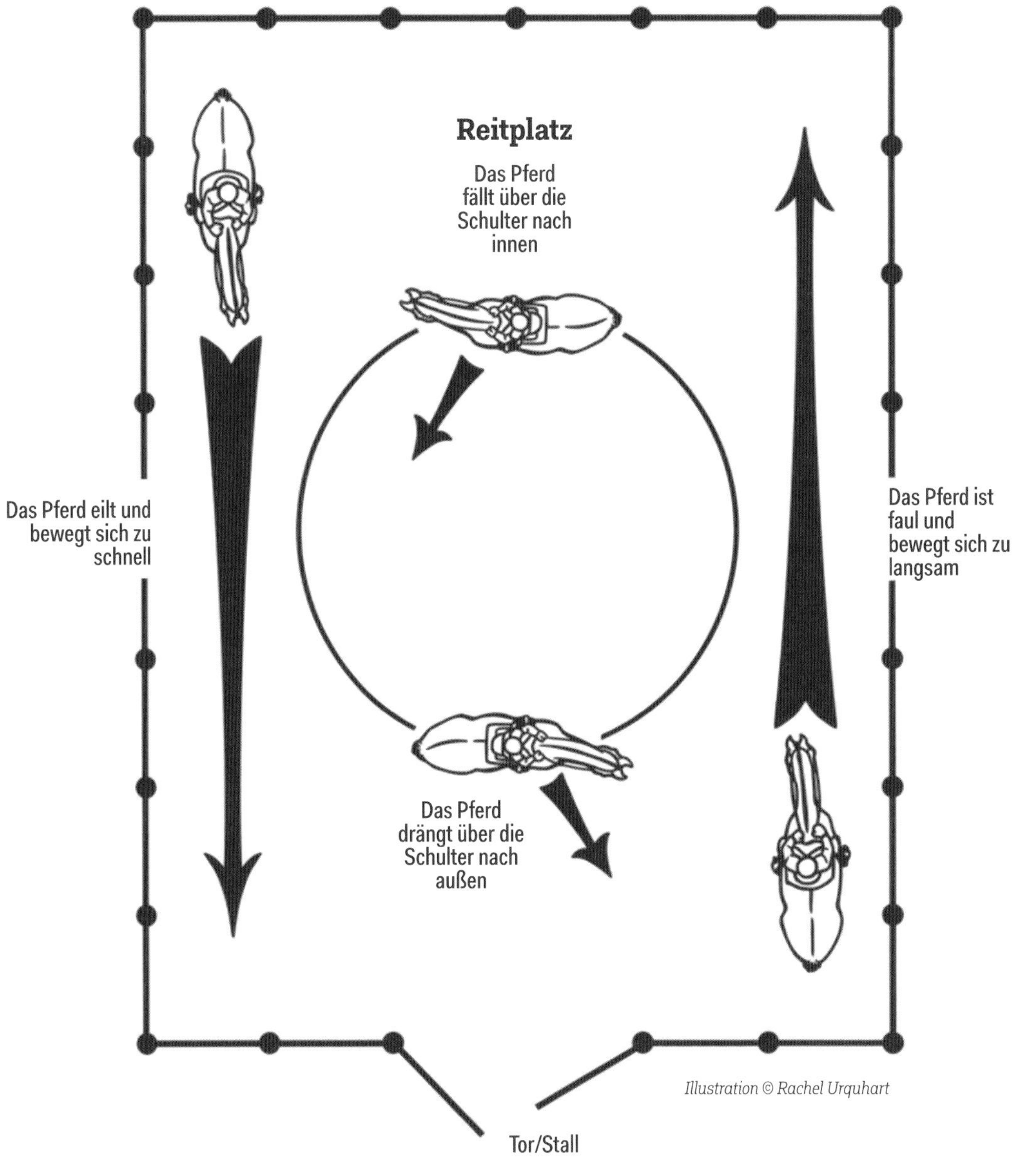

Illustration © Rachel Urquhart

Viertelzirkel weiter rät der Trainer dem Reiter, eine halbe Parade zu geben, da das Pferd nun zu schnell vorwärtseilt. Wohin eilt es? Es eilt zum Tor, das sich jetzt vor ihm befindet. Einen Viertelkreis später ist das Symptom nun die äußere Schulter, die, man ahnt es, in Richtung Tor herausläuft, und der Trainer rät dem Reiter, den äußeren Zügel deutlicher einzusetzen. Im letzten Viertel des Zirkels fordert der Trainer den Reiter auf, mit der Gerte zu treiben, da das Pferd das Pferd sich nicht ausreichend vorwärts bewegt und wieder ist es der Sog des Tors, der Komfortzone, die sich nun direkt hinter dem Pferd befindet.

Vor ein paar Jahren brachte eine Grand-Prix-Dressurreiterin einen jungen, importierten Warmbluthengst für drei Tage zu mir, um Hilfe bei ein paar Problemen zu bekommen. Eines der Probleme, mit denen sie zu kämpfen hatte, war etwas, das sie „Tümmeln" nannte. Sie erklärte es als einen kleinen Buckler, der an die Schwimmtechnik bei einem Delfin, einem Tümmler, erinnert, wenn er die Wasseroberfläche durchbricht. Als sie aufgesattelt hatte und ihr Pferd aufwärmte, fragte ich sie, ob sie noch auf andere Probleme gestoßen sei. Sie berichtete von einigen Problemen mit dem Geraderichten, und dass der Hengst manchmal ungleichmäßig im Kontakt am Gebiss sei. Sie demonstrierte, wie er sich auf dem Zirkel bewegte, und zuweilen lehnte er sich tatsächlich über die Schulter fallend nach innen, dann wieder drängte er über die Schulter nach außen. An einem Punkt des Kreises, als er sich über die Schulter nach innen fallen ließ, fragte ich sie, ob sie mit ihrem inneren Schenkel gegensteuern könnte. Sie antwortete: „Mein Bein ist bereits in seiner Seite versenkt." Das sollte heißen, sie setzte bereits so viel Bein ein, wie sie nur konnte, aber es kam keine Reaktion.

Ich begann die Trainingseinheit, indem ich sie am völlig losen Zügel reiten ließ, ohne zu lenken. Der Hengst marschierte geradewegs zum Tor, blieb stehen und hob den Kopf über das Tor. Da war sie also, seine Zielsucht. Er blieb zufrieden am Tor stehen, solange man ihn ließ.

Ich bat die Reiterin, am Tor kleine Volten in Anlehnung zu reiten, und ihn wieder in Frieden zu lassen, sobald seine Nase fort vom Tor gerichtet war. Ich wollte, dass sie ihm den Unterschied zeigte: Wenn seine Gedanken beim Tor waren, taten wir etwas. Nichts Schweres; nur eine Volte in Anlehnung am Zügel. Wenn seine Gedanken auf den Reitplatz hinausschweiften, gaben wir die Anlehnung wieder auf. Wir wiederholten dies eine Weile, und nach mehreren Wiederholungen begann er, sich vom Tor wegzubewegen und mehr und mehr Raum auf dem Reitplatz zu erkunden.

Wenn der Hengst am Tor war, bewegte er sich auf Volten in Zügelanlehnung. Wenn er vom Tor wegblieb, konnte er sich am losen Zügel bewegen, wohin er wollte. Der Kontrast besteht in dem Unterschied zwischen dem Ausführen einer Volte in Anlehnung und dem Beschreiten einer relativ geraden Linie ohne Zügelkontakt. Der Unterschied ist nicht sehr groß, aber für ein feinfühliges Wesen, das stets den komfortabelsten Platz anstrebt, liegen Welten dazwischen.

Bereits nach kurzer Zeit waren seine Gedanken nicht mehr beim Tor. Er hatte herausgefunden, dass das Tor nicht die Lösung war, sondern dass der Aufenthalt dort mehr Arbeit bedeutete. Er beschloss, dass er sich lieber irgendwo anders auf dem Reitplatz aufhalten wollte.

Sobald er am hingegebenen Zügel über den ganzen Platz marschieren konnte, ließen wir ihn antraben. Allerdings waren wir dabei sehr spezifisch. Wir verlangten den Trab am Tor, dem Ort, der zuvor am attraktivsten gewesen war. Wenn er am Tor blieb, übten wir kleine Kreise am Zügel, und sobald er sich vom Tor entfernte, ließen wir ihn am lockeren Zügel umhertraben. Das ist im Grunde das Prinzip *Mach Falsches schwer und Richtiges leicht*. Wie ich in jenem Kapitel erwähnt habe, muss man dies mit der richtigen Einstellung angehen. Ist das Traben mit Zügelanlehnung etwas, das Dressurpferde jeden Tag tun? Ja. Wir bestraften ihn nicht dafür, dass er am Tor blieb, sondern diese Arbeit ist Teil seiner täglichen, normalen Routine. Wir wählten lediglich *bewusst* aus, wo wir ihn in Anlehnung Volten ausführen und wo wir ihn einfach am lockeren Zügel traben ließen. Der Hengst war fest darauf geprägt, aus den angebotenen Optionen die einfachere und bequemere zu wählen. Er entschied sich daher schließlich, seine Gedanken auf den Reitplatz zu richten und nicht mehr auf Orte außerhalb. Am Ende dieser Trainingseinheit war er davon überzeugt, dass er überall auf dem Reitplatz genauso viel Glück finden konnte, wie er es sich zu Anfang jenseits des Tores im Stall erhofft hatte.

An Tag zwei fingen wir wieder von vorne an, denn wir nutzten auch das *Donkey-Kong-Prinzip*. Wir erlaubten ihm, sich einfach am losen Zügel zu bewegen, um zu sehen, wo er sich gern aufhalten wollte. Anhand dieser Beobachtungen wählten wir aus, wo wir konzentriert arbeiten wollten. Schon bald nutzte er im Schritt und Trab wieder die ganze Bahn, also fügten wir den Galopp hinzu. Als er sich im Schritt, Trab und Galopp ganze Bahn, auf Zirkeln und großen Bögen bewegen konnte, fragte ich die Reiterin, ob sie nun mit meiner Hilfe an der Lösung des Problems mit dem krummen Zirkel arbeiten wolle.

Sie bejahte dies und ich bat sie, genau denselben Zirkel zu reiten wie am Vortag, als sie mir das Problem vorgeführt hatte, und zwar auch in derselben Richtung und an derselben Position im Viereck. Nach ein paar Runden fragte ich sie, wie er sich anfühlte.

„Er hat sich noch nie so gut auf der Zirkellinie bewegt!“, antwortete sie erstaunt. Ich fragte, ob es sich auf der Seite, auf der er zuvor über die Schulter nach innen gefallen war, besser anfühlte. „Großartig“, antwortete sie, und als sie zu der Seite des Zirkels kam, an der er am Vortag über die Schulter nach außen gedrängt hatte, fühlte sich auch diese Seite gut an.

Als sie an der Seite entlangkam, an der sie am Vortag ihr Bein in seiner Seite „versenkt“ hatte, fragte ich, ob sie ihn nach außen weichen lassen könnte. Er wich auf ein hauchfeines Signal ihres Schenkels. Sie war erstaunt, und ich erklärte ihr, dass sie dem Pferd gar nicht beibringen musste, besser auf ihren Schenkel zu reagieren, denn er reagierte bereits perfekt auf ihren Schenkel, wenn er sich nicht gerade in seinen Gedanken wünschte, woanders zu sein. Sobald wir den Sog des Tores auflösen konnten und das Pferd damit in die Lage versetzten, präsent zu sein, wurde das Training nicht nur biomechanisch einfacher, sondern auch die Lernbereitschaft des Pferdes verbesserte sich.

Nach diesen zwei Tagen reiste sie ab, und zu Hause stellte sie fest, dass alle ihre Pferde diese Zielsucht in Richtung des Tores zeigten. Sie führte darum ab da das Prinzip *Wähle, wo du arbeitest und wo pausiert wird* als festen Bestandteil ihres Trainingsprogramms ein.

Ich kann es nicht mehr sehen!

Eine Zeit lang trainierte ich Pferde auf einer Reitanlage, die einer Dame gehörte, die an Reined Cowhorse- und Springturnieren teilnahm (natürlich auf verschiedenen Pferden). Damals bat sie mich, ihr bei einigen Schwierigkeiten mit ihrem Cowhorse zu helfen. Das Pferd hatte eine ganze Reihe von Problemen. Manchmal rannte es viel zu schnell in seine Stopps hinein. Es driftete bei seinen Spins, d. h. es blieb nicht an einer Stelle und drehte sich mit der Vorhand um die Hinterhand, sondern es drehte sich wie ein Helikopter und konnte seine Position nicht halten. Außerdem fiel es beim Galoppwechsel von rechts nach links auf die Schulter, was dazu führte, dass es vorne zuerst wechselte, was ihnen gelegentlich Strafpunkte einbrachte.

Es hörte sich so an, als hätte ich einiges an harter Arbeit vor mir. Ich musste die Tempoprobleme im Rundown zum Stopp lösen, versuchen, den eigenartigen Spin unter Kontrolle zu bekommen und biomechanische Probleme beim Fliegenden Wechsel korrigieren.

Als ich jedoch begann, dieses Pferd zu reiten, bemerkte ich einige Muster bei ihm. Es rannte nur in einer Richtung zu schnell in die Stopps, nämlich in Richtung Tor. Im Spin driftete es ebenso in Richtung Tor, und bei seinem Fliegenden Wechsel von rechts nach links gab es nur dann ein Problem mit der Schulter, wenn das Tor links von ihm war. Bei den meisten Reining-Patterns beginnt man in der Mitte des Reitplatzes mit dem Tor zur Linken. Die rechten Zirkel befinden sich am anderen Ende des Reitplatzes, gegenüber vom Tor, d. h. wenn man auf die linke Hand wechselt, ist das Tor auf der linken Seite. Als ich die Zirkel umdrehte und in die andere Richtung ritt, hatte er beim Handwechsel von rechts nach links kein Problem mit der Schulter. Aber jetzt zeigte sich das Problem beim Handwechsel von links nach rechts.

Ich ging das Problem an, indem ich das Cowhorse auf den Reitplatz führte, das Tor offen ließ und nicht weit vom Tor mit Blick auf den Reitplatz aufsaß. Als ich es aufforderte, sich in Bewegung zu setzen, wollte ich ihm die Möglichkeit geben, selbst Entscheidungen zu treffen und verzichtete aufs Lenken. Das Pferd beschloss, eine Kehrtwendung zu machen und durch das Tor hinauszumarschieren. Sobald es hindurch war, begann ich mit den Aufwärmübungen, die man sonst üblicherweise auf dem Reitplatz macht. Ich ritt es auf dem Zirkel und forderte es sanft auf, sich zu biegen. Auch forderte ich etwas Anlehnung. Ich ließ es auf dem Zirkel das Schenkelweichen ausführen. Nach fünf Minuten sanften Aufwärmens ritt ich auf den Reitplatz zurück, gab ihm den Zügel hin und entspannte mich. Wenn es sich weiter vom Tor wegbewegte, ließ ich es gewähren. Kehrte es um und marschierte wieder durch das Tor hinaus, wiederholte ich die Aufwärmphase.

In den ersten Trainingseinheiten wurde diese Übung immer wieder durchgeführt, bis es begriff, dass es die Wahl hatte, entweder zu arbeiten oder nicht zu arbeiten. Die Arbeit fand nun außerhalb des Reitplatzes statt, in einem Bereich, den es vorher für die trainingsfreie Zone gehalten hatte. Als es das begriffen hatte, begann ich schnellere Gangarten zu reiten und mehr und mehr zu verlangen. Ich erlaubte ihm, das Tor zu durchschreiten, wenn es das Gefühl hatte, dass es dorthin musste. Nur entdeckte es bald, dass alles, was es auf dem Reitplatz tat, einfacher war als das, was es tun musste, sobald es außerhalb war.

Ich muss noch einmal darauf hinweisen, dass hierbei die richtige Einstellung entscheidend ist. Man darf nicht wütend auf das Pferd sein oder frustriert, denn die Energie, die man in jede einzelne Interaktion mit dem Pferd einbringt, macht zu großen Teilen aus, wie es die Information aufnimmt. Es spielte keine Rolle, wie oft es durch das Tor ging. Ich veränderte meine Einstellung dazu nicht. Ich machte einfach die Übungen, die ich mir vorgenommen hatte. Es war exakt dasselbe wie in meiner Geschichte mit dem Dressurpferd. Es ist keine Bestrafung. Es ist etwas, das man normalerweise als Teil des täglichen Reitens oder Trainings tun würde. Man wählt nur bewusst den Ort, an dem man es tut.

Als ich anfing, dem Pferd zu zeigen, dass es sich außerhalb des Reitplatzes mehr bewegen musste als innerhalb, wurden seine Rundowns besser, beim Spin blieb es an Ort und Stelle und sein Galoppwechsel war viel sauberer. Indem ich seine Einstellung zum Tor veränderte, änderte sich auch alles andere in seinem Verhalten.

Einige Jahre später, als ich schon länger nicht mehr auf dieser Anlage trainierte, erhielt ich eines Samstagabends gegen 19 Uhr einen Anruf von der Besitzerin. Ich war erstaunt, dass sie anrief, denn ich hatte schon eine ganze Weile nichts mehr von ihr gehört. Ich hob also ab: „Hallo!" Sie sagte nicht einmal Hallo, sondern platzte einfach heraus: „Ich kann es nicht mehr sehen!"

Als ich mich erkundigte, was es denn war, was sie nicht mehr sehen konnte, erzählte sie von dem Springkurs, den sie an diesem Wochenende auf ihrer Anlage veranstaltet hatte. Der Kursleiter war ein Springtrainer, der ins Ausland geheiratet hatte. Der Trainer wurde schließlich olympischer Springtrainer für das Heimatland seiner Frau, das in der Welt des Springsports zu den Spitzennationen zählte. In den letzten zehn Jahren hatte er jeweils mehrmals im Jahr Seminare auf ihrer Anlage veranstaltet. Meine Klientin hatte an all diesen Kursen teilgenommen und zugesehen. Als olympischer Trainer ist er sehr gut in seinem Job und verfügt über eine Menge hervorragender Techniken, um mit Verhaltensweisen umzugehen, die häufig bei Springpferden auftreten. Etwa das Zustürmen auf Hindernisse, Triebigkeit vor dem Sprung, den Schenkel nicht annehmen und in der Wendung auf die Schulter fallen – all das sind häufige Probleme auf dem Springplatz.

Sie erzählte mir, dass ihr beim Zusehen an diesem Tag klargeworden war, dass sämtliche Korrekturen dieser Verhaltensweisen keine wirkliche Lösung brachten, weil sie alle durch den Sog zum Tor hin verursacht wurden. Wenn die Pferde sich vom Tor entfernten, gingen sie nicht genug vorwärts und reagierten nicht auf den Schenkel des Reiters. In Richtung des Tors stürmten die Pferde auf die Sprünge zu und wehrten sich gegen die regulierende Reiterhand. Auf der anderen Seite des Platzes fielen die Pferde in der Wendung auf die Schulter, und auf der Seite, die näher am Tor lag, drifteten sie über die Schulter davon.

„Ich kann es nicht mehr sehen!", bezog sich darauf, dass der Trainer versuchte, die Symptome zu bekämpfen und nicht die eigentliche Ursache, mit dem Ergebnis, dass sich die Symptome verschlimmerten. Zu all dem zusätzlichen Druck kommt noch hinzu, dass das Pferd am Ende seine Wahrnehmung bestätigt sieht. Denn was passiert, wenn das Training vorüber ist? Der Reiter reitet durchs Tor, steigt ab und führt das Pferd zurück in den Stall, wo es von Futter und Freunden erwartet wird. Das Pferd lernt also, dass sich der ganze Kampf gelohnt hat, denn schließlich hat es seinen Frieden gefunden.

Junge Pferde und gerade Linien

Wenn ich auf Pferdemessen auftrete oder Seminare gebe, frage ich oft in die Runde: „Ist jemand hier schon einmal auf einem Jungpferd bei seinem ersten Ritt außerhalb des Round Pens geritten, vielleicht auf dem Reitplatz oder auf der Weide?“ Natürlich heben einige Zuschauer die Hand. Ich frage weiter: „Wenn man diese jungen Pferde zum ersten Mal draußen reitet, gehen sie dann schön geradeaus oder schwanken sie, als wären sie betrunken?“ Die Antwort ist immer die gleiche.

Jene im Publikum, die aufgezeigt haben, zeigen die Bewegungen eines jungen Pferdes auf dem Reitplatz; sie wackeln mit den Händen wie ein Fisch, der durchs Wasser schwimmt. Das passiert, egal ob ich in Europa, in den USA oder in Australien bin. Manchmal tragen sie Cowboyhüte, und manchmal tragen sie Reithosen. An manchen Orten in den USA tragen sie die charakteristische Kleidung der Amischen. Egal, in welchem Land ich gerade bin oder welchen Reitstil die Zuschauer gewählt haben, die Handbewegung ist immer dieselbe, wie ein Fisch, der sich durchs Wasser schlängelt. Ich frage dann: „Und warum tun sie das wohl?“ Ohne viel Nachdenken kommt wie aus der Pistole geschossen eine Antwort von ihnen, die jeweils zu ihrem Narrativ passt. Ich gehe also an der Stuhlreihe vorbei und frage sie einzeln, was sie glauben, warum das wohl passiert. Die häufigsten Antworten sind: „Sie sind nicht daran gewöhnt, das Gewicht eines Reiters zu tragen“ oder „Sie sind jung und daher noch nicht im Gleichgewicht“ oder sogar „Sie wissen nicht genau, was man von ihnen verlangt“.

Ich erkläre den Zuschauern schließlich, dass das alles zwar ziemlich gute Theorien seien, aber nicht der Grund dafür, dass ein junges Pferd wie auf einer krakelig gemalten Schnörkellinie läuft. Und ich erzähle dann von einem ersten Ritt, den ich vor einiger Zeit gefilmt habe und der ganz genau veranschaulicht, was vor sich geht.

Wir hatten eine junge Praktikantin namens Livia auf unserer Ranch, die bei uns ihr Horsemanship-Wissen verbessern wollte. Ich nahm zu diesem Zeitpunkt bereits keine Pferde mehr in Beritt, wir hatten also nur unsere eigenen Pferde da, und

Hier dazu ein Video (in englischer Sprache) auf meinem YouTube-Kanal:

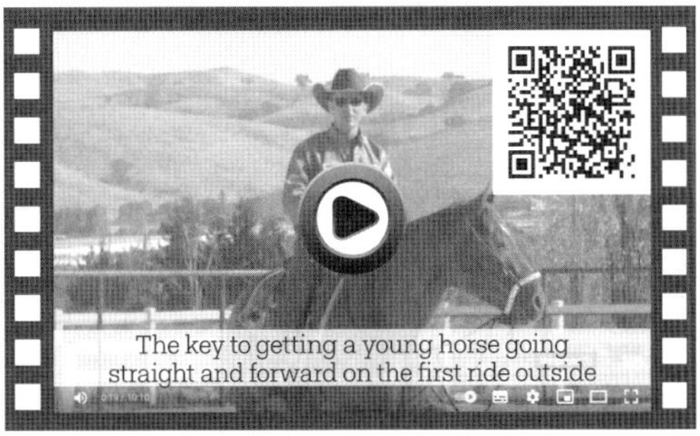

https://www.youtube.com/watch?v=CrNI4L6IKOs

es gab nicht allzu viel zu tun. Ein Freund von mir hatte jedoch eine Stute namens Cricket, die angeritten werden sollte, und so sorgte ich dafür, dass Cricket bei Livias Ankunft bei uns war, damit ich die beiden beim Prozess des Anreitens begleiten konnte.

Junge Pferde, die zum ersten Mal geritten werden, lassen sich in drei Kategorien einteilen: jene, die nicht vorwärtsgehen wollen, jene, die leicht vorwärtsgehen, und jene, die eher zu viel vorwärtsgehen.

Cricket gehörte zu jenem Typ Jungpferd, das nicht vorwärtsgehen will. Ich nahm mir also viel Zeit, um Livia während des ganzen Ablaufs des ersten Rittes im Round Pen anzuleiten, und ließ sie dabei viel Zeit darauf verwenden, die Stute schön flüssig vorwärtsgehen zu lassen. Wie wir gleich sehen werden, und gemäß dem Prinzip *Entwickle ein Werkzeug, bevor du es anwendest*, das wir in Kapitel sechs ausführlich behandeln werden, sollte sich dieses Werkzeug des Vorwärts bald als sehr nützlich erweisen. Wir achteten außerdem darauf, Cricket anzuhalten und ihr eine Pause zu gönnen, sobald sie anfing, mehr Vorwärtsenergie zu zeigen. Dies ließ sie wissen, dass sie mit einer Pause belohnt wird, sobald sie versucht, etwas anders zu machen. Pferde selbst nach Antworten suchen zu lassen ist ein wesentlicher Bestandteil von allem, was ich von da an mit ihnen mache.

Als es Zeit für Crickets ersten Ritt auf dem Reitplatz wurde, wollte ich sie filmen, um diesen Prozess festzuhalten. Ich beschreibe die Gegebenheiten dort, sodass die Geschichte gut verständlich ist: Das Tor befand sich am westlichen Ende des Reitplatzes, beim Stall. Ich band zwei meiner Pferde, Murray und Bundy, am südwestlichen Ende der Einzäunung an. Der Paddock, in dem die Stute untergebracht war, befand sich ebenfalls an der Umzäunung, auf der Nordwestseite, gegenüber der Seite, wo die Pferde angebunden waren. Ich filmte alles von einem hohen Aussichtspunkt auf dem Dach meines Pferdeanhängers am westlichen Ende des Reitplatzes, sodass man aus der Kameraperspektive den Reitplatz in Richtung Osten sah. Auf der rechten Seite der Kamera waren die beiden Pferde am Zaun angebunden, in der Mitte war das Tor und auf der linken Seite der Kamera war Crickets Paddock. Für den ersten Ritt im Viereck ließ ich Livia Cricket hereinführen und sie etwa sechs Meter vom westlichen Zaun entfernt anhalten, direkt vor der Stelle, wo Bundy und Murray angebunden waren. Cricket sah mit dem Kopf nach Osten die Bahn entlang, weg von den Pferden, dem Tor und dem Paddock. Dort ließ ich Livia aufsteigen. Cricket stand eine Weile da, bis ich Livia bat, Cricket in einer geraden Linie die Bahn entlangzureiten.

Livia forderte Cricket auf, sich in Bewegung zu setzen, und auf den nächsten 20 Metern sah Cricket genau wie der schlängelnde Fisch aus, den all die Kursteilnehmer beschrieben hatten. Cricket lief träge und wie auf einer zittrigen Linie den Reitplatz entlang und versuchte dabei ständig, nach links abzubiegen. Wenn Livia versuchte, sie geradezurichten, versuchte Cricket, sich nach rechts zu bewegen, und Livia richtete sie dann erneut gerade. So ging es immer weiter mit den beiden, bis ich Livia bat aufzuhören und abzusteigen. Wir hatten bewiesen, dass dieses junge Pferd sich kein bisschen von anderen Jungpferden unterscheidet, die zum ersten Mal außerhalb des Round Pens geritten werden. Cricket hatte sich genauso verhalten wie jene anderen Pferde, von denen man sagt, dass sie nicht ausbalanciert seien, dass sie nicht daran gewöhnt wären, das Gewicht eines Reiters zu tragen, oder dass sie sich nicht sicher wären, was wir von ihnen verlangen.

Danach wies ich Livia an, Cricket zum anderen Ende des Reitplatzes zu führen und sie zu wenden, sodass sie nun in die Richtung sah, aus der sie gekommen waren. Als Nächstes bat ich sie, dort aufzusitzen und zu schauen, ob Cricket sich auf einer geraden Linie zurück zur Kamera und zu den anderen Pferden bewegen würde. Gesagt, getan - Cricket marschierte auf einer schönen geraden Linie los. Sie ging nicht nur geradeaus, sondern auch viel flotter vorwärts. Noch dazu bewegte sie sich am losen Zügel und Livia ritt mit einer Hand.

Das beweist, dass es nicht an einem Mangel an Balance liegt. Jungpferde schwanken nicht, weil sie es nicht gewohnt sind, das Reitergewicht zu tragen, und sie sind nicht unsicher, was wir von ihnen verlangen.

Cricket marschierte weiter schnurgerade und fleißig vorwärts, bis sie das Reitplatzende erreichte, wo die anderen Pferde angebunden standen. Cricket ging dorthin, weil sich Pferde normalerweise dort am wohlsten fühlen, wo sie in Gesellschaft anderer Pferde sind. Aber anstelle Cricket dort einen Ort der Ruhe zu gönnen, ließ ich Livia dort antraben. An dieser Stelle kam die ganze vorherige Arbeit im Round Pen ins Spiel, mit dem Prinzip *Entwickle ein Werkzeug, bevor du es anwendest*. Livia hatte schon im Round Pen sichergestellt, dass sie Cricket problemlos und ohne Vorbehalte zum Vorwärts auffordern konnte.

Sie forderte Cricket auf, zu traben. Cricket begann, vor den beiden Pferden in Achterschleifen zu traben. Livia lenkte nicht, sondern ließ sie einfach gehen, wohin sie wollte. Die Stute drehte ihre Runden und suchte nach einem Ort, an dem sie sich entspannen und ausruhen konnte. Als sie diesen nicht fand, weitete sie ihre Achterschleifen nach Norden über den Platz aus und trabte zu ihrem Paddock. Denn wir hatten ihr ja bereits im Round Pen beigebracht, dass man mit einer Pause belohnt wird, wenn man neue Dinge ausprobiert. Dies ist ein wesentlicher Bestandteil meines Trainings: Das Pferd wird darauf vorbereitet, selbst nach der Antwort zu suchen, so wie auch die Taube darauf vorbereitet wurde, dass auf ihre Versuche ein Weizenkorn folgen wird. Der Pausenort befand sich hier irgendwo, Cricket musste nur herausfinden, wo er lag und wo sie belohnt werden würde.

Als Cricket auf der Seite ankam, auf der sich ihr Paddock befand, hörte das Achtermuster auf, und sie trabte dort im Kreis. Als sie dort nicht die erhoffte Ruhe fand, drehte sie eine Schleife zurück über den Reitplatz, zu Bundy und Murray. Dort machte sie eine weitere Schleife. Als sie jedoch auch hier keine Pause bekam, trabte sie wieder zur Seite ihres Paddocks. Freunde, Stall, Freunde, Stall. Dies wiederholte sie einige Male, bis sie schließlich beschloss, etwas anderes zu versuchen. Sie weitete ihre Schleife aus und entfernte sich weiter von diesem Ende des Platzes.

Die äußere Seite dieser neuen, größeren Schleife war die am weitesten vom Tor des Reitplatzes entfernte Stelle, an der sie sich bisher überhaupt befunden hatte. Ich bat Livia, dort mithilfe einer Biegung anzuhalten (englisch: „bend to a stop"), und zwar abgewandt von dem Ende des Reitplatzes, zu dem sie sich vorher so sehr hingezogen gefühlt hatte.

Ich spreche hier nicht von großen Entfernungen. Cricket war vielleicht drei Meter weiter weg, als sie es zuvor gewesen war, als sie ihre Runden drehte. Das war jedoch für mich genug, um „Bingo!" zu sagen und sie zu belohnen. Es war genau das, wonach sie Schleifen trabend gesucht hatte, und nun hatte sie es gefunden. Zuvor hatten wir sie im Round Pen pausieren lassen, wenn sie etwas Neues ausprobierte. Das hatte in ihr den Wunsch geweckt, aktiv nach einer Komfortzone zu suchen. Indem wir sie mittels Biegung nach links zum Halten brachten, weg von dem Ende des Platzes, von dem sie so sehr angezogen wurde, gaben wir ihr einen weiteren Hinweis darauf, wo sie sich ausruhen konnte. Wir hätten sie auch mit einer Rechtsbiegung anhalten können, aber dann hätte sie sich wieder in Richtung des Tors, der Pferde und des Paddocks bewegt, zu denen sie sich hingezogen fühlte.

Beim Anhalten mittels Biegung wollen wir nicht nur sicherstellen, dass der Körper des Pferdes zum Stillstand kommt, sondern auch, dass sich seine Gedanken am gleichen Ort befinden wie der Körper. Viele Menschen können ein Pferd zwar physisch zum Stehen bringen, aber seine Gedanken sind dann immer noch woanders. In solchen Situationen passiert es häufig, dass es einfach losläuft, sobald man am Zügel wieder nachgibt. Der Grund, weshalb man ein Pferd durch Biegen zum Halten bringt, ist, dass es sich entspannt. Das ist dann nicht gelungen.

Wenn wir warten, bis die Gedanken des Pferdes wieder bei uns sind, bevor wir am Zügel nachgeben, hat das zwei Funktionen. Zuerst einmal wirkt es wie eine geführte Meditation. Es entspannt den Geist und lenkt die Energie innerlich um. Zweitens ist es so: Wenn wir genau in dem Moment loslassen können, in dem die Gedanken des Pferdes zu uns zurückkehren, teilen wir dem Pferd mit, wie sehr wir uns auf es einstimmen, und das baut soziale Verbundenheit auf und spricht gleichzeitig in seinem Nervensystem den ventralen Teil, also den Parasympathikus, und demzufolge das sozial motivierte, entspannende Bremssystem an.

Ich ließ Cricket an diesem Ort in der Reitbahn in etwa so lange pausieren, wie sie auf der Suche danach herumgetrabt war. Ich mache das gerne, denn wenn ein Pferd eine ganze Weile braucht, um die Antwort zu finden, zeigt mir das, dass es zunächst nicht in diese Richtung geschaut oder in diese Richtung gedacht hat. Lässt man Pferde lange pausieren, wenn sie lange brauchen, um die Antwort zu finden, entsteht in ihnen der Wunsch, den Ort der Entspannung erneut zu finden. Es geht also nicht nur darum, *dass* sie sich dort ausruhen können, sondern auch darum, *wie viel* Ruhe sie dort finden.

Pferde verbringen viel Zeit damit, einfach nur in der Gesellschaft anderer Pferde herumzustehen. Selbst das bloße Sitzen des Reiters auf ihrem Rücken hilft ihnen, die sozial motivierte, ventrale Vagusbremse zu aktivieren, die in Kapitel zwei besprochen wurde. Sicher ist dir auch aufgefallen, dass ich Livia gebeten habe, Cricket Cricket zum Halten zu biegen. Wenn wir ein Pferd mittels Biegung zum Halten bringen, nehmen wir die Hand weit nach außen und bringen eine Biegung in den Körper des Pferdes, während wir darauf warten, dass es mit uns zum Stopp findet. Wir zwingen es nicht anzuhalten; die Übung führt zum Anhalten, indem wir die sozial motivierte, ventrale Vagusbremse einsetzen, während ein Erzwingen des Stopps durch Ziehen an zwei Zügeln vermehrt auf die dorsale Bremse (die Handbremse, welche zur Erstarrungsreaktion führt) einwirkt. Es gibt ein Meme auf Facebook, in dem Buck Brannaman sagt: „Niemals in der Geschichte ängstlicher Pferde wurde einem ängstlichen Pferd geholfen, indem an zwei Zügeln gezogen wurde." Das Verstehen der beiden unterschiedlichen Arten von Bremsen bestätigt dieses Zitat.

In unserem Fall brauchte Cricket nur etwa anderthalb Minuten im Trab, um herauszufinden, wo der Entspannungsort war, also ließ ich Livia ungefähr die gleiche Zeit dort pausieren. Dann bat ich Livia, wieder loszureiten, und als Cricket im Schritt losmarschierte, wandte sie sich dem Kameraende des Reitplatzes zu, von dem sie bereits zuvor angezogen worden war. Ich ließ Livia sofort antraben. Cricket wusste, dass weder ihr Paddock noch die anderen Pferde ihr eine Pause einbrachten. Das letzte Mal, dass sie *nicht* traben musste, war an ihrem Ruheplatz gewesen, also zirkelte sie nun genau um die Stelle, wo sie zuvor gestanden hatte.

Sie trabte dort einen kleinen Kreis; Livia lenkte sie noch immer nicht. Es gab keine Pause, also wandte sie sich ab und lief zurück zu ihrem Paddock. Dort trabte sie eine Runde, danach lief sie zurück zu ihrem letzten Rastplatz. Sie hatte schon einmal ausprobiert, sich dort aufzuhalten, und es hatte ihr nur harte Arbeit eingebracht, also versuchte sie diesmal dort nicht anzuhalten, sondern ging stattdessen geradewegs weiter.

Wir ließen sie weiterlaufen, bis sie etwa neun Meter von ihrem letzten Rastplatz entfernt war. Dann brachten wir sie erneut mittels Biegung zum Halten, und zwar wieder weggebogen vom für sie attraktiven Ende des Platzes. Diese Trabphase war dreimal kürzer als der erste Trab, dreißig Sekunden statt anderthalb Minuten, und endete etwa neun Meter weiter draußen auf dem Platz.

Nachdem sie pausiert hatten, forderte Livia sie auf, im Schritt loszugehen, und wieder begann sie, sich auf kleinen Kreisen zu bewegen, anstatt auf ihr Paddock und ihre Freunde zuzusteuern. Livia trabte wieder an, und Cricket trabte einen größeren Kreis, da sie aus ihrem vorherigen Fehler gelernt hatte, als sie es mit einem kleinen Kreis versucht hatte und feststellen musste, dass dies harte Arbeit war. Sie wusste bereits, dass sie sowohl bei ihren Freunden als auch bei ihrem Paddock keine Pause bekam, und als ihr klar wurde, dass auch dieser Bereich des Reitplatzes ihr keine Ruhe einbringen würde, machte sie sich auf den Weg, immer weiter in Richtung des anderen Endes des Platzes.

Hier nun machten wir einen kleinen Fehler: Wir wurden ein wenig gierig und ließen sie zu weit hinaus auf den Reitplatz, bevor wir ihr eine Pause anboten. Also machte sie eine Kehrtwendung, um wieder umzukehren. Wir fingen sie jedoch dabei gerade noch ab und brachten sie mittels Biegung zum Halten. Das hätte ich so lieber nicht machen sollen, denn die Biegung zum Halt kam nun, während ihre Gedanken in eine Richtung gerichtet waren, die ich eigentlich nicht haben wollte, anstatt in jene, die ich wollte. Cricket befand sich jetzt drei Viertel der Länge des Reitplatzes von dem Punkt entfernt, an dem sie sich ursprünglich hatte aufhalten wollen, und niemand hatte sie aufgefordert, dorthin zu gehen. Sie blickte quer über den Platz, mit dem Ende, zu dem sie sich ursprünglich hingezogen fühlte, zu ihrer Rechten, und dem anderen Ende zu ihrer Linken.

Als sie dort pausiert hatten, leitete ich Livia an, im Schritt loszureiten und zu sehen, wo sie landen würden. Cricket marschierte ein Stück über den Reitplatz, dann kam der Moment der Wahrheit. Würde sie sich nach rechts wenden, zu ihrem Paddock und den anderen Pferden, oder nach links, zum anderen Ende des Platzes, in die Richtung, in die sie geblickt hatte, während sie am Anfang so schlängelig gegangen war?

Cricket bog nach links ab.
Dann bewegte sie sich am losen Zügel bis zum Ende der Bahn, während Livia einhändig ritt und die andere Hand auf dem Hals ihres Pferdes ruhte. Livia brachte das Pferd mittels Biegung zum Halten, wobei sie sich erneut die Zeit nahm, sicherzustellen, dass Crickets Gedanken zu ihr zurückkehrten, bevor sie am Zügel nachgab, und dann ließ sie sie dort rasten. Insgesamt waren seit dem allerersten Trab zehn Minuten vergangen.

Nachdem ich ihnen eine Weile beim Ausruhen zugesehen hatte, ließ ich Livia absteigen, was nicht nur bedeutete, dass Cricket dort eine Pause bekam, sondern auch, dass das Reitergewicht von Crickets Rücken genommen wurde. Dann ließ ich sie Cricket den Reitplatz entlang zurück zum Ausgangspunkt führen, wo sie weniger als zehn Minuten zuvor auf so krummer, zittriger Linie gegangen war.

Anschließend ließ ich Livia aufsteigen und ihre Stute auffordern, in einer geraden Linie ans andere Ende der Reitbahn zu marschieren. Sie tat dies, einhändig, am völlig losen Zügel, und Cricket ging fleißig vorwärts und in einer schönen geraden Linie, den ganzen Weg die Bahn entlang. Der Fisch, der sich zuvor durchs Wasser geschlängelt hatte, war verschwunden. Um dieses Ergebnis zu erreichen, gab es kein Zügelziehen und Hackenbohren, kein Diskutieren oder Kämpfen, keine Aufregung jedweder Art, bloß Cricket, die nach Antworten suchte, und Livia, die entschied, wo angetrabt wurde. All dies basierte auf zwei Dingen: dem Wissen um das GPS eines Pferdes und um seine Vorliebe für Ruhe.

Wenn ich diese Geschichte auf Messen und Seminaren erzähle, frage ich anschließend: „Wenn ihr eure Pferde reitet, reitet ihr dann im Schritt?" Das führt zu etwas Verwirrung, weil es wie eine Fangfrage wirkt. Ich stelle dann klar: „Wenn ihr euer Pferd reitet, verbringt ihr dann jemals Zeit im Schritt oder benutzt ihr nur die anderen Gangarten?" Alle beginnen zu nicken: Ja, ich reite mein Pferd im Schritt.

„Gut", sage ich, „und trabt ihr euer Pferd jemals, wenn ihr reitet?" Zustimmendes Nicken, ja, sie traben ihre Pferde. Dann frage ich: „Haltet ihr eure Pferde jemals an?" Auch hier nicken sie alle. Dann frage ich weiter: „Wählt ihr jemals bewusst, wo und wann ihr eine dieser Gangarten einleitet, und ist euch jetzt klar, dass es einen großen Einfluss auf die Qualität eures Rittes haben kann, wenn ihr genau wisst, wo ihr diese Dinge abfragt?" Normalerweise fangen alle an zu nicken, und ihre Mienen beginnen im Ausdruck eines Aha-Moments zu strahlen.

Sobald man erkennt, dass das Pferd stets auf der Suche ist und sein internes GPS nutzt, um aufzuzeichnen, wo genau was passiert, beginnt man zu verstehen, dass *alles*, was wir mit unserem Pferd tun, eine Form von Training beinhaltet. Wenn wir ein Pferd reiten, werden wir es immer auffordern loszugehen, es wird Energie verbraucht, Druck aufgebaut und Druck weggenommen. Wir können uns dieser Vorgänge entweder bewusst sein und sie zu unserem Vorteil nutzen oder wir sind uns ihrer nicht bewusst und machen uns das Leben selbst schwer. Wenn wir auf dem Reitplatz reiten und während des gesamten Rittes in unterschiedlichem Maß Kontakt mit dem Schenkel oder zum Pfer-

demaul haben, dann zum Tor reiten und absteigen, wäre das eine unbewusste Anwendung dieses Prinzips, die uns selbst Probleme schafft.
Es gibt einen alten Leitspruch von Tom Dorrance: „Erst gehst du mit ihnen, dann gehen sie mit dir, und dann geht ihr zusammen." In unserem Fall, die Zielsucht nach dem Tor hin aufzulösen bedeutet, *mit dem Pferd zu gehen*, dass wir ihm erlauben, dorthin zu gehen, wohin es will. Wir halten es nicht davon ab, dorthin zu gehen; wir fügen uns ein und gehen mit ihm.

Wenn es dort angekommen ist, wo es hinwill, ist es an der Zeit, dass *es mit uns geht*. Wir verlangen die höhere Gangart, z. B. den Trab, und es muss diese Gangart ausführen.

Wenn es nach einer Weile beschließt, die Richtung zu ändern und sich vom Tor zu entfernen, *gehen wir schließlich zusammen*. Wir bewegen uns vom Tor weg, das Pferd hat entschieden, dass alles andere besser ist als das Tor; es ist seine Idee. Unsere Idee ist nun zu seiner Idee geworden.

Um dieses Prinzip gut anwenden zu können, müssen wir zunächst uns selbst und unser Denken beherrschen. Wir müssen das Prinzip *Arbeite mit dem Pferd, das du heute hast* verinnerlicht haben und präsent sein für das, was in unserem Pferd vorgeht. Wir dürfen nicht über die Handlungen unseres Pferdes urteilen, sondern müssen uns sensibel in die Gründe einfühlen, die es womöglich zu seinen Handlungen veranlassen. Unsere Energie muss die richtige sein, wir dürfen also nicht denken: „Du willst hierherkommen? Ich zeig' dir schon, was passiert, wenn du hierherkommst", sondern wir sollten eher so etwas denken wie: „Oh cool, du möchtest hier drüben sein. Das ist in Ordnung. Du kannst hier drüben sein, aber ich würde dann gerne traben. Meinst du, du könntest traben, während wir hier drüben sind?"
Wenn wir bei der Anwendung dieses Prinzips eine aggressive Haltung einnehmen, machen wir es zu einem erfolglosen Unterfangen. Denken wir also nicht daran, etwas zu „reparieren". Es ist ein ganz normaler Teil dessen, wie Pferde funktionieren: Nutzen wir es zu unserem Vorteil. Pferde erkennen einen Ruheplatz und fühlen sich von ihm magisch angezogen, ob wir es ihnen nun unwissentlich beigebracht haben oder nicht. Der Schlüssel ist, dieses Wissen weise zu nutzen.

Foto © Tyler Schiller

Kapitel

06

Entwickle ein Werkzeug, bevor du es anwendest

Wie man Kuchen backt, eine Waschmaschine repariert und einen Hubschrauberabsturz überlebt

Bei meinen Seminaren stelle ich gerne eine Frage in die Runde: „Kann jemand hier Kuchen backen?" Gewöhnlich ist jemand anwesend, der Kuchen backen kann, und der Dialog hört sich dann in etwa so an:

„Wie lange dauert es, einen Kuchen zu backen?", frage ich über die Lautsprecher. „Wahrscheinlich eine Stunde", antwortet meine neue Backfreundin. Dann bitte ich sie, mir den gesamten Prozess des Kuchenbackens zu erklären. „Zuerst brauche ich zwei Tassen Mehl", erklärt sie mir.

Ich mache weiter, indem ich ihre Vorgehensweise infrage stelle: „Wie weit entfernt vom nächsten Lebensmittelladen wohnst du?"

„Etwa zwanzig Minuten", sagt sie. Dann beginne ich meine minutiöse Analyse: „Du brauchst also zwanzig Minuten, um zum Supermarkt zu fahren, zehn Minuten, um dein Mehl zu kaufen und zwanzig Minuten, um wieder nach Hause zu kommen. In fünfzig Minuten haben wir also genug Mehl für unseren Kuchen. Wo willst du das Mehl reintun?"

„In eine Schüssel."

Ich antworte: „Wie lange brauchst du, um zum Laden zu fahren und eine Schüssel zu kaufen?" Wieder antwortet sie: „Zwanzig Minuten." „Zwanzig Minuten bis zum Laden, zehn Minuten im Laden, zwanzig Minuten zurück. In hundert Minuten hast du also dein Mehl und eine Schüssel. Was tust du als Nächstes hinein?", frage ich in aller Ernsthaftigkeit.

Die Antwort lautet: „Eier!"

Ich frage: „Wo ist der nächste Laden, der Eier verkauft?" Die Antwort ist: derselbe Laden, zwanzig Minuten entfernt. Jetzt sind wir bei 150 Minuten.

Es ist offensichtlich, worauf ich hinauswill. Wenn wir Milch brauchen, ist das noch eine weitere Fahrt zum Laden und die

Zeit erhöht sich um fünfzig Minuten. Das Gleiche gilt für den Schneebesen, mit dem wir den Teig anrühren werden, und für Vanille, Zucker und all die anderen Zutaten, die wir brauchen. Wir sollten auch nicht vergessen, bei einem unserer vielen Besuche im Laden eine Backform zu besorgen. Sagen wir, nach all diesen Fahrten sind etwa 400 Minuten, also über sechseinhalb Stunden, vergangen, und nun haben wir alles, was wir brauchen.

Ich frage dann: „Und wenn alle Zutaten zusammengemischt und der Teig in die Backform gefüllt ist, was macht man dann damit?"

„In den Backofen schieben."

„Gibt es in deinem Lebensmittelladen auch Backöfen?"

„Nein."

„Okay, wie weit ist der nächste Laden entfernt, der Backöfen verkauft, und werden die ihn heute noch liefern?", frage ich. „Nehmen wir an, du hast Glück und bekommst ihn in ein paar Stunden geliefert, dann hast du nach über zehn Stunden einen Kuchenteig in der Backform und einen Backofen."

Dann frage ich, wo sie den Backofen aufstellen wird.

„In der Küche."

„In der Küche von was?"

„Meinem Haus."

„Wie lange dauert es, ein Haus zu entwerfen und zu bauen?"

Spätestens hier sieht sie mich an, als wäre ich verrückt.

„Vielleicht ein Jahr", antwortet sie schließlich.

Nun sind wir üblicherweise also bei mindestens einem Jahr, nur um einen einfachen Kuchen zu backen.

Wenn ich frage, wie lange es dauert, einen Kuchen zu backen, antworten die meisten Leute in der Annahme, dass wir alle Zutaten, alle Utensilien und einen funktionierenden Backofen in einem Haus haben, für das die Stromrechnung bezahlt wurde.

Ähnlich ist es, wenn mich jemand fragt, wie ein bestimmtes Problem mit seinem Pferd zu lösen ist.

Die Lösung ist in der Regel so einfach, wie einen Kuchen zu backen, wenn man alle Zutaten hat (einschließlich eines funktionierenden Backofens und eines Hauses, in dem man ihn aufgestellt hat). Wenn man das jedoch nicht hat, ist es fast unmöglich.

Um Probleme mit einem Pferd zu lösen, ist es meist notwendig, eine bestimmte Übung oder eine Kombination von Übungen anzuwenden. Wenn dein Pferd jedoch nicht in der Lage ist, die erforderliche Übung oder Bewegung auszuführen, kannst du sie auch nicht zur Problemkorrektur einsetzen. Das Problem selbst muss darum zunächst komplett ausgeblendet werden, du musst es vollständig hinter dir lassen, und zu dem Schritt zurückkehren, an dem du dem Pferd die benötigte Fähigkeit beibringst. Aus diesem Grund lautet mein Prinzip *Entwickle ein Werkzeug, bevor du es anwendest.*

Vor etlichen Jahren habe ich mich ein wenig mit Holzarbeiten beschäftigt, und es gab eine Fernsehsendung namens *The New Yankee Workshop*. Der Moderator dieser Sendung stellte beeindruckende Möbelstücke her und begann jede Folge, indem er etwas sagte wie: „Heute werden wir eine Nachbildung dieser antiken französischen Kommode bauen. Als Erstes müssen wir dieses Stück Holz zuschneiden, und ich habe mir eine Schablone angefertigt, um dieses Stück Holz mit meiner Tischsäge genau im richtigen Winkel zuzuschneiden." Dann führt er das Holzstück mit der Schablone durch die Säge.

Alleine die Herstellung der Schablone würde mich schon eine ganze Woche Zeit kosten. Bei ihm bekam man aber den Eindruck, als wäre es supereinfach, diese Nachbildung eines antiken französischen Möbelstücks herzustellen, wenn man nur das erforderliche Werkzeug dafür hatte. Tatsächlich besaß er wohl jedes der Menschheit bekannte Holzbearbeitungswerkzeug und hatte auch noch zahlreiche Schablonen angefertigt, die ihm seine Arbeit erleichtern sollten. Für ihn war alles ganz einfach, weil er alle notwendigen Werkzeuge hatte und sich die unterschiedlichen Schablonen ausgedacht hatte .

Gute Pferdetrainer gehen ähnlich vor. Sie legen von Anfang an eine Werkzeugkiste an, deren Inhalt sie im Laufe eines Trainingsprozesses benötigen werden. Ich muss ein Werkzeug haben, mit dem ich das Problem lösen kann, bevor ich das Problem lösen muss. Dieses Prinzip ist eng verbunden mit dem Prinzip *Das Pferd muss die Antwort kennen, bevor du fragst.*

Ein einfaches Beispiel ist das Verladen. Viele Menschen haben Probleme mit dem Verladen, dabei ist Verladen nur eine Kombination aus fortgeschrittener Bodenarbeit und Vertrauen zum Menschen. Unser Pferd muss sämtliche Übungen der Bodenarbeit beherrschen, einschließlich Heranholen und Weichenlassen, Hinauf- und Hinuntersteigen von Hindernissen und Überwinden von Engpässen. All dies setzt voraus, dass unser Pferd großes Vertrauen in uns hat. Erst wenn all dies der Fall ist, können wir all diese Werkzeuge auch nutzen, um einem Pferd, das sich nicht verladen lassen möchte, beizubringen, in einen Anhänger zu steigen. Wenn wir keine Werkzeuge haben, die uns helfen, das Pferd zu beeinflussen, kann das Verladen zu einem großen Problem werden. Dabei handelt es sich vielleicht nicht einmal um Werkzeuge oder Fähigkeiten, die wir von unserem Pferd *verlangen*. Es kann sich um Fähigkeiten handeln, über die das Pferd einfach verfügen muss.

Ich hatte einmal einen Mustang zum Training bei mir, und eines der Probleme, für das der Besitzer eine Lösung suchte, war, dass die Stute im Hänger einfach nicht stillstehen konnte. Sie trampelte darin herum wie eine Herde Elefanten.

Das Erste, was mir bei ihrer Ankunft auffiel, war, dass sie auch nicht in der Lage war, auf der Weide stillzustehen und sich zu entspannen. Stattdessen marschierte sie am Zaun auf und ab und wünschte sich, woanders zu sein. Sie konnte nicht ruhig stehen bleiben, wenn sie allein auf der Weide war. Wenn sie aber schon dort nicht stillstehen konnte, weil sie sich wünschte, irgendwo anders bei einem ihrer Freunde zu sein, wie sollte sie dann allein in einem Hänger stehen können, wo sie überhaupt nichts sehen konnte, schon gar nicht ihre Freunde?

In meinem Trainingsprozess mit Pferden ist stets das, was ich gerade tue, die Antwort auf den nächsten Schritt oder das nächste Problem, dem ich begegnen werde. Das ist auch die Art und Weise, wie Dressurprüfungen konzipiert sind. Das jetzige Niveau ist Baustein für das nächsthöhere Niveau.

Wir entwickeln also jetzt jenes Werkzeug, das das nächste Problem lösen wird, weil wir bereits wissen, dass dieses Problem auftreten wird. Es ist ein bisschen so, als würde man vor einer Reise einen Radschlüssel und einen Ersatzreifen in den Anhänger packen. Wenn man lange Strecken unter Druck zurücklegt, gehen oft die Reifen kaputt, also bereiten wir uns auf diese Möglichkeit vor. Da das Verhalten eines Pferdes beständig und vorhersehbar ist, vermeide ich, auch nur in die Nähe der nächsten Trainingsstufe zu kommen, bevor ich nicht das Werkzeug habe, mit dem ich das Problem vermeiden kann, das auf der nächsten Stufe möglicherweise auftreten wird. In der Regel handelt es sich beim Werkzeug zur Lösung des Problems und dem Werkzeug zum Erlernen des nächsten Schrittes um ein und dasselbe.

Im Kapitel *Gehe nicht wütend schlafen* haben wir gelernt, dass die Basis für die weitere Arbeit mit dem Pferd darin liegt, dass es lernt, sich in unserer Nähe zu entspannen, wenn wir mit ihm arbeiten. Man kann einem Pferd nicht beibringen, wie es sein Nervensystem unter dem Sattel in einen entspannten Zustand herunterreguliert, wenn man nicht von vornherein mit dem Pferd daran arbeitet, Entspannung am Boden zu erreichen.

Im Kapitel *Wähle, wo du arbeitest und wo pausiert wird* haben wir gelernt, dass das wiederholte Aufnehmen einer höheren Gangart an der gleichen Stelle das Denken eines Pferdes darüber, wo es gerne sein möchte, essenziell verändern kann. Bevor wir dieses Prinzip anwenden, müssen wir in der Lage sein, jederzeit eine höhere Gangart zu verlangen, und das Pferd muss völlig willens sein, zufrieden hochzuschalten und die Gangart dann beizubehalten.

Einmal hatte ich eine Dame für eine Unterrichtsstunde da, und auch die Probleme ihres Pferdes hatten ihre Ursache in der Anziehungskraft des Tores. Das war das Erste, an dem ich arbeiten wollte. Die Lösung dieses Problems würde die unzähligen Symptome lösen, die sich daraus ergaben, wie Eilen und Trödeln, ungleichmäßige Anlehnung und Widerstand gegen das Reiten in bestimmte Richtungen. Als ihr Pferd zum Tor ging und ich der Reiterin sagte, sie solle ihr Pferd antraben, wollte die Stute nicht traben.

„Sie ist ein bisschen faul", erklärte sie, während sie mit dem Oberkörper vor- und zurückschaukelte, um den Schwung aufrechtzuerhalten, „und sie ist schwer in Gang zu bringen", fügte sie hinzu. Sie versuchte, ein Problem (die mentale Fixierung auf das Tor) mit einem nicht funktionierenden Werkzeug (kein Vorwärts) zu lösen. Dies ist ein Rezept fürs Scheitern.

Den Rest der Einheit verbrachten wir damit, der Stute beizubringen, auf Aufforderung hin vorwärtszugehen. Allerdings machten wir das alles dort, wo sie sich gern aufhalten wollte, nämlich am Tor. Am Ende der Einheit ging sie vorwärts, und der Sog des Tors war deutlich geringer. Wir hatten tatsächlich daran gearbeitet, die Verlockung des Tores aufzulösen, nur mit einem anderen Mittel. Anstatt die Stute zum Trab aufzufordern, arbeiteten wir daran, ihr beizubringen, auf unsere Aufforderung zu reagieren. Das Pferd wurde besser, weil wir ihm die Hilfen beibrachten, statt esum etwas zu bitten, das wir nicht bekommen konnten und es so für die Hilfen stumpf zu machen.

Wie repariert man eine Waschmaschine?

Wenn ich bei einem Seminar jemanden treffe, dem es schwerfällt, das Konzept *Entwickle ein Werkzeug, bevor du es anwendest* zu verstehen, erkläre ich es gerne, indem ich ein Beispiel gebe, das nichts mit Pferden zu tun hat: „Nehmen wir an, du hast ein Leck im Schlauch der Waschmaschine und sagst zu deinem Mann: ‚Hey, Schatz, kannst du das Leck an der Waschmaschine reparieren?' Dein Mann sieht nach und stellt fest, dass er einen Schlitzschraubenzieher braucht, um es zu reparieren. Was meinst du? Hat dein Mann hat einen Schlitzschraubenzieher in seinem Werkzeugkasten?"

„Ja", ist die übliche Antwort.

„Jetzt hat er also ein Werkzeug, um das Problem zu lösen. Aber was ist, wenn dieses Werkzeug nicht richtig funktioniert? Was wäre, wenn der Schraubenzieher alt und der Griff abgenutzt ist? Wenn er den Schraubenzieher in den Schlitz steckt und ihn dreht, um die Klemme festzuziehen, dreht sich der Griff einfach um den Schaft. Jetzt hat er ein Werkzeug, das nicht richtig funktioniert, und das ursprüngliche Problem hat er immer noch. Was er braucht, ist eine Art Klebstoff, um den Griff am Schaft zu fixieren. Hat dein Mann auch so etwas in seinem Werkzeugkasten?", frage ich. Und wieder lautet die Antwort in der Regel Ja.

„Okay, er holt also die Tube mit dem Kleber heraus. Jetzt hat er ein Werkzeug, um das Werkzeug zu reparieren, um das Problem zu lösen. Aber was ist, wenn beim letzten Mal, als der Kleber benutzt wurde, etwas Kleber auf das Gewinde der Kappe gelangt ist und er nun die Kappe nicht mehr abschrauben kann? Jetzt hat er zwei Werkzeuge, die nicht funktionieren, und er hat immer noch sein ursprüngliches Problem. Er braucht jetzt eine Zange, um die Kappe des Klebers zu greifen, damit er sie abschrauben kann. Glaubst du, dein Mann hat eine Zange?" Wieder wird die Frage bejaht.

„Er holt also die Zange aus seinem Werkzeugkasten und hat nun das Werkzeug (Zange), um das Werkzeug (Kleber) zu reparieren, um das Werkzeug (Schraubenzieher) zu reparieren, um das Problem (das Wasserleck) zu lösen. Aber was ist, wenn er die Zange draußen im Regen liegen gelassen hat, als er sie das letzte Mal benutzt hat, und sie nun verrostet ist und sich nicht mehr öffnen lässt? Jetzt hat er drei Werkzeuge, die nicht funktionieren, und er hat immer noch das ursprüngliche Problem. Was er jetzt braucht, ist etwas Schmieröl. Glaubst du, dein Mann hat Schmieröl?"

„Bestimmt."

„Jetzt kommen wir der Sache näher. Wenn nun auch tatsächlich Schmieröl herauskommt, hat er jetzt endlich das Werkzeug (das Schmieröl), um das Werkzeug (die Zange) zu reparieren, das das Werkzeug (den Kleber) reparieren wird, um das Werkzeug (den Schraubenzieher) zu reparieren, um das Problem (das Wasserleck) zu beheben!" Ich spreche das besonders laut und deutlich aus, während rundherum der Groschen fällt.

Wenn ich mit Pferden arbeite, beginne ich daher immer an der Basis. Ich weiß, was ich lehren möchte, ich weiß, welche Schwierigkeiten während des Trainingsprozesses auftreten können, und ich sorge dafür, dass alle Werkzeuge bereits vorhanden sind, damit ich Probleme lösen kann, noch bevor ich mit ihnen konfrontiert bin. Wenn ein Pferd eine systematisch strukturierte Trainingsbasis hat, spielt es in der Regel keine Rolle, welches Problem sich uns stellt, wir haben bereits die Werkzeuge, um es zu lösen. Alle mir bekannten Leute, die besonders tolle Dinge mit ihren Pferden tun, haben eine bestimmte Vorgehensweise. Oft ist der frühe Teil dieser Vorgehensweise langweilig und scheint für das fertige Endergebnis irrelevant zu sein, ähnlich wie ein qualitativ hochwertiger Klebstoff oder eine funktionierende Dose Schmieröl für die Lösung des Problems einer losen Klemme an der Rückseite einer Waschmaschine irrelevant zu sein scheint. Dies ist nicht nur ein Prinzip des Pferdetrainings, sondern eine Tatsache des täglichen Lebens.

Vor ein paar Jahren habe ich an einer Therapieform namens Dialektische Verhaltenstherapie (auch Dialektisch Behaviorale Therapie, DBT) teilgenommen. Diese Therapieform wurde ursprünglich für Menschen mit einer Borderline-Persönlichkeitsstörung und chronisch suizidgefährdete Personen entwickelt. Heute wird sie zur Behandlung einer Reihe von Erkrankungen eingesetzt, von Depression bis hin zu Essstörungen. Ich nahm einmal pro Woche an einer Gruppentherapie teil, und in diesen Sitzungen wurden uns Hausaufgaben mitgegeben. Die Hausaufgaben bestanden in der Regel aus einer Art Übung, die uns bei Problemen mit der Regulierung von Emotionen helfen sollte. Dabei wurden wir, wenn wir ein Problem mit der Regulierung unserer Emotionen hatten, immer gewarnt, diese Technik *nicht* anzuwenden, wenn wir sie nicht zuvor wieder und wieder geübt und uns mit ihr vertraut gemacht hatten.

Wir wurden wiederholt gewarnt, diese Übungen nicht erstmals bei Auftreten eines Konflikts anzuwenden, z. B. mitten in einem Streit mit dem Chef oder dem Ehepartner. Solange man nicht in neutralen Situationen geübt hatte, konnte man sie nicht in Krisenzeiten anwenden. Wir mussten diese Fähigkeit als Werkzeug erst entwickeln, *bevor* wir sie in Momenten, in denen wir sie brauchten, als Werkzeug auch einsetzen konnten.

Wie überlebt man einen Hubschrauberabsturz?

Vor ein paar Jahren las ich online einen Artikel einer Bloggerin mit dem Titel „Völlig verrückter Reitunfall? Wohl kaum".

Er weckte mein Interesse, da ich der Meinung bin, dass die meisten Unfälle keine Unfälle sind, aber es stellte sich heraus, dass es anders gemeint war, als die Autorin ursprünglich vermuten ließ. Sie vertrat die Ansicht, dass man Reitunfälle nicht als „völlig verrückte Unfälle" bezeichnen könne, weil verrückte Unfälle aus dem Nichts kämen, und sie fuhr fort, dass

Pferde im Allgemeinen unberechenbar und gefährlich seien und daher keinUnfall, an dem ein Pferd beteiligt sei, als verrückter Unfall durchgehen könne. Unfälle gehörten für sie einfach zum Umgang mit Pferden dazu.

Als Beispiel für einen „völlig verrückten Unfall“ nannte sie einen Bericht über das männliche Model Fabio, das während einer Achterbahnfahrt von einer Gans im Gesicht getroffen wurde. Dies geschah vor ein paar Jahren in Busch Gardens in Williamsburg, Virginia. Nachdem ich den Artikel der Bloggerin gelesen hatte, drehte ich ein YouTube-Video mit dem Titel „Wie man völlig verrückte Unfälle mit Pferden vermeidet“. In diesem Video sprach ich darüber, wie man sicherstellt, dass das Pferd die Antwort kennt, bevor wir die Frage stellen. „Verrückte Unfälle“ werden nur aufgrund eines Mangels an Sensibilität für die Umstände, unter denen sie passieren, als solche bezeichnet. Ein australischer Horseman, Ian Leighton, fasste dies treffend zusammen: „Nur weil man selbst nicht in der Lage war, etwas vorherzusehen, bedeutet das nicht, dass es unvorhersehbar ist.“

Fabio jedenfalls wurde von einer Gans im Gesicht getroffen und musste genäht werden. Als er die Achterbahn bestieg, war ihm nicht klar, dass sich durch das Gebiet, in dem er sich befand, eine Flugstrecke von Zugvögeln, wie eben den Gänsen, erstreckt.In dem Video vertrete ich den Standpunkt, dass es sich nicht einmal dabei um einen verrückten Unfall gehandelt haben muss. Wenn am Eingang der Achterbahn ein Schild mit der Aufschrift „Vorsicht: Vogelzug der Gänse, Fahren auf eigene Gefahr“ angebracht wäre, dann wäre dies ein unglücklicher und kein verrückter Unfall gewesen. Weiter erkläre ich: „Pferde geben uns andauernd Hinweise.“ Wenn wir uns wider besseres Wissen dazu entschließen, diese Hinweise zu ignorieren, kommt es zu solch einem vermeintlich „völlig verrückten“ Unfall.

Nachdem ich das Video veröffentlicht hatte, meldeten sich viele Leute bei mir und nannten Beispiele für dieses Prinzip in ihrer jeweiligen Branche. Eine E-Mail kam von einem Anwalt, dessen Firma für eine große Ölgesellschaft tätig ist. Dieser Anwalt musste unter anderem mit dem Hubschrauber zu einer Bohrinsel fliegen, um dort juristische Dokumente von den Arbeitern unterschreiben zu lassen.

Der Anwalt erzählte mir, dass man, bevor man mit einem Hubschrauber zu einer Bohrinsel fliegen darf, ein Unterwasserbefreiungstraining absolvieren muss. Der „Helo-Dunker“ oder modulare amphibische Egresstrainer ist ein Flugsimulator, der in einem Rettungskurs verwendet wird, um Lernenden die Fähigkeiten und das Vertrauen zu vermitteln, die sie benötigen, um erfolgreich und sicher aus einem Hubschrauber auszusteigen, der kontrolliert oder unkontrolliert notwassern musste. Egress ist dabei nur ein hippes Wort für den Vorgang, aus etwas auszusteigen oder es zu verlassen.

Zunächst lernen die Teilnehmer eines solchen Kurses mit dem Helo-Dunker die grundlegenden Schritte des Unterwasserausstiegs kennen, wie z. B. sich auf den Aufprall vorzubereiten, indem man eine spezielle Körperhaltung einnimmt. In dieser gilt es zu warten, bis die heftige Bewegung aufhört. Dann setzt man sich auf und sucht einen Bezugspunkt. Anschließend sucht man den Ausgang und entriegelt die Tür oder das Fenster. Zu guter Letzt löst man den Sicherheitsgurt, während man eine Hand am Ausstieg fixiert, und zieht sich heraus.

Man beginnt mit Flachwasserausstiegstraining. Sobald grundlegende Fähigkeiten solide gelernt sind, wie zuerst die Augen zu schließen (Verunreinigungen des Wassers durch Kraftstoff und Hydraulikflüssigkeit können Augenreizungen und Desorientierung verursachen) und sicherzustellen, dass der Sicherheitsgurt vor dem Versuch, auszusteigen, vollständig gelöst ist, wird die Ausbildung auf das modulare Notausstiegssystem erweitert, das den Absturz eines Hubschraubers ins Wasser überzeugend simuliert.

Schließlich übt man bei simuliertem Wind und Regen und bei ausgeschaltetem Licht. Es hört sich nach reichlich Aufwand an – aber niemand möchte erst in der echten Notsituation lernen, wie man unter Wasser einen Hubschrauber verlässt. Mit anderen Worten: Man möchte dieses Werkzeug schon haben, bevor man es in einem echten Notfall einsetzen muss.

Das Prinzip *Entwickle ein Werkzeug, bevor du es anwendest* beschränkt sich nicht nur auf Anwälte und Hubschrauber, sondern ist ein wichtiger Teil jeglicher Ausbildung für die gefährlichsten Jobs. In der High School hatte mein Sohn einen besten namens Robbie. Nach seinem Abschluss trat Robbie der Küstenwache bei. Nicht lange nach seinem Eintritt wurde Robbie zur Bootsuntergangsschulung geschickt, wo man, du errätst es sicher, in einer kontrollierten Situation in ein Boot gesetzt wird, das absichtlich in einem Pool zum Kentern gebracht wird.

Die meisten „völlig verrückten" Unfälle ereignen sich beim Ausreiten. Viele Reiter sagen: „Oh, ich reite bloß ins Gelände", aber um in jeder Situation da draußen sicher zu sein, muss man viele Werkzeuge in Verbindung mit dem Pferd parat haben. Ich höre immer wieder von schweren Verletzungen, die beim Reiten im Gelände passieren – durch Vorfälle, die sich vermeiden ließen, wenn der Reiter über die richtigen Werkzeuge verfügt hätte.

Vor vielen Jahren, noch vor Social-Media-Plattformen wie Facebook, war ich in einer sogenannten Yahoo-Gruppe. Es war wie ein Facebook-Thread, nur dass er per E-Mail verschickt wurde. Ich habe dort einmal in einer großen Gruppe gefragt, wie viele der der Gruppenmitglieder sich schon bei einem Unfall mit ihrem Pferd verletzt hatten, und definierte dabei den Unfall als „etwas, das auch mit angemessener Vorbereitung nicht hätte vermieden werden können".

Wenn man mit dem Auto auf der Autobahn fährt und weiß, dass es keine Bremsen hat und dann bei langsamer werdendem Verkehr jemandem auffährt, dann ist das kein Unfall. Das ist unvermeidlich. Es ließe sich vermeiden, wenn vor der Fahrt auf die Autobahn sichergestellt worden wäre, dass die Bremsen funktionieren. Es gab mehrere hundert Antworten, und die meisten von ihnen sagten, sie hätten früher geglaubt, es wäre ein Unfall gewesen, wüssten aber inzwischen, dass sie einfach schlecht auf die Situation vorbereitet waren, in die sie geraten waren.

Eines der wichtigsten Werkzeuge, das wir in Verbindung mit unseren Pferden parat haben sollten, bevor wir mit dem Reiten im Gelände beginnen, ist ein sich selbst regulierendes Nervensystem, über das wir schon ausführlich im Kapitel *Gehe nicht wütend schlafen* gesprochen haben. Das bedeutet, dass sich das Pferd, nachdem ein angstauslösendes Objekt entfernt wurde, wieder entspannen kann. Ich habe schon von vielen Leuten erzählt bekommen, dass sich ihr Pferd beim Ausreiten erschrocken hat, sich umdrehte und dann kilometerweit durchging, obwohl es doch bereits nach einigen Sekunden die (vermeintliche) Gefahrenzone verlassen hatte.

Im Grunde ist es wie bei den früheren Panikattacken meiner Frau Robyn. Sie machte sich über irgendetwas Sorgen, und obwohl der Grund für die Sorgen keine größeren Ausmaße annahm, wurde ihre Besorgnis aus sich heraus immer größer, bis zur völligen Erschöpfung.

Diese Prozesse erlebt auch das Pferd, das im Gelände scheut und dann kilometerweit davonstürmt. Auf den ersten fünfzehn Metern sorgt es sich aufgrund des gruseligen Objektes, und auf den nächsten paar Kilometern werden die Sorgen weiterhin befeuert, weil es sich nicht selbst regulieren kann. Ein Teil der Selbstregulierung, die man beim Reiten im Gelände benötigt, besteht darin, nach dem Galopp wieder zur Entspannung zurückzukehren. Ich habe von vielen Leuten gehört, die auf einem jungen oder gerade erst angerittenen Pferd ausreiten, obwohl sie mit dem Pferd noch nie zuvor unter dem Sattel galoppiert sind. Ihre Logik ist: „Oh, ich werde es da draußen nicht galoppieren lassen, also wird schon alles gut gehen." Sie werden es vielleicht nicht auffordern, draußen zu galoppieren, aber wenn plötzlich ein Känguru, ein Bär, ein Mountainbike oder eine Familie mit Kinderwagen auftaucht, dann sind sie womöglich mittendrin in ihrem ersten Galopp auf ihrem jungen Pferd, das sich gerade ziemlich stark aufregt. Möglicherweise auch noch an einer Stelle, an der

Foto © Tyler Schiller

man es nicht mittels Biegung zum Halten bringen kann, und oft endet das nicht gut.

Nicht nur die Selbstregulierung ist ein notwendiges Werkzeug, bevor man zum ersten Ausritt aufbricht, auch die Fähigkeit des Pferdes, sich nach einer Phase sympathischer Aktivierung zu entspannen, ist unerlässlich. Und als ob das nicht schon genug wäre, ist auch die Fähigkeit, beide Zügel gleichzeitig zu benutzen, um ein Pferd nach der Aktivierung wieder zu bremsen, ein notwendiges Werkzeug. Und wie bei allen Werkzeugen kann man es nicht erst im Krisenfall entwickeln. Man fängt nicht an, Kampfsportunterricht zu nehmen, während man gerade überfallen wird. Die Navy Seals haben ein Sprichwort: „Unter Druck wächst du nicht mit der Situation sondern kannst nur so gut sein wie dein Ausbildungsstand." Ursprünglich stammt es vom griechischen Dichter Archilochos, der um 800 v. Chr. geboren wurde. Was ich also hier zu vermitteln versuche, sind weder neue Informationen noch eine radikal neue Sichtweise auf das Reiten. Es handelt sich um altes Wissen.

Für Pferdebesitzer und Reiter ist das erste Prinzip, das wir besprochen haben, *Arbeite mit dem Pferd, das du heute hast*, oft sehr schwer zu verstehen.

Ist dein Pferd auf einen Ausritt nicht ausreichend vorbereitet, wird es schwer, die wertvollen Informationen zu überblicken, die dein Pferd dir übermittelt. Du musst erkennen und wissen, dass dein Pferd noch nicht auf alle Eventualitäten vorbereitet ist, denen es unterwegs begegnen könnte. Es mag schwierig oder unangenehm sein, einer Gruppe von Stallkollegen, die dich zu einem Ausritt am Wochenende eingeladen haben, abzusagen, aber es ist tausend Mal besser, als unterwegs unvorbereitet in eine gefährliche Situation zu geraten.

Wichtig ist, dass wir uns darüber im Klaren sind, was passieren könnte, und dass wir uns darauf vorbereiten. Viele Leute sagen, man könne sich beim Reiten im Gelände nicht auf alles vorbereiten, und dann erzähle ich ihnen die Geschichte von meiner Frau Robyn und ihrer Panikattacke im Flugzeug. Sie hatte keine Boeing 747 zum Üben. Was sie übte, war, sich selbst zu regulieren und ihre Emotionen zu deeskalieren. Das war das Werkzeug, das sie im Flugzeug benutzte. Es spielt keine Rolle, was unserem Pferd unterwegs Angst macht. Wichtiger ist, dass wir bereits dann, bevor das Problem auftritt, über die Werkzeuge verfügen, mit denen wir das Problem beheben können.

Kapitel

07

Das Pferd muss die Antwort kennen, bevor du fragst

Katastrophen auf schmalen Pfaden
Wie man Fallschirm springt
Rückwärtsrichten trainieren

Wie viele meiner Trainingsprinzipien gilt dieses Prinzip nicht nur für Pferde, sondern für alles im Leben. Ich habe das Zitat „Ein guter Anführer stellt nur Ja-Fragen" (siehe Seite 58) bereits im dritten Kapitel erwähnt – es bedeutet, dass gute Führungskräfte nur Machbares verlangen. Sie verlangen nichts, das nicht umgesetzt werden kann. In der Welt des Horsemanship fällt häufig das Wort „Leadership" (deutsch: Führungsstärke, Anführerschaft). Meist hat es mit dem veralteten Modell der Dominanztheorie zu tun. Gemäß dieser Theorie gibt es in der Herde eine felsenfeste, unverrückbare Hierarchie: Es gibt einen Anführer, der allen anderen sagt, was sie tun sollen. Dann gibt es ein Pferd Nummer zwei, das allen anderen sagt, was sie tun sollen, außer dem Anführer, und entsprechend geht es in der Rangordnung bis nach unten weiter. In Wirklichkeit ist die Herde jedoch eine Koalition aus fließenden Beziehungen.

Ich glaube, dass Leadership in Bezug auf Horsemanship nicht darin besteht, dem Pferd ständig zu sagen, was es tun soll, sondern sich als jemand zu beweisen, dem es in Zeiten der Unsicherheit vertrauen kann. Ich habe viele Pferde gesehen, die vor Dingen Angst hatten, nicht unbedingt, weil die Dinge so gruselig waren, sondern weil es ihnen an Vertrauen in die Beziehung zu ihrem Reiter gemangelt hat. Oft ist dieser Mangel an Vertrauen darauf zurückzuführen, dass sie überfordert wurden.

Im Spring- und Vielseitigkeitsreiten passiert das etwa, wenn der Reiter das Pferd auffordert, über ein Hindernis zu springen, über das es nicht springen kann. Das Pferd beginnt an seinen Fähigkeiten am Sprung und am Urteilsvermögen des Reiters zu zweifeln und bekommt zusätzlich häufig Angst vor der Zurechtweisung oder Bestrafung durch den Reiter, wenn es nicht über das Hindernis springt.

Diese Überforderung ist jedoch nicht nur beim Springen relevant. Wenn man von einem Pferd verlangt, etwas zu tun, was es nicht kann, und es beim Versuch, es zu zwingen, unter großen Druck setzt, wird dies sein Vertrauen in das Urteilsvermögen des Menschen tatsächlich untergraben.

Das Prinzip *Das Pferd muss die Antwort kennen, bevor du fragst* mag etwas seltsam klingen, wenn man darüber nachdenkt. Man fragt sich vielleicht: „Wenn ich von einem Pferd nicht verlange, etwas zu tun, solange es das noch nicht kann, ich also ein rohes Pferd habe, bedeutet das dann, dass ich es gar nicht bitten kann, irgendetwas zu tun?"

Bei diesem Prinzip geht es darum, nur Fragen zu stellen, auf die das Pferd leicht eine Antwort finden kann. Es kennt die Antwort auf die Frage vielleicht nicht, aber es verfügt über die Fähigkeiten und die mentalen Werkzeuge, Antwort zu finden. Wir machen das mit Kindern, wenn wir ihnen einfaches Addieren beibringen. Wir stellen sicher, dass sie gut zählen können, bevor wir sie zum Addieren auffordern. Wir können zwei Finger der einen Hand und zwei Finger der anderen Hand hochhalten und sagen: „Was ist zwei plus zwei?" Sie kennen die Antwort vielleicht nicht, also können wir die Frage ändern in: „Kannst du zählen, wie viele Finger ich hochhalte?" Sie zählen die Finger und sagen: eins, zwei, drei, vier! Bald können sie zwei und zwei zusammenzählen. Dieses Prinzip ist also nicht nur eine wirklich gute Möglichkeit, Vertrauen in das zu schaffen, was wir verlangen, sondern es ist auch etwas, das wir im Alltag anwenden und das ebenso bei Pferden zutrifft.

Wie man Fallschirm springt

Ich habe einmal einen Mann getroffen, der das Fallschirmspringen beim Militär gelernt hat. Anders als bei Zivilisten üblich, brachten sie dies den Auszubildenden nicht im Tandem bei. Wenn ein ziviler Anfänger zusammen mit einem Ausbilder aus einem Flugzeug springt, muss er absolut nichts über das Fallschirmspringen wissen. Er muss lediglich den Mut aufbringen, etwas auszuprobieren, das sein ganzes Wesen, sein Geist und sein Körper ablehnen. Der Ausbilder weiß, was wann zu tun ist. Er ist derjenige, der die Reißleine zieht. In der militärischen Ausbildung müssen Anfänger alleine aus dem Flugzeug springen und ihre eigene Reißleine ziehen.

Anfangs üben sie jedoch viel näher am festen Boden als in 2.400 Metern Höhe, indem sie an einem Kabel gesichert von einem Turm springen. Dadurch lernen sie, wie es sich anfühlt, aus der Tür des Flugzeugs zu springen und die eigene Reißleine zu ziehen.

Wenn sie dann soweit sind, aus einem echten Flugzeug zu springen, haben sie geübt, aus der Tür des Flugzeugs zu springen, und sie haben geübt, ihre eigene Reißleine zu ziehen. Sie wissen im Grunde die Antwort, bevor ihnen die Frage gestellt wird. Aber nur weil man es in einer Höhe von neun Metern über dem Boden schafft, heißt das noch nicht, dass man es auch in einer Höhe von 2.400 Metern kann. Beim Sprung aus einem Flugzeug kann der Körper in den Freeze-Modus wechseln und erstarren. Wenn das geschieht und die Auszubildenden die Reißleine nicht ziehen, kann das tödlich enden. Sobald sie also aus einem echten Flugzeug springen, tun sie das mit einem Fixseil, dessen eines Ende an ihrer Reißleine und dessen anderes Ende am Flugzeug befestigt ist. Wenn die Person aus dem Flugzeug fällt, spannt sich dieses Fixseil und zieht die Reißleine, falls die Person erstarrt. Der Fallschirmrucksack verfügt außerdem über eine Reißleinen-Attrappe.

Damit ein Soldat ohne Fixseil springen darf, muss er drei Sprünge hintereinander machen, bei denen er an der Reißleinen-Attrappe zieht, bevor das Fixseil auslöst. Bevor die Auszubildenden also ins Flugzeug steigen, wissen sie, dass sie springen können, sie wissen, dass sie die Reißleine ziehen können, aber sie wissen nicht, ob sie das alles in einer Höhe von 2.400 Metern schaffen. Das Springen mit dem Fixseil sorgt für ihre Sicherheit, bis der Ausbilder sicher weiß, dass der Soldat nach dem Sprung aus der Tür die Reißleine ziehen kann. Nur dann dürfen sie ohne Fixseil aus einem Flugzeug springen.

Die Frage lautet: „Kannst du alleine aus einem Flugzeug in 2.400 Metern Höhe springen, ohne dass ein Fixseil an deiner Reißleine befestigt ist, und dabei so entspannt bleiben, dass du nicht erstarrst?" Wenn der Soldat dazu aufgefordert wird, weiß sein Ausbilder, dass er das kann, und was wahrscheinlich noch wichtiger ist: Der Soldat weiß, dass er das kann.

Das Rückwärtsrichten lehren

Die Leute stellen mir oft Fragen zu Schwierigkeiten, die sie im Gelände haben. Ein häufiges Beispiel ist etwa: „Was mache ich, wenn ich auf einem schmalen Pfad reite, mein Pferd erschrickt und losgaloppiert, und ich es nirgends durch Biegung zum Halten bringen kann? Wenn ich an beiden Zügeln ziehe, rennt es einfach weiter."

Normalerweise ist meine erste Frage dann: „Wie steht es denn um deine Bodenarbeit?"

Meistens sagen sie dann so etwas wie: „Oh, ich denke, du hast meine Frage falsch verstanden. Ich habe keine Bodenarbeit gemacht, sondern bin geritten, und mein Pferd hat gescheut und ist weggelaufen."

Ich wiederhole dann meine Frage: „Wie steht es denn um deine Bodenarbeit?" Wieder wird mir erklärt, dass es sich bei der Frage nicht um Bodenarbeit, sondern um eine gefährliche Situation im Gelände handle. Ich erkläre dann, dass ich mit der

Frage „Wie steht es denn um deine Bodenarbeit?" eigentlich fragen will: „Hast du deinem Pferd beigebracht, wie es sich entspannen kann und wie es nach Aufregung wieder zur Entspannung zurückfindet?" Im Grunde das Prinzip *Gehe nicht wütend schlafen*. Ich erkläre ihnen, dass die Fähigkeit, sein Nervensystem wieder zu beruhigen, zu den wichtigsten Dingen gehört, die ein Pferd vor einem Ausritt beherrschen muss. Das ist eine der Fragen, auf die das Pferd die Antwort wissen muss, bevor wir mit ihm auf einen Ausritt gehen.

Vor nicht allzu langer Zeit beschrieb eine Teilnehmerin bei einem meiner Seminare, ihr Problem damit, dass ihr Pferd unter dem Sattel im Trab davoneilen würde. Es handelte sich um ein Pferd einer schweren Rasse, die normalerweise nicht dafür bekannt ist, dass die Pferde besonders energiegeladen wären.

Ich fragte also: „Wie steht es denn um deine Bodenarbeit?" Sie sagte, da sei alles gut. Ich bat sie, mir etwas Einfaches zu zeigen, wie z. B. das Pferd zu bitten, am Seil um sie herumzuschreiten. In dieser Übung war die Stute ziemlich langsam. Ich fragte: „Kannst du sie bitten, etwas mehr Energie einzusetzen?" Die Teilnehmerin hatte aber Schwierigkeiten, die Stute in einen energischeren Trab zu versetzen. Also arbeiteten wir daran. Sobald die Stute energischer trabte, stellten wir fest, dass wir sie nicht wieder dazu bringen konnten, stillzustehen und sich zu entspannen. Ihr schneller Trab unter dem Sattel war ein Problem des Nervensystems. Das Pferd war nicht in der Lage, nach dem Hochschalten wieder herunterzufahren. Das ist im Grunde ein *Gehe nicht wütend schlafen-Problem*, nämlich die Unfähigkeit zur Selbstregulation. Wir lösten das Problem, indem wir das *Donkey-Kong-Prinzip* anwandten, d. h. wir gingen ein paar Schritte im Training zurück und behoben das Problem in der entsprechenden Phase der Bodenarbeit. Wir verbrachten viel Zeit damit, die Stute zu entspannen, bevor wir sie erneut zum energischen Trab aufforderten und wiederholten dann diesen mentalen Übergang immer und immer wieder.

Am nächsten Tag des Seminars begannen wir damit, dasselbe zu verlangen. Die Stute war problemlos in der Lage, uns mehr Energie zu geben und dann wieder in einen entspannten Zustand zurückzukehren. Das ist die wesentliche Frage: „Kannst du wieder in einen entspannten Zustand zurückkehren, nachdem du ein höheres Level an Energie hattest?" Wir bekamen auf diese Frage ein Ja, und erst dann ließ ich sie aufsteigen und begann damit, das Problem unter dem Sattel lösen zu wollen.

Eine andere Frage, die ich einem Geländereiter stellen könnte, der fragt, was er tun soll, wenn sein Pferd ihm auf einem schmalen Weg weggaloppiert, ist: „Wie steht es bei euch ums Rückwärtsrichten?"

„Ums Rückwärtsrichten?", wird er wohl fragen. „Was hat das Rückwärtsrichten damit zu tun, dass mein Pferd beim Ausreiten davonrennt?"

Ich erkläre dann, dass das Rückwärtsrichten nur eine weitere Verlangsamung mit beiden Zügeln im Stillstand ist. Man geht von null Kilometer pro Stunde auf minus einen Kilometer pro Stunde. Wenn es im Halten bereits irgendeinen Widerstand gegen das Rückwärtsrichten gibt, wird es eine ganze Menge Widerstand geben, wenn man beide Zügel in einem aufregenden Galopp im Gelände wieder aufnimmt. Der gesamte Prozess, der erforderlich ist, um ein Pferd auf einem Ausritt mit der Hilfe beider Zügel zu verlangsamen, beginnt schon mit der Bodenarbeit.

Wie ich bereits erwähnt habe, liegt der Schlüssel zur Fähigkeit des Pferdes, sich zu entspannen, darin, von der Bewegung oder dem sympathischen Nervensystem wieder in die Entspannung zurückzukehren. Je fortgeschrittener die Bodenarbeit, desto engagierter und williger ist der Geist des Pferdes. Der Körper des Pferdes lässt sich weich biegen, als Reaktion auf Druck am Halfter. Das ist der Beginn der seitlichen Biegung. Die seitliche Biegung funktioniert nur dann gut, wenn wir das Pferd zuerst dazu bringen, sich durch den ganzen Körper hindurch zu biegen. Ich habe ein Video auf YouTube, das ich vor einigen Jahren gemacht habe und das zeigt, wie ich ein Pferd zum ersten Mal auffordere, sich seit-lich zu biegen, wobei das Führseil mit einem einzigen Pferdehaar am Halfter befestigt ist. Das Pferd macht das perfekt, und das Pferdehaar reißt nicht. Definitiv ein *Das Pferd muss die Antwort kennen, bevor du fragst*-Moment. Es war noch nie zuvor aufgefordert worden, sich seitlich zu biegen, aber es hatte auch bei allen anderen Bodenübungen nicht am Führstrick gezogen. Es war durchwegs fein und weich in seiner Reaktion.

Wenn ich Pferde anreite, frage ich sie das Gleiche, aber vom Sattel aus statt vom Boden. Diese seitliche Biegung geht dann in die Lenkung über, die bloß aus seitlicher Biegung und gleichzeitiger Vorwärtsbewegung besteht. Das Lenken geht anschließend in eine Biegung bis zum Halten über, bei der ich meine Hand seitlich herausführe, bis das Pferd sich biegt und beginnt, mit den Hinterbeinen über Kreuz zu treten.

Dies ist der Punkt, an dem ich dem Pferd beibringe, den Zügel über den Brustkorb mit seinen Hufen zu verbinden. Danach lege ich meine Hand auf meinen Oberschenkel und halte sie dort, bis das Pferd zum Halten findet und geistig entlang dieses Zügels Verbindung aufnimmt.

Zu diesem Zeitpunkt sind sie präsent. Sie stehen körperlich still und sind geistig entspannt. Ihr Geist und ihr Körper sind zur gleichen Zeit am gleichen Ort. Dies ist die wichtigste Voraussetzung dafür, dass das Pferd zu uns zurückkommt, wenn wir bei einem Ausritt beide Zügel annehmen. Die Zügel sollten nicht das Pferd kontrollieren, sondern das Pferd

Illustration © Rachel Urquhart

dazu bringen, mental in seinen Körper zurückzukommen.

Während der ersten Ritte und Monate biege ich das Pferd in der Regel fast jedes Mal, wenn ich anhalte oder in eine langsamere Gangart wechsle. Bald hat das Pferd wirklich eine gute Verbindung vom Zügel über den Brustkorb zum Hinterbein entwickelt. Wenn man zwei Zügel annimmt und das Pferd sich dagegenstemmt, zieht es nicht mit dem Maul oder gar mit dem Hals. Es zieht mit seiner gesamten Mittelhand gegen dich. Diesen Teil des Körpers dazu zu bringen, konvex statt konkav zu werden, ist einer der wichtigsten Teile dieser ganzen Idee. Ich möchte nicht, dass das Pferd die Bewegung durch Zwang oder Korrektur ausführt, z. B. durch Klopfen mit meinem Innenschenkel, sondern ich möchte, dass es die Bewegung aus der Entspannung heraus macht. Erst dann kann ich dem Pferd beibringen, wie es reagieren soll, wenn ich beide Zügel aufnehme. Ich fange dort an, wo die Wahrscheinlichkeit am größten ist, dass es mit Ja antwortet, und das ist im Stehen. Ich werde nicht daran arbeiten, solange das Pferd nicht in einem entspannten und präsenten Zustand stillstehen kann. Wenn man ein Pferd bittet, sich rückwärts zu bewegen, das entschlossen ist, sich vorwärts zu bewegen oder ängstlich ist, ist das eine *Nein*-Frage.

Zu Beginn möchte ich nur, dass das Pferd im Genick nachgibt, also in dem Gelenk, wo die Wirbelsäule auf den Schädel trifft. Ich nehme sanft den Slack aus den Zügeln und warte, bis das Pferd nachgibt. In der Regel dauert das nicht sehr lange, da das Pferd noch nicht gelernt hat, gegen diesen Druck zu ziehen. Sobald das Pferd nachgibt, wenn ich die Zügel annehme, möchte ich, dass es sein Gewicht nach hinten verlagert. Ich übe keinen zusätzlichen Druck aus, sondern warte einfach, bis es das herausfindet, und dies geschieht sehr leicht, sofern ich ihm nicht beigebracht habe, sich festzumachen. Das ist der Teil, der in der Verbindung Zügel-Brustkorb-Hinterbein, die es zuvor gelernt hat, den Brustkorb betrifft. Sobald es das kann, nehme ich die Zügel auf und warte ein wenig länger. Es wird im Genick weicher, verlagert sein Gewicht nach hinten und geht dann einen Schritt zurück. Dieser letzte Schritt ist jener Teil, der in der Verbindung Zügel-Brustkorb-Hinterbein das Hinterbein betrifft.

Der nächste Schritt in diesem Prozess stellt ebenfalls sicher, dass das Pferd die Antwort weiß, bevor ich die Frage stelle. Wenn ich es zum ersten Mal auffordere, aus dem Schritt heraus anzuhalten, bereite ich es so vor, dass es das nicht falsch machen kann. Ich reite mit meinem Pferd auf den Zaun des Reitplatzes zu (jedes feste Objekt wie ein Pferdeanhänger, ein Gebäude, ein großer Felsen oder sogar ein dorniger Busch ist geeignet). Ungefähr drei Sekunden, bevor es dort ankommt, nehme ich den Slack aus den

Hier dazu ein Video (in englischer Sprache) auf meinem YouTube-Kanal:

https://www.youtube.com/watch?v=B0idB5bpYLI

Zügeln. Beim ersten Mal bleibt es nicht stehen, da der Druck nicht ausreicht, um es zum Stehen zu bringen. Wenn es jedoch am Zaun ankommt, bleibt es stehen. Die ganze Zeit über habe ich ein wenig Druck auf die Zügel ausgeübt. Es steht jetzt still und blickt zum Zaun. Es weiß, dass ich loslasse, wenn es im Stehen im Genick nachgibt, sein Gewicht nach hinten verlagert und einen Schritt rückwärts macht. Also verlagert es sein Gewicht zurück und macht einen Schritt rückwärts. Der Grund, warum ich etwa drei Sekunden vor dem Zaun anfange, ist, dass ich wissen will, ob es anhält, weil ich den Slack herausnehme, oder ob es anhält, weil da ein Zaun vor ihm steht. Wenn ich warten würde, bis ich am Zaun bin, wüsste ich nicht, ob es an den Zügeln oder am Zaun liegt. Wenn ich die Zügel drei Sekunden vor dem Zaun aufnehme, weiß ich, wann es den Zaun nicht mehr braucht.

Normalerweise bleiben die Pferde zuerst am Zaun stehen, dann nach einer Weile etwa eine Sekunde vor dem Zaun, dann zwei Sekunden vor dem Zaun. Schließlich bleiben sie stehen, sobald ich die Zügel aufnehme. Ich bitte das Pferd erst dann, ohne den Zaun anzuhalten, wenn ich weiß, dass ich ihn nicht benötige, und wende auch hier den Grundsatz an, dass es *die Antwort wissen muss, bevor die Frage kommt*. Dann fordere ich es auf, irgendwo im Schritt anzuhalten, indem ich die Zügel sanft annehme.

Dass ein Pferd die Antwort kennt, bevor man die Frage stellt, ist jedoch nur ein Teil des Prozesses. Abgesehen davon muss man auch entscheiden, ob die Situation geeignet ist, die Frage zu stellen, auch wenn das Pferd die Antwort kennt. Wenn das Pferd im Schritt wirklich gut an zwei Zügeln anhalten kann, mache ich das nur, wenn es entspannt ist. Wenn es wegen irgendetwas angespannt ist, werde ich es mittels Biegung zum Halten bringen, was wie du nun weißt, nicht nur stoppen bedeutet, sondern entspannt und präsent anhalten. Wenn man an zwei Zügeln zieht und ein ängstliches Pferd rückwärtsrichtet, wird es nur noch ängstlicher. Lies diese Zeile am besten gleich noch einmal.

Sobald das Anhalten aus dem Schritt fernab vom Zaun zuverlässig funktioniert, beginne ich mit der Arbeit im Trab und folge dabei demselben Prozess. Im Trab legt ein Pferd viel mehr Boden zurück als im Schritt. Deshalb nehme ich die Zügel viel weiter vor dem Zaun auf. Wie auch schon im Schritt, bleibt das Pferd normalerweise nicht stehen, bis es den Zaun erreicht hat. Wenn es dann stehen bleibt, merkt es, dass die Zügel ein wenig Druck ausüben, und es verlagert sein Gewicht nach hinten und tritt einen Schritt zurück. Ich setze diese Vorgehensweise fort, bis es eine Sekunde vor dem Zaun anhält, dann zwei Sekunden vor dem Zaun, und schließlich hält es an, wenn ich die Zügel aufnehme.

Dann beginne ich, ohne Zaun daran zu arbeiten. Beim Trab stelle ich manchmal fest, dass das Pferd das Anhalten vergisst, wenn man eine Weile ohne Zaun arbeitet. Wenn ich im Trab die Zügel annehme und es nicht anhält, lasse ich das weiche Gefühl einfach so lange bestehen, bis wir an einen Zaun kommen. Das Pferd bleibt stehen, verlagert sein Gewicht zurück, und ich lasse los. Wenn das passiert, gehe ich zurück zum Zaun und beginne wieder, erst vier, dann fünf, dann sechs Sekunden vor dem Zaun die Zügel aufzunehmen.

Dann beginne ich damit, den gleichen Prozess im Galopp durchzuarbeiten. Wie beim *Donkey-Kong-Prinzip* gilt: Je weiter fortgeschritten man im Training ist, desto einfacher ist es, dem Pferd Dinge beizubringen. Es dauert in der Regel länger, den Schritt zu perfektionieren als den Galopp. Viele würden meinen, dass es viel schwieriger ist, ein Pferd aus dem Galopp zum Anhalten zu bringen als aus dem Schritt. Ich gehe die gleichen Schritte durch wie in den beiden langsameren Gangarten zuvor und stelle sicher, dass das Pferd auf meine Bitte hin und nicht wegen des Zaunes anhält, bevor ich ohne Zaun übe. Jetzt haben wir ein Pferd, das bei etwas Druck auf beide Zügel aus dem Galopp stoppen kann, was bedeutet, dass ich es auch stoppen kann, wenn wir auf einem schmalen Pfad reiten und es sich erschreckt und durchstartet. Oder doch nicht?

Zu Hause haben wir mit einem entspannten Pferd geübt. Wie wird es sich verhalten, wenn drei Kängurus aus dem Gebüsch springen, es sich erschreckt und durchgehen will? Ich würde also vorschlagen, dass wir vor einem Ausritt üben, unser Pferd richtig munter zu machen und es rennen zu lassen, und sehen, ob es mit dem Annehmen beider Zügel in eine entspannte Position zurückfinden kann. Noch einmal: Ich würde es auf jeden Fall so einrichten, dass es die Antwort bereits weiß oder sie zumindest herausfinden kann, bevor ich es frage. Ich würde nicht einfach mal eine halbe Stunde lang wild auf dem Reitplatz herumrasen. Ich würde erst sicherstellen, dass es aus einem langsamen Galopp heraus gut anhalten kann. Dann für einen Sprung einen etwas schnelleren Galopp reiten. Daran würde ich so lange arbeiten, bis es sofort und ohne Widerstand zu mir zurückkommt. Schließlich würde ich mehrere schnelle Galoppsprünge reiten und anhalten, bis das gut klappt, und von da an immer weiter steigern.

Auch hier sind wieder alle Prinzipien im Spiel. Aber dieses Szenario hat viel mit dem Prinzip *Gehe nicht wütend schlafen* zu tun – dem Ausgangspunkt der Entspannung, und der Fähigkeit, nach jeglicher Aktivierung zu ihr zurückzukehren.

Das mag nach viel Arbeit klingen, nur um sich auf einen Ausritt vorzubereiten, aber ich habe schon viele Berichte über Leute gehört, die von Ausritten nicht zurückgekehrt sind. Wie wir in Kapitel sechs mit der Geschichte über Anwälte, die zu Ölplattformen im Meer fliegen, gesehen haben, ist es am besten, sich auf das vorzubereiten, was passieren könnte, *bevor* es passiert. Wie bei den meisten Grundsätzen sind auch hier der Fantasie keine Grenzen gesetzt, wenn man sich vorher ein paar Gedanken macht und sicherstellt, dass das Pferd die Antwort kennt.

Kapitel **08**

Führe Veränderungen schrittweise ein

Probleme beim Satteln
Das erste Mal beim Turnier
Des eigenen Glückes Schmied

Vor einigen Jahren saß ich bei einer Reining-Show in Kalifornien am Ende des Tages am Stall und trank ein Bier, als Mark, ein anderer Trainer, zu mir herüberkam. Er setzte sich zu mir und wir begannen zu plaudern. Ich fragte ihn, ob er auch ein Bier wolle. Er sagte: „Nein, ich kann leider kein Bier trinken, weil ich Magenprobleme habe. Mein Arzt hat ein paar Tests gemacht, und es hat sich herausgestellt, dass ich allergisch auf Hefe bin. Also habe ich alles, was Hefe enthält, aus meiner Ernährung gestrichen." Wir haben in Kalifornien viele Reining-Turniere im Sommer, und die folgenden fünf Jahre sah ich Mark herumsitzen und Wasser schlürfen, während der Rest von uns Trainern Bier genoss.

Als ich ihn vor nicht allzu langer Zeit wiedertraf, trank er ein Bier. Ich sagte: „Ich dachte, du trinkst kein Bier." Er antwortete: „Ich habe beschlossen, es einfach noch einmal zu probieren, um zu sehen, was passiert, und ich hatte keine Beschwerden. Offenbar ist es wohl nicht die Bierhefe, auf die ich allergisch reagiere." Im Nachhinein betrachtet, so fuhr er fort, hätte er alle Hefen aus seiner Ernährung streichen und dann eine nach der anderen wieder hinzufügen sollen, um herauszufinden, welche Art Hefe das Problem verursachte.

Ich glaube, viele haben das gleiche Problem mit ihren Pferden. Sie verändern eine Menge Dinge gleichzeitig. Wenn sie dann ein Problem haben, wissen sie nicht, was die Ursache des Problems ist. Es könnte jedes einzelne der Dinge sein, die sie geändert haben, oder aber könnte es eine Kombination aus mehreren davon sein, doch sie können das Problem nicht lösen, weil sie sich nicht sicher sein können, was genau das Problem ist. Beim Training eines Pferdes ist es am besten, eine Sache nach der anderen zu ändern.

Hier kommt ein gutes Beispiel: Viele Menschen haben Probleme mit jungen Pferden, wenn sie sie zum ersten Mal auf ein Turnier mitnehmen. Sie meinen, ihr Pferd sei zu Hause zuverlässig, also nehmen sie es mit zum Turnier. Dort angekommen, ist das Pferd wie ausgewechselt. Der Besitzer ist in der Regel sehr verwirrt, da es sich völlig anders verhält, als er sein Pferd sonst kennt. Wenn man sich einmal ansieht, wie viel sich ringsum verändert hat, erkennt man, wie sich das auf das Pferd auswirken kann.

Normalerweise befinden sich beim Turnier viel mehr Pferde als zu Hause. Viele von ihnen haben das gleiche Problem wie dieses Pferd, und so ist die allgemeine Energie der meisten Pferde erhöht. Denk einmal darüber nach: Wenn wir uns an einem überfüllten Ort mit vielen Fremden aufhalten, etwa auf einem Konzert, und es kommt zu einer Auseinandersetzung, die

Illustration © Rachel Urquhart

aber nicht in unserer Nähe stattfindet, dauert es nicht lange, bis sich dieses erhöhte Gefahrenempfinden seinen Weg durch die Menge bis zu uns bahnt. Wir nehmen laute Stimmen wahr, vielleicht auch Schreie, und schnell ändert sich die Energie in der ganzen Umgebung.

Dasselbe passiert mit deinem Pferd, wenn es auf einem Turnier ankommt. Wenn es dort viele andere ängstliche Pferde gibt, die ihren Stress ausdrücken, überträgt sich das auch auf dein Pferd. Dann kommen noch Lautsprecher, Menschenmassen und weit mehr Trubel als zu Hause hinzu. Jeder einzelne dieser Faktoren fügt bereits eine volle Portion Beunruhigung hinzu, und alle diese Faktoren prasseln nun gleichzeitig auf das Pferd ein. All dies kann schon innerhalb der ersten fünf Minuten nach dem Verlassen des Hängers geschehen.

Zu all diesen neuen Faktoren kommt noch das Sahnehäubchen hinzu: Der Reiter will reiten.

Das ist der Punkt, an dem die Leute nicht im Modus *Arbeite mit dem Pferd, das du heute hast* sind. Menschen, die Probleme mit ihren Pferden haben, wenn sie sie zum ersten Mal zu einem Turnier mitnehmen, neigen in der Regel zu einer bestimmten Reihe von Verhaltensweisen, welche oft alles noch schlimmer machen. Sie erwarten, dass sie sofort dort auch reiten können. Sie erwarten, dass sie an diesem Tag zum Wettkampf antreten werden. Sie erwarten, dass ihr Pferd so brav und ruhig ist, wie es das zu Hause war. All diese Erwartungen führen schnell zu Frustration, während das Pferd eigentlich ein wenig moralische Unterstützung bräuchte, um sich seiner Umgebung anzupassen.

Die Frustration darüber, dass das Pferd sich nicht so verhält wie zu Hause, führt dazu, dass der Reiter seine Hilfen schneller und ruckartiger einsetzt, wenn er etwas verlangt. Anstatt dem Pferd Geborgenheit zu vermitteln, was den ventralen Teil des sympathischen Nervensystems stimulieren und dafür sorgen würde, auf die Bremse zu treten und die Dinge zu entschleunigen, wird die Angst des Pferdes immer stärker aufgestaut und damit kräftig auf das Gaspedal des sympathischen Nervensystems getreten. Wie im Kapitel *Gehe nicht wütend schlafen* erwähnt, suchen Pferde in dieser Situation eher nach Freundschaft als nach Fluchtmöglichkeiten. Wenn sie diese Unterstützung aber nicht finden können, ist Flucht ihre nächste Option. Der Reiter, der versucht, diese Flucht zu kontrollieren, sorgt in der Regel dafür, dass das Pferd mit dem Kopf schlägt, tänzelt, steigt und möglicherweise durchgeht.

Tatsächlich wird Steigen meist dadurch verursacht, dass das Pferd vom Reiter zurückgehalten wird. Ich bekomme oft Anfragen von Leuten, die mir erzählen, dass ihr Pferd gestiegen ist. Sie wollen wissen, wie man das Problem beheben kann. Ohne den Vorfall gesehen zu haben, frage ich dann normalerweise: „Warum hast du an den Zügeln gezogen?" Die Antwort lautet nie: „Ich habe nicht an den Zügeln gezogen", sondern stattdessen oft: „Er hat versucht, wegzulaufen" oder „Er hat versucht, sich umzudrehen und nach Hause zu rennen" oder „Er hat sich vor etwas erschreckt und wollte durchgehen". All das sind Fluchtversuche, die der Reiter zu unterbrechen versucht. Wenn wir das Problem lösen, das die Fluchtreaktion auslöst, gibt es kein Steigen mehr.

Ich habe im Laufe der Jahre viele Geschichten darüber gehört, was Menschen mit Pferden angestellt haben, um das Steigen zu verhindern. Jedes Beispiel dessen ist nur ein dürftiges Pflaster-auf-Symptome-Kleben und vermeidet es, die Wurzel des Ganzen anzugehen. Wenn man alle Veränderungen in kleine Schritte aufschlüsselt und das Pferd einzeln und nacheinander daran gewöhnt, macht dies die Umstellung in der Regel recht einfach.

Bedenken wir all die Dinge, die sich verändern, wenn unser Pferd auf seinem ersten Turnier ankommt: Der Ort. Die Anzahl (und die Energie) der anderen Pferde. Die Lautsprecher. Die Energie des Reiters: zunächst nervöse Wettkampfenergie, die sich aber schnell in frustrierte Energie verwandelt, wenn sich das Pferd völlig ungewohnt verhält. Ein guter Anfang ist es in der Regel, das Pferd erst einmal zum Stall eines Freundes oder auf den örtlichen Turnierplatz mitzunehmen, ohne die Erwartung zu reiten. Das ändert nur eines: den Ort. Wenn das Pferd bei der Bodenarbeit brav ist, dann steig auf und reite.

Vor einigen Jahren war ich auf der Suche nach einem Problempferd für eine Videoserie und fand ein importiertes Warmblut – eine Vielseitigkeitsstute. Sie war eine chronische Steigerin und bereits auf fast allen Geländestrecken in Kalifornien disqualifiziert worden, weil sie Sprünge verweigert hatte. Wenn sie verweigerte, stieg sie normalerweise und drehte sich dabei. Als sie bei mir ankam, begann ich mit Bodenarbeit. Als das gut klappte, fing ich an, mit ihr unter dem Sattel zu arbeiten, und als das zu Hause gut funktionierte, brachte ich sie an einen neuen Ort.

Ich muss klarstellen, was „zu Hause gut klappen" bei mir bedeutet und wie das für mich aussieht. Es bedeutet nicht, dass sie mal an einem Tag brav war. Es bedeutet, dass sie *jeden Tag* brav war. Das hieß, sie war bereit für etwas Neues.

Der neue Ort war in diesem Fall das Gelände des lokalen Reitervereins, und als wir dort ankamen, lud ich sie aus dem Hänger aus, und sofort war sie ein anderes Pferd als zu Hause. Sie verhielt sich jetzt genauso wie bei ihrer ersten Ankunft auf meinem Hof. Ich begann an Ort und Stelle, mit ihr zu arbeiten: Ich machte etwas Bodenarbeit, bot ihr Unterstützung an, wenn sie sie brauchte, und lenkte ihre Aufmerksamkeit auf etwas anderes, wenn das angebracht war. Nachdem ich sie in der Nähe des Hängers zur Ruhe gebracht hatte, wechselte ich mit ihr auf den Reitplatz und ging dort genauso vor. Das ist das *Donkey-Kong-Prinzip*, bei dem man stets wieder zur Basis zurückkehrt.

Sobald sie sich auch auf dem Platz zurechtgefunden und entspannt hatte, und dabei gut ansprechbar war, änderte ich etwas: ich sattelte sie und überprüfte erneut, wie die Stute in der Bodenarbeit reagierte, und dabei war alles in Ordnung. Dann änderte ich noch eine Sache: Ich stieg auf und ritt sie. Ich stieg allerdings nicht auf und versuchte, dort weiterzumachen, wo ich am Tag zuvor zu Hause aufgehört hatte. Ich stieg auf und begann ganz von vorne, so als wäre es unser allererster Ritt.

Hier kommen nun viele Prinzipien gleichzeitig zum Tragen. Wir haben das Prinzip *Arbeite mit dem Pferd, das du heute hast*, aber auch das Prinzip *Gehe nicht wütend schlafen* (als die Stute aus dem Hänger ausstieg und ängstlich war, habe ich sofort Schritte unternommen, um sie wieder in einen entspannten Zustand zu versetzen); und ich wende das *Donkey-Kong-Prinzip* an (ich ging zurück zur Basisarbeit, als ich sie aus dem Hänger holte, und dann noch einmal, als ich sie für die Bodenarbeit auf den Reitplatz brachte, und dann noch einmal, als ich aufstieg). Das mag sich vielleicht nach vielen Schritten anhören, aber bei der Lösung komplexer Verhaltensprobleme, wie dieses Pferd sie hatte, geht es vor allem darum, sie schrittweise zu lösen und Veränderungen allmählich vorzunehmen.

Der bloße Ortswechsel – ohne Lautsprecher, Menschenmassen, andere Pferde und vor allem ohne die hektische Energie – ist der beste Weg, um einen neuen Ort zur Normalität werden zu lassen. Dann erst fängt man an, weitere neue Elemente einzuführen – etwa indem man das Pferd an einen Ort bringt, an dem kein Turnier stattfindet, sondern wo nur ein paar Leute reiten. Dadurch wird die Komfortzone des Pferdes ein wenig erweitert, und schließlich kann man sich immer weiter bis zu einem richtigen Turnier mit allem Drum und Dran vorarbeiten. Einem solchen Ablauf zu folgen hilft nicht nur dem Pferd, sondern hilft wirklich auch dem Menschen, im *Arbeite mit dem Pferd, das du heute hast*-Modus zu bleiben.

Wenn dann der Zeitpunkt des ersten Turniers da ist, ist nicht nur das Pferd in einer viel besseren mentalen Verfassung, sondern auch der Mensch hat sich angewöhnt, darauf zu achten, was im Pferd vorgeht, und nicht übereilt zu handeln. Ich betone gerne, dass diese Art von Training weniger eine Methode als vielmehr eine Denkweise ist.

Eine Sache nach der anderen zu verändern ist ganz besonders bei der Ausbildung junger Pferde wichtig. Vor vielen Jahren wurde mir ein Warmbluthengst zum Anreiten gebracht. Ich war seine zweite Chance, denn die Besitzerin hatte ihn vorher bereits zu jemand anderem geschickt, der ihn ausbilden sollte. Der Trainer war ziemlich gut und hatte die Dinge schrittweise aufgebaut. Ein Schritt, der allerdings oft übersehen wird, ist, das Pferd von beiden Seiten satteln zu können, bevor man es überhaupt reitet. Wenn das Pferd unsicher wird, wenn wir den Sattel von der rechten Seite auflegen, dann wird es wahrscheinlich auch unsicher werden, wenn es das rechte Bein und den rechten Arm auf und über sich wahrnimmt, wenn wir es reiten.

Dieser Trainer war sehr erfahren und hatte das Satteln von beiden Seiten geübt, aber auf der rechten Seite lief es noch nicht perfekt. Das Pferd wollte nicht stillstehen und sich von dieser Seite satteln lassen. Daraufhin umging er das Problem, indem er das Pferd hobbelte, damit es stillstand, während er versuchte, es von dieser Seite zu satteln, was dazu führte, dass das Pferd stieg, sobald er sich mit dem Sattel näherte. Die Besitzerin wurde Zeugin dieses Vorfalls und beschloss, das Pferd von diesem Trainer wegzuholen und zu mir zu bringen. Sie wies mich auf das Problem mit dem Satteln und auf das Steigen hin. Ich nahm es zur Kenntnis, begann meine Arbeit dann aber nicht mit dem Satteln, sondern indem ich ganz an den Anfang zurückging und eine Sache nach der anderen änderte. Ein Großteil der Vorarbeit war ein Kinderspiel, da der vorherige Trainer eine gute Grundlage geschaffen hatte. Allerdings verlangsamte sich der Fortschritt, sobald ich mit den Vorbereitungen zum Satteln begann.

Wenn man sich vorstellt, dass ein junges Pferd zum ersten Mal geritten wird, dann passiert dabei eine ganze Menge gleichzeitig. Ein Sattel ist um seinen Bauch geschnallt, der Reiter befindet sich über ihm und auf beiden Seiten des Pferdes gleichzeitig. Das Pferd kann ihn mit beiden Augen gleichzeitig sehen.

Das sind eine Menge Veränderungen auf einmal. Dein linkes Bein ist auf der linken

Seite vom Pferd und dein rechtes Bein auf seiner rechten Seite. Außerdem trägt es Gewicht auf seinem Rücken. Um das in kleine Schritte zu zerlegen, lasse ich das Pferd erst neben mich kommen, während ich oben auf der Einzäunung sitze. So kann ich in jener Höhe arbeiten, in der ich beim Reiten sein werde, ohne dass ich auf ihm sitze. Wenn es sich dann mit mir auf dem Zaun wohlfühlt, kraule und rubble ich sein Fell überall am Körper. Ich befinde mich jetzt über ihm und berühre es, während es mich mit einem Auge beobachten kann. Dann beuge ich mich über das Pferd und kraule es auch auf der anderen Seite. Nun bin ich über ihm, berühre es, und es sieht mich währenddessen mit beiden Augen. Dann steigere ich das Ganze noch weiter, indem ich das Pferd mit meinem Fuß auf der mir zugewandten Seite abreibe. Danach reibe ich mit meinem Fuß über seinen Rücken und sein Fell auf der anderen Körperseite, und setze mich schließlich auf seinen Rücken.

Bevor du dies zu Hause ausprobierst, möchte ich dich noch einmal an das Prinzip *Das Pferd muss die Antwort kennen, bevor du fragst* erinnern. Nicht nur das Pferd muss die Antwort kennen, sondern auch wir. Wenn ich mich zum ersten Mal von oben auf ein Pferd setze, besteht immer die Möglichkeit, dass das Pferd eine heftige Reaktion zeigt. Das passiert zwar selten, aber es kann passieren, und ich muss auf diese Eventualität vorbereitet sein. Was ist also zu tun, wenn ich ohne Sattel auf einem Pferd sitze, das ein Halfter sowie einen Führstrick trägt und das losstürmen will?

Die Antwort lautet: Wenn ich mich von oben daraufsetze, halte ich mich zaunseitig mit der Hand und dem Fuß stabil. Ich sitze auf dem Pferd, und mein ganzes Gewicht ruht auf ihm, aber mein Fuß steht auf dem Geländer daneben. Meine Hand umgreift fest die oberste Stange des Zauns. Würde das Pferd nun wegrennen oder ausweichen, stünde ich immer noch auf dem Zaun. Aber ich schweife ab.

Der Warmbluthengst war so lange mit allem einverstanden, bis ich begann, oberhalb seiner Augenhöhe zu arbeiten. Auf der linken Seite fühlte er sich wohl und hatte Vertrauen, aber als ich es auf der rechten Seite versuchte, stieß ich auf Widerstand. Anfangs war er überhaupt nicht glücklich darüber, dass ich mich dort aufhielt, aber mit geduldiger Arbeit schaffte ich es, dass er nach und nach besser damit klarkam, wenn ich mich ihm näherte. Er hatte kein Problem damit, wenn ich mich über ihm befand und drei Meter entfernt war, während er am Ende des Arbeitsseils stand. Ich arbeitete daran, dass er sich ein wenig näher bei mir wohlfühlte, dann noch ein wenig näher, bis er sich schließlich, auch wenn ich in seiner unmittelbaren Nähe war, entspannen konnte.

Ich habe vier Trainingseinheiten gebraucht, um ihn so weit zu bringen. Das sind vier Einheiten, in denen ich an nichts anderem gearbeitet habe als daran, dass er sich mir selbstbewusst auf der rechten Seite näherte und sich entspannte, während ich über ihm stand.

Als ich schließlich die Bodenarbeit abschloss und zum Satteln kam, ließ er sich beim ersten Versuch sowohl von der linken als auch von der rechten Seite gut satteln. Erinnern wir uns, er kam zu mir, weil er nicht von der rechten Seite gesattelt werden konnte. Er bekam Angst, wenn etwas über ihm und nahe bei ihm war. Indem ich in viel größerer Distanz begann und die Distanz in kleinen Schritten reduzierte, konnte er schließlich entspannt nahe bei mir stehen, während ich rechts über ihm war. Danach war das Satteln einfach, und er machte von da an gute Fortschritte und begann seine Reitkarriere ohne Probleme. Das Problem lag nicht am Sattel, sondern daran, dass sich etwas auf der rechten Seite über ihm befand. Dieser eine kleine Schritt war übersehen worden und hatte dazu geführt, dass der Trainer es nötig fand, ihn zu hobbeln, um ihn zu satteln, und das führte schließlich zum Steigen.

Im Laufe der Jahre hatte ich etliche Pferde mit gefährlichen Problemen bei mir, die zur „Reparatur" zu mir geschickt worden waren. Ich hatte Pferde, die stiegen, bockten, durchgingen und bissen. Sie zeigten bei mir jedoch nie eines dieser Probleme, weil ich immer an der Basis anfing und Schritt für Schritt arbeitete. Wenn man so vorgeht, lassen sich die zugrunde liegenden Ängste erkennen und lindern, bevor sie sich zu gefährlichen Verhaltensausbrüchen entwickeln.

Ich trainierte früher Pferde in einer großen Trainingsanlage in Kalifornien. Der Besitzer der Anlage besaß einen Hengst, der bei den Olympischen Spielen im Springen teilgenommen hatte. Dieser Herr war nicht wirklich ein Pferdemensch, sondern mehr ein Geldmensch. Man hatte ihn glauben gemacht, er könnte die Nachkommen seines Hengstes für viel Geld verkaufen. Er begann also, mit diesem Pferd und einigen Stuten zu züchten und tat dies mehrere Jahre lang.

Während ich auf seiner Anlage trainierte, bat er mich, eins der Pferde aus der Olympia-Sippschaft anzureiten. Es handelte sich um einen großen schwarzen Hengst, der in vielen meiner früheren YouTube-Videos zu sehen ist. Er war ein wunderschönes Pferd. Obwohl er schlecht erzogen war, als ich mit ihm anfing, bereitete er mir schließlich wirklich Freude. Ich habe viel Zeit damit verbracht, ihn in der Bodenarbeit gründlich auszubilden. Ich bekam ihn ungefähr so gut hin, wie ich bis dahin auch jedes andere Pferd hinbekommen hatte. Als alles perfekt funktionierte, ging ich die einzelnen Schritte des Sattelns durch. Das dauerte etwa einen Monat, wobei ich sechs Tage pro Woche mit ihm arbeitete.

Sobald ein Pferd die Bodenarbeit gut beherrscht, gehe ich alle Schritte bis zum Aufsatteln durch (einschließlich der Arbeit über dem Pferd vom Zaun aus, wie im letzten Beispiel erklärt), während es den Sattel trägt. Das tue ich so lange, bis das Pferd die Bodenarbeit mit Sattel genauso gut beherrscht wie ohne Sattel. Ich mache genau die gleichen Übungen – das Einzige, was ich ändere, ist, dass es nun den Sattel trägt.

Als ich bei diesem Pferd jedoch nun den Sattel auflegte, trafen wir auf ein kleines Problem. Sobald er anfing, sich zu bewegen, und sah, wie sich beide Steigbügel an den Seiten seines Körpers bewegten, sprang er nach vorne und bockte ein wenig. Wenn ich ihn etwas anderes tun ließ und er sich auf mich konzentrierte, war alles gut. Aber dann wechselte seine Aufmerksamkeit wieder hin zu den Steigbügeln und er bockte erneut. Es dauerte einen weiteren Monat, bis er bei der Bodenarbeit mit Sattel so entspannt und gut ansprechbar war wie zuvor, als ich den Sattel noch nicht aufgelegt hatte.

Das ist ein ganzer Monat, nur für die Veränderung einer einzigen Sache. Das Pferd muss sich damit so wohlfühlen wie vor der Veränderung, bevor man sich entscheidet, das nächste Teil des Puzzles hinzuzufügen.

Nachdem er mir schließlich bewiesen hatte, dass er auch mit einem Sattel auf dem Rücken bei der Bodenarbeit ruhig, ansprechbar und mit mir verbunden war, begann ich ihn zu reiten. Die ersten Ritte verliefen gut. Sein erster Ritt draußen auf dem großen Reitplatz war erstaunlich. Ich habe das Ganze gefilmt und das Video auf YouTube gestellt. Ich ritt ihn mit einem Knotenhalfter, und er konnte am losen Zügel Schritt, Trab und Galopp gehen. Er cruiste seelenruhig herum.

Wenn ich ihn auf der linken Hand aus dem Trab angaloppierte, sprang er in den Linksgalopp. Wenn ich dabei auf der rechten Hand trabte, sprang er in den Rechtsgalopp, ohne dass ich einen bestimmten Galopp verlangte. In vielen YouTube-Kommentaren wurde bewundert, wie ruhig er war und wie entspannt er aussah, und einige kommentierten, wie glücklich ich mich schätzen konnte, einen so ruhigen Warmbluthengst zu haben. Der Schlüssel zu seiner Entspanntheit und seinem Selbstvertrauen war, dass ich mir bei diesem einen Stolperstein Zeit gelassen hatte. In den darauffolgenden Jahren ritt ich einige Pferde an, die von demselben Hengst abstammten. Sie ähnelten sich alle in einem Punkt: Sie brauchten lange, um sich daran zu gewöhnen, den Sattel mit beiden Augen gleichzeitig zu sehen. Oft haben bestimmte Blutlinien familiäre Merkmale, und dies schien ihres zu sein.

Auf der gleichen Anlage gab es eine Springtrainerin, von der ich gehört hatte, dass sie mehrere Pferde geritten hatte, die von diesem Hengst abstammten. Eines Tages fragte ich sie, welche Erfahrungen sie mit seinem Nachwuchs gemacht hatte, und sie sagte, sie hätte mehrere von ihnen in Springwettbewerben geritten. Ich fragte sie, wie sie mit ihnen auskäme, und sie antwortete, dass sie alle verrückt seien.

Ich wollte wissen, was sie damit meinte, und sie erklärte: „Sie tun skurrile Dinge. Ich hatte zum Beispiel einen, der bis zu einer Höhe von 1,05 Metern gut sprang. Aber bei 1,10 Metern verlor er völlig den Verstand. Bei einem Turnier wurden die Sprünge auf 1,10 Meter erhöht, ich begann die Runde zu reiten, und er ging durch. Er krachte durch die Umzäunung der Arena und rannte in eine Menschenmenge hinein. Ich konnte ihn nicht aufhalten. Und das Ganze kam aus dem Nichts."

„Das ist interessant", antwortete ich. „Wie war er zu satteln?"

Sie schaute mich verwundert an, als dachte sie, was denn das mit dem Durchgehen und durch einen Zaun brechen zu tun hätte, und antwortete: „Gut."

„Du konntest also das Führseil auf den Boden legen, ihn in der Stallgasse stehen lassen, in die Sattelkammer gehen, deinen Sattel holen, damit wieder hinausgehen und ihn ihm einfach auf den Rücken packen?", fragte ich.

„Oh nein!", antwortete sie, „Wir brauchten zwei Pferdepfleger, um ihn zu halten, während wir den Sattel auflegten."

Wenn dieses Pferd seinen Geschwistern, die ich geritten hatte, etwas ähnlich war, dann war das Satteln der Ursprung seiner Angst. Dies war das erste Kaninchen. Wenn dann noch ein Reiter hinzukam, wurde das Pferd noch angespannter. Die Aufforderung, sich mit Reiter und Sattel zu bewegen, machte es noch schlimmer. Die Aufforderung, über Sprünge zu gehen, fügte der Gleichung noch mehr Angst und damit noch einige weitere

Illustration © Rachel Urquhart

Kaninchen hinzu. Als die Sprünge dann auf 1,10 Meter erhöht wurden, konnte das arme Pferd die Kaninchen, die es angesammelt hatte, nicht mehr unter Kontrolle halten und rannte schließlich „durch einen Zaun und in eine Menschenmenge". Im Ausbildungsprozess sind das Satteln und sogar das Aufsitzen Punkte, wo gern kleine Probleme auftreten, die sehr leicht zu übersehen sind, die sich aber später zu großen, gefährlichen Problemen auswachsen können, wenn sie nicht sofort behoben werden.

Ein anderes Springpferd wurde zu mir gebracht, weil es unter dem Sattel so oft bockte, dass der Trainer schließlich fand, dieses Problem läge über seiner Gehaltsklasse. Die Stute gehörte einer lokalen Vielseitigkeitstrainerin und ihrer Tochter. Als ich mit der Bodenarbeit begann, entdeckte ich eine Menge Lücken in ihrer Grundausbildung. Nachdem ich die Lücken in der Bodenarbeit aufgearbeitet hatte, war die Stute schließlich so weit, dass ich sie zum ersten Mal reiten wollte. Ich schrieb den Besitzern eine SMS und teilte ihnen mit, dass sie bereit war für den ersten Ritt. Sie wollten kommen und zusehen. Ich denke, sie wollten sehen, wie ich mich beim Rodeo anstellte.

Sie kamen also vorbei und standen zusammen mit einem Freund aus Australien, der gerade bei mir zu Besuch war, am Round Pen. Ich hatte eine Aufstiegshilfe in die Mitte des Round Pen gestellt, und als ich meinen Fuß in den Steigbügel steckte, wollte die Stute bereits losgehen. Ich nahm meinen Fuß aus dem Steigbügel und stellte sie zurück neben den Aufsitzblock.

Sie bewegte sich abermals, als ich meinen Fuß in den Steigbügel stellte, also nahm ich ihn wieder heraus und positionierte sie neu. Ich fragte die beiden: „Hat sie normalerweise Probleme beim Aufsteigen?", und Mutter und Tochter verneinten. Ich fand das merkwürdig. Nach all den Vorbereitungen, die ich getroffen hatte, hätte ich nicht gedacht, dass sie mit irgendetwas mehr Probleme haben würde als vor ihrer Ankunft.

Nachdem ich etwa zwanzig Minuten lang mit ihr daran gearbeitet hatte, konnte ich schließlich aufsteigen, während sie am losen Zügel stehen blieb. Später erzählte mir mein Freund, dass die Tochter der Mutter beim Aufsitzen zugeflüstert hatte: „Ich habe sie beim Aufsteigen noch nie so brav stillstehen gesehen."

Sie hatte mir gesagt, dass die Stute keine Probleme mit dem Aufsitzen habe. Ich schätze, ich habe andere Maßstäbe dafür, was ich als Problem mit dem Aufsitzen bezeichne. Wenn das Pferd während des gesamten Prozesses nicht völlig entspannt ist, dann zeigt es mir, dass es nicht bereit ist für mehr. Es für Normalzustand zu halten, dass ein Pferd beim Aufsitzen von einem Helfer gehalten werden muss, führt dazu, dass man die Angst übersieht, welche letztendlich zum Bocken oder Steigen führt. Wenn ich mich dazu entschließe, mein Glück herauszufordern, und dabei etwas schiefgeht (wie durch einen Zaun in eine Menschenmenge zu krachen), ist das nicht die Schuld des Pferdes. Wenn ich die Grenzen des Pferdes übersehe und überschreite, ist das ganz allein meine Schuld.

Ich ritt weiter mit der Stute umher und traf auf keines der Probleme mit dem Bocken, die sie vorher gehabt hatte. Dass ich mich um ihre Angst vor dem Steigbügel kümmerte, zusammen mit all den anderen Vorbereitungen, war der Grund, dass das gefährliche Verhalten verschwand. Dabei „verschwand" es gar nicht. Ich achtete lediglich auf die Angstschwelle des Pferdes und war bereit, all seine Besorgnis zu zerstreuen, sobald sie aufkam. Selbst unter dem Druck, dass Besitzerin und Tochter zusahen, gefährdete ich meine Sicherheit (und die psychische Gesundheit des Pferdes) nicht, durch etwaiges Übersehen von Anzeichen für Anspannung im Zusammenhang mit dem Steigbügel. Als lustige Anekdote wurde mir später von jemandem erzählt, dass der Trainer ihnen geraten hatte, das Pferd zu mir zu schicken, weil ich einen Cowboyhut trage, also würde ich bestimmt „das Bocken aus ihr herausreiten“.

Beim Prinzip *Führe Veränderungen schrittweise ein* geht es darum, erst eine Sache richtig gut hinzubekommen und danach jeweils nur eine Sache zu ändern. Das entspricht auch dem *Donkey-Kong-Prinzip*, und weil man diese eine Sache perfektioniert, bevor man weitermacht, verhindert dies den Aufbau von Anspannung und entspricht damit auch dem Prinzip *Gehe nicht wütend schlafen*. Diese Anspannung aus dem Lernprozess herauszuhalten sorgt dafür, dass später im Training enorme Steigerungen möglich sind, so wie in der Geschichte mit der 300-Pick-Methode.

Des eigenen Glückes Schmied

Vor einigen Jahren gab ich ein Seminar in Deutschland, und eine Dame kam mit einem jungen irischen Sportpferd zu dem Kurs. Sie hatte es gerade selbst angeritten und war acht- oder neunmal mit ihm im Round Pen geritten, bevor sie es zum Kurs mitbrachte. Das Seminar fand auf einem großen überdachten Reitplatz statt, und etwa 100 Teilnehmer saßen auf Stühlen an der Längsseite.

Zu Beginn des Kurses erzählte mir die Besitzerin, eine Engländerin, die in Deutschland lebt, von ihrem bisherigen Werdegang mit ihrem Pferd. Sie sagte, nachdem er die Bodenarbeit und auch die Bodenarbeit mit Sattel gut beherrschte, waren beim Aufsitzen Schwierigkeiten aufgekommen. Sobald sie ihren Fuß anhob, um ihn in Richtung Steigbügel zu bringen, bewegte er sich ein wenig, sodass sie eine ganze Trainingseinheit damit verbracht hatte, dass er sich daran gewöhnte. In der nächsten Einheit war das Anheben des Fußes für ihn in Ordnung, aber als sie ihren Fuß in den Steigbügel schob, bewegte er sich erneut. Sie verbrachte also den Rest der Einheit damit, dies zu meistern.

Bei der nächsten Trainingseinheit blieb er entspannt beim Anheben und entspannt beim Hineinschieben des Fußes in den Steigbügel, aber sobald sie auf und ab hüpfte, um für das Aufsteigen zu federn, bewegte er sich. Erneut verbrachte sie die gesamte Einheit damit, nur das zu trainieren, das Auf- und Abhüpfen. Am vierten Tag duldete er brav das Anheben des Fußes, das Hineinschlüpfen in den Steigbügel und das Auf- und Abhüpfen, aber er ging los, sobald sie tatsächlich im Steigbügel stand. Den Rest der Einheit verbrachte sie also damit, ihn daran zu gewöhnen.

In der fünften Einheit klappten alle bisher gelernten Schritte, aber als sie ihr Bein über seinen Rücken schwang, ging er los, und der Rest der Einheit wurde damit verbracht, daran zu arbeiten. Sie verbrachte nicht die ganze Trainingseinheit damit, daran zu arbeiten, nur weil das irgendeine ungeschriebene Regel besagt. Sie verbrachte die ganze Einheit damit, weil es eben genau so lange dauerte.

Bei jedem dieser Schritte achtete sie darauf, dass das Pferd am losen Zügel gut damit zurechtkam. Sie hätte leicht an den Zügeln ziehen können, um dieses kleine bisschen Beunruhigung bei ihm zu überdecken, aber diese Beunruhigung würde alles beeinträchtigen, was er später unter dem Sattel tat.

Im Seminar begann sie am ersten Tag mit der Bodenarbeit unter dem Sattel und absolvierte diese mit Bravour. Dann ging es ans Aufsitzen und sie musste dabei etwa zehn Minuten für jeden der einzelnen Schritte aufwenden, für die sie zu Hause jeweils eine ganze Trainingseinheit gebraucht hatte.

Bald war sie aufgestiegen und begann mit der Arbeit an der seitlichen Biegung, bei der die Reaktion des Pferdes auf die Zügelhilfen überprüft wird, und dem Weichenlassen der Hinterhand, bei dem die Reaktion des Pferdes auf die Schenkelhilfen kontrolliert wird. Dadurch wird auch sichergestellt, dass man das Pferd dazu bringen kann, seine Füße zu bewegen und dann leicht in einen entspannten Zustand zurückzukehren.

Das war alles, was wir in dieser Einheit gemacht haben. Es handelte sich um einen zweitägigen Kurs, und alles, was wir am ersten Tag getan haben, war, auf das Pferd aufzusteigen, es seitlich zu biegen und seine Hinterbeine ein wenig übertreten zu lassen. Wir sind nicht einmal vorwärts geritten.

Tag zwei begann, und sie brausten mit Bravour durch die Übungen des Vortages. Ich ließ sie im Schritt umherreiten und sicherstellen, dass die Dame ihr Pferd durch Biegung zum Halten bringen konnte. Dann ließ ich sie das Gleiche im Trab und schließlich im Galopp machen, und schon bald schritten, trabten und galoppierten sie mit Knotenhalfter am losen Zügel über den ganzen Platz. Dieses Pferd war noch nie außerhalb des Round Pens gewesen, war noch nie zusammen mit anderen Pferden geritten worden und schon gar nicht mit 100 Leuten ringsum, die auf Stühlen saßen. Es hatte sich selbst komplett unter Kontrolle, ging nur so schnell, wie die Reiterin es verlangte, und konnte bis zum Stillstand verlangsamt werden, indem die Reiterin lediglich ihren Sitz entspannte.

Um zu verdeutlichen, wie langsam der Trainingsprozess anfangs zu sein scheint, und wie stark er sich dann aber beschleunigen kann, ließ ich sie das Halfter abnehmen und dann losreiten. Das Pferd ging völlig unbeeindruckt zwischen den anderen Pferden und auf dem Platz umher, also bat ich sie, es anzutraben. Auch hier war es die Ruhe selbst und cruiste entspannt herum, und bald bat ich sie, es anzugaloppieren. Es tat dasselbe im Galopp, behielt die Kontrolle über sich und erkundete einfach die Halle. Ich bat sie, das Pferd über ihren Sitz anzuhalten, sie tat dies, und es verlangsamte sich über den Trab zum Schritt und blieb schließlich stehen.

Ich wandte mich an das Publikum und fragte, ob jemand dabei sei, der am Vortag nicht da gewesen war. Mehrere Leute hoben die Hand. Ich fragte, was sie von dem Pferd hielten, das heute zum elften Mal geritten wurde, und ihre Kommentare reichten von „magisch" bis hin zu der Bemerkung, was für ein Glück sie habe, so ein ruhiges Pferd zu haben.

Dann fragte ich, wer am Vortag dabei gewesen war und all die kleinen Schritte gesehen hatte. Die meisten der Anwesenden hoben die Hand, und ich fragte, was sie im Gegensatz zum Vortag heute von diesem

Pferd hielten. Die meisten Anwesenden gaben zu, dass sie am Ende des Vortages gedacht hatten, dass die Arbeit an all diesen kleinen Schritten ihnen etwas zu pedantisch erschien, aber nun erkannten sie, dass genau dies der Schlüssel war – Veränderungen schrittweise einzuführen und jeden neuen Schritt richtig gut zu machen, bevor man zum Nächsten übergeht.

Am Ende der Trainingseinheit erzählte die Reiterin eine Anekdote über ihre Stallkollegen in dem Reitstall, wo ihr Pferd stand. Während sie an ihren Schwierigkeiten beim Aufsitzen arbeitete, sagten ihr alle, sie solle doch endlich mit diesem Herumgealbere aufhören und einfach aufsteigen und reiten. Sie räumte ein, dass bei ihrer Rückkehr vom Kurs wahrscheinlich alle zu ihr sagen würden, wie glücklich sie sich doch schätzen könne, solch ein ruhiges irisches Sportpferd zu besitzen.

Ich glaube fest daran, dass man sein Glück selbst schmieden kann, und präsent zu sein und bewusst eine Sache nach der anderen zu ändern, ist ein sehr guter Weg, um genau das zu tun.

Foto © Tyler Schiller

Kapitel

09

Antizipation: Bester Freund oder schlimmster Feind

Verladen
Drängelnde Pferde
Das Genie des Carl Hester

Als Beutetiere haben Pferde einen besonderen Sinn dafür entwickelt, Muster zu erkennen. Dabei sind sie insbesondere darauf bedacht, solche Muster zu erkennen, die ihre Sicherheit beeinträchtigen könnten. Wenn sie mehrmals hintereinander zu einer bestimmten Wasserstelle gehen und dort stets ein Raubtier auftaucht, werden sie diese Stelle zukünftig meiden. Da Pferde also Muster sehr gut erkennen und kombinieren können, sind sie in der Lage, bestimmte Dinge zu erkennen, bevor sie eintreten.

Oft erzählen mir Leute, sie hätten ein Problem mit ihrem Pferd, weil es antizipiert – also Dinge vorwegnimmt, und ich sage ihnen dann immer: „Dass dein Pferd antizipiert, ist großartig. Du musst es nur dazu bringen, das zu antizipieren, was es antizipieren soll, und nicht das, was es nicht antizipieren soll."

Normalerweise bekomme ich ein zustimmendes Nicken, wenn ich sie darauf hinweise, dass es bloß Dinge antizipiert, die sie nicht wollen. Antizipation kann unser bester Freund werden, wenn wir sie zu unserem Vorteil nutzen, und sie kann unser schlimmster Feind sein, wenn wir es nicht tun. Tatsache ist, dass wir einem Pferd das Antizipieren nicht beibringen müssen. Es ist eine eingebaute Funktion bei Säugetieren. Um künftige Probleme zu vermeiden, müssen wir nur verstehen, wie es funktioniert.

Jeder hat wahrscheinlich schon mal von den Pawlow'schen Hunden gehört. Iwan Pawlow war ein russischer Physiologe, der Experimente mit der Speichelflussreaktion von Hunden auf gewisse Reize durchführte. Er führte einen kleinen Schlauch in die Wange der Hunde ein, um den Speichelfluss zu messen, wenn die Hunde gefüttert wurden. Pawlow sagte voraus, dass die Hunde speicheln würden, wenn man ihnen das Futter vorsetzte, und er hatte recht. Nach mehreren Wiederholungen stellte er jedoch fest, dass die Hunde schon zu speicheln begannen, wenn sie die Schritte der Person hörten, die das Futter brachte. Er vermutete, dass das rhythmische Klacken der Schuhe dafür verantwortlich sein musste. Also beschloss er auszuprobieren, ob er die gleiche Speichelreaktion bei den Hunden mithilfe eines Metronoms hervorrufen konnte.

Ein Metronom ist ein Gerät, das ein hörbares Klicken oder andere Klänge in einem regelmäßigen, vom Benutzer einstellbaren Intervall erzeugt, normalerweise in Schlägen pro Minute. Musiker verwenden das Gerät, um zu üben, in gleichmäßigem Takt zu spielen. Pawlow stellte das Metronom vor den Hunden auf und schaltete es ein, aber es erfolgte keine Reaktion. Da erkannte er, dass der Speichelfluss nicht durch ein bestimmtes Geräusch ausgelöst wurde. Er wurde durch ein bestimmtes Geräusch ausgelöst, das *kurz vor* der Ankunft des Futters auftrat. Bekannterweise tauschte Pawlow schließlich das Metronom gegen eine Glocke aus und läutete die Glocke, bevor er das Futter präsentierte. Schon bald löste allein das Läuten der Glocke bei den Hunden den Speichelfluss aus.

Was er als Nächstes entdeckte, war das Geheimnis der Antizipation. Pawlow fand heraus, dass die beiden Reize zeitlich nahe beieinander liegen mussten, damit Assoziationen entstehen konnten. Er läutete die Glocke und präsentierte dann das Futter. Er nannte dies das Gesetz der Kontiguität. Wenn der zeitliche Abstand zwischen dem konditionierten Reiz (Glocke) und dem unkonditionierten Reiz (Futter) zu groß ist, kann Lernen nicht stattfinden.

Kontiguität (Substantiv): zeitliches Zusammenfließen (z. B. von Reiz und Reaktion)

Auf diese Weise lernt auch unser Pferd, zu antizipieren. Wenn zwei Dinge ständig eng miteinander verbunden sind, wird sich das Pferd von Natur aus an Ursache und Wirkung erinnern. Ein Pferd wird daran gehindert zu antizipieren, wenn zwischen diesen beiden Dingen eine erhebliche Zeitverzögerung liegt oder wenn der unkonditionierte Reiz nach jedem Auftreten des konditionierten Reizes anders ist.

Meiner Erfahrung nach ist das mangelnde Verständnis oder sogar fehlendes Bewusstsein hierfür das, was bei vielen Pferdebesitzern für großen Kummer sorgt. Sie erzeugen Antizipation dort, wo sie sie nicht haben wollen, indem sie Dinge immer auf die gleiche Weise und in der

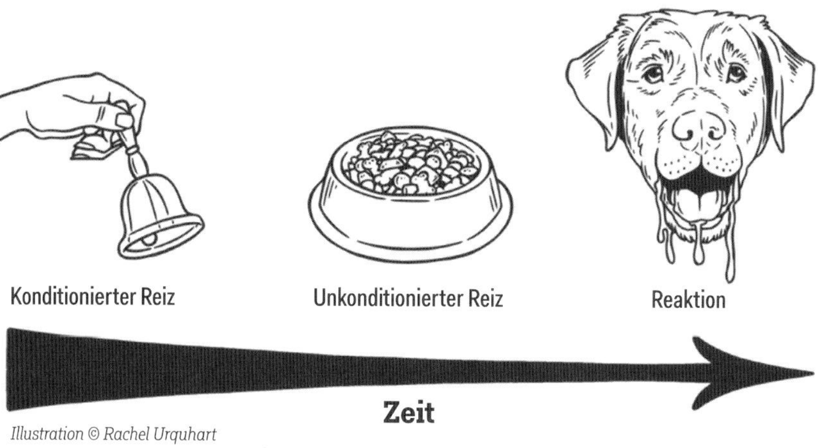

Illustration © Rachel Urquhart

gleichen Reihenfolge tun, und beschweren sich dann über das daraus entstehende Verhalten des Pferdes.

Auf Pferdemessen erwähne ich oft, dass ich mir schon überlegt habe, einen Artikel mit dem Titel *Beschweren Sie sich über die Dinge, die Sie Ihrem Pferd beigebracht haben?* zu schreiben. Alle im Publikum lachen dann. Nachdem ich aber erklärt habe, wie Probleme entstehen, wenn man sich dieser Antizipation nicht bewusst ist, und einige Beispiele genannt habe, verwandelt sich das Lachen bald in nachdenkliche Blicke. Denn sie beginnen, die Tatsache in Betracht zu ziehen, dass sie vielleicht selbst ihrem Pferd Dinge beigebracht haben, die sie nicht wollten.

Es sind meist kleine Dinge, über die wir gar nicht nachdenken, die uns überrumpeln. Ich erinnere mich, dass vor einigen Jahren, als ich in Australien lebte, eine Dame mit ihrem Pferd für eine Reitstunde zu mir kam. Sie kam mit einer Freundin, und als sie das Pferd von einem Zweipferdeanhänger ausladen wollten, sah es so aus, als hätten sie sich abgesprochen. Es sah aus wie ein koordinierter Prozess, den sie einstudiert hatten.

Erst gingen sie gemeinsam zum hinteren Teil des Anhängers und ließen die Rampe herunter. Dann ging die Besitzerin nach vorne und band das Pferd los, bevor die Helferin die hintere Boxenstange öffnete. Das ist ein guter Ablauf, denn wenn man die Boxenstange öffnet, bevor man das Pferd losbindet, kann es leicht passieren, dass es hektisch rückwärts läuft und sich dabei nicht nur verletzt, sondern auch ein Trauma erleidet und zukünftig Probleme beim Verladen hat.

In Australien ist die rechte Seite der Fahrspur der etwas höheren Straßenmitte zugewandt, also stand das Pferd auf dieser Seite des Anhängers. Die Helferin stand neben der Rampe auf der rechten Seite, und als die Besitzerin das Pferd rückwärts aus dem Anhänger führte, drückte die Helferin fest gegen die Hüfte des Pferdes, um es geradezuhalten. Ich fragte, warum sie gegen die Hüfte des Pferdes drückte, und die Helferin antwortete: „Wenn ich nicht gegen seine Hüfte drücke, wird er auf dieser Seite von der Rampe herunterstolpern und sich möglicherweise das Bein aufschürfen."

„Und wie habt ihr ihm das beigebracht?", fragte ich die Besitzerin.

Sie antwortete irritiert: „Ich habe ihm das nicht beigebracht. Er macht es einfach", während sie das Pferd rückwärts herunterführte, nach links abbog und sich vom Hänger entfernte.

Ich fragte sie: „Drehst du dich immer nach links, nachdem du ihn von der Rampe geführt hast?" Sie neigte den Kopf zur Seite, dachte eine Sekunde lang nach und sagte dann: „Ja, ich glaube schon."

Ich fragte sie, ob ich ihr etwas mit ihrem Pferd zeigen könne, und sie war einverstanden. Ich nahm es und lud es wieder ein. Dann führte ich es rückwärts aus dem Anhänger, und es ging schräg rückwärts die Rampe hinunter, wobei es mit dem Hinterteil voraus an der rechten Seite der Rampe herunterstieg. Ich ließ es sofort eine 360-Grad-Drehung nach rechts machen und lud es erneut ein. Ich wiederholte dies ein paarmal hintereinander, und jedes Mal ging es weniger und weniger schief rückwärts, und nach etwa fünfmaligem Wiederholen stieg es vollkommen gerade rückwärts von der Rampe, ohne dass man es an der Hüfte gerade halten musste.

Ich erklärte ihr, dass der Grund dafür, dass ihr Pferd schief rückwärtsging, darin lag, dass sie es jedes Mal, wenn es vom Anhänger stieg, sofort nach links gewendet hatte, sodass es begann, diese Wendung zu antizipieren und sich darauf vorbereitete, während es rückwärtsging. Sie meinte, dass sie sich darüber wirklich keine Gedanken gemacht hatte. Das ist genau der Punkt, an dem Pferde Dinge antizipieren, nämlich dann, wenn wir uns der Muster, die wir schaffen, nicht bewusst sind. Das ist ein weiterer Vorteil, den unser Präsentsein in der Interaktion mit Pferden mit sich bringt: Wir bemerken diese Dinge, bevor sie zu einem Problem werden.

Als ich in meinen frühen Zwanzigern in die USA kam, arbeitete ich für einen Trainer, der Reining- und Cowhorses ausbildete. Eines der ersten Dinge, die ich von ihm lernte, brachte mich zum Nachdenken: „Hey, Moment mal, das hat wirklich gut funktioniert. Wieso hat es so gut funktioniert?" Wir hatten ein Jungpferd, das das sich unter dem Sattel schief rückwärts bewegte. Ich versuchte, seine Hinterhand mit meinem Bein gerade zu halten, mit wenig Erfolg. Der Trainer sagte mir, ich solle es nicht gerade halten, denn während es schief nach rechts zurückging, würde es eigentlich seine linke Schulter hängen lassen, und ich sollte daher sofort eine Kehrtwendung nach rechts machen. Nachdem ich dies einige Male getan hatte, begann das Pferd bald, die Wendung nach rechts zu *antizipieren*, und anstatt die linke Schulter hängen zu lassen, machte es sich bereit, nach rechts zu wenden, und konnte sich nun ohne meine Hilfe vollkommen gerade rückwärts bewegen.

Auch wenn ich es damals noch nicht wusste, war dies einer der ersten Momente, in denen ich anfing, funktionierende Techniken zu kategorisieren, und zwar abhängig davon, *warum* sie funktionierten. Zwanzig Jahre später wurden diese Kategorien zu *meinen Trainingsprinzipien*. Dies war auch der Grund, warum ich das Muster des Pferdes erkannte, das schief aus dem Anhänger stieg.

Pferdeanhänger sind sehr klein und lassen keinen Raum für Fehler. Wenn man also auf die sich entwickelnden Muster achtet, kann man sich auf lange Sicht eine Menge Ärger ersparen. Egal, ob es sich um einen Hänger mit gerader Verladeposition oder um einen Schrägsteher handelt, ich binde das Pferd immer los, bevor ich die Trennwand öffne oder die Boxenstange löse. Wenn ich zum Kopf des Pferdes gehe, beobachte ich sehr genau, was vor sich geht. Steht das Pferd brav und wartet, lade ich es aus, aber beginnt das Pferd bereits, sich rückwärts zu bewegen oder verlagert es auch nur sein Gewicht nach hinten, wenn ich mich ihm nähere, lasse ich es warten, bis seine Antizipation nachlässt. Dann führe ich es vielleicht einen Schritt rückwärts, dann einen Schritt vorwärts. Dann zwei Schritte rückwärts, einen Schritt vor. So wird verhindert, dass ein Pferd sich angewöhnt, rückwärts vom Anhänger zu stürmen, was für Mensch und Pferd sehr gefährlich werden kann.

Wir wollen nicht, dass ein Pferd aus dem Anhänger stürmt, aber wir wollen auch nicht, dass ein Pferd sich weigert, einen Schritt zu machen und den Anhänger zu verlassen. Hier kommt das Prinzip *Arbeite mit dem Pferd, das du heute hast* zum Tragen oder auch *Achte auf das, was im gegenwärtigen Moment geschieht, ohne die Dinge zu vergessen, die dieses Pferd in der Vergangenheit getan haben könnte*. Wenn das Pferd nicht aussteigen will, fordere ich es auf, auszusteigen. Wenn ich es um einen Schritt rückwärts bitte und es zwei macht, gehe ich einen Schritt vorwärts. Das ist das Prinzip *Tue das Gegenteil*.

Dann halte ich inne und beobachte, was es denkt. Wenn es aussieht, als würde es erwarten auszusteigen, warte ich noch etwas länger. Wenn es nicht damit rechnet, auszusteigen, fordere ich es auf, einen weiteren Schritt rückwärts zu machen. Aus dem Hänger ausladen und einem Dressurpferd die ersten Schritte zur Versammlung beizubringen, scheinen zwei völlig verschiedene Dinge zu sein. Aber was ich gerade für das Ausladen eines Pferdes aus einem Hänger beschrieben habe, ist das gleiche Prinzip wie die Übergänge, mit denen man einem Pferd die Anfänge der Versammlung beibringt.

Oft haben die kleinen Routinen, die wir uns angewöhnt haben und die zu einer problematischen Erwartungshaltung führen, mit den alltäglichen Abläufen in der Pferdehaltung zu tun. Vor ein paar Jahren trainierte ich Pferde für Kunden auf einer großen Trainingsanlage in Kalifornien. Der Kunde bezahlte mich für das Training, und er bezahlte die Anlage für die Unterbringung des Pferdes. Dazu gehörten eine Box, Heu und zweimal täglich die Reinigung der Box. Die Anlage war wunderschön, und ich hatte ein großes Büro, eine Sattelkammer und eine Futterkammer, in der ich Ergänzungsfutter und Getreide lagerte. Jeder Kunde brachte sein eigenes Kraftfutter und seine eigenen Ergänzungsmittel mit, die ich morgens als Erstes fütterte.

Wenn ich früh in den Stall kam, ging ich üblicherweise in die Futterkammer. Das Kraftfutter und die Ergänzungsfuttermittel wurden in Tonnen mit Deckeln aufbewahrt. Ich ging hinein, klapperte mit den Deckeln herum und schüttete das Getreide in Eimer, dann nahm ich alle Eimer und fütterte die Pferde. Bei dieser Routine dauerte es nicht lange, bis die Pferde anfingen, gegen die Wände zu treten und Krach zu machen, sobald ich anfing, mit den Deckeln zu klappern und die Rationen zu portionieren. Mir kam der Gedanke, dass ich die Pferde darauf konditioniert hatte, ihr Futter zu erwarten, sobald das Poltern und das Geräusch des Kraftfutters, das in die Eimer geschüttet wurde, aus der Futterkammer drangen, ähnlich wie Pawlows Glocke, die die Ankunft des Futters ankündigte.

Da ich wusste, dass die Verknüpfung dieser Dinge das Problem verursachte, beschloss ich, den Pferden beizubringen, nicht zu antizipieren. Dazu gehörte, dass ich den Reiz (das Klappern der Deckel) vom Auslöser des unerwünschten Verhaltens (gegen die Stalltüren treten, Weben, negative Antizipation) trennte. Die Pferde freuten sich auf das Futter, wenn sie das Klappern der Deckel hörten, und wenn ich ihnen kurz darauf ihr Futter gab, wurden sie für diese Aufregung belohnt. Um das Problem zu lösen, das ich durch die Vorfreude geschaffen hatte, musste ich das Klappern der Deckel von der Fütterung trennen.

Ich begann meinen Plan damit, dass ich alle Kraftfutterrationen in den Eimern der einzelnen Pferde vorbereitete und die Eimer vor die jeweilige Pferdebox stellte. Sie freuten sich alle über das bevorstehende Futter, waren aber verwirrt, als ich stattdessen ein Pferd aus seiner Box nahm, es sattelte und reiten ging.

Als ich von diesem Trainingsritt zurückkam und alles ruhig im Stall war, fütterte ich einem der Pferde seine Ration. Die Pferde neben ihm dachten, dass die Tatsache, dass ihr Freund sein Kraftfutter er-hielt, bedeutete, dass auch sie ihr Futter bekommen würden, und waren ein wenig aufgeregt. Sie waren aber erneut verdutzt, als ich ein anderes Pferd zum Reiten mitnahm.

Dies setzte sich den ganzen Tag über fort, wobei zwar alle Pferde ihr Kraftfutter erhielten, aber keines von ihnen bekam seine Ration nach etwas, das es irgendwie mit der Fütterung verknüpfen konnte, sei es die Annäherung an seine Box mit dem Eimer oder dass sein Nachbar gefüttert wurde. Ich behielt diesen Ablauf jeden Tag bei, und nur etwa fünf Tage später kam ich morgens an, klapperte mit den Deckeln der Tonnen, schüttete das Futter in Eimer und stellte die Eimer vor jede Box, und kein Pferd nahm davon Notiz.

Von da an war es kein Thema mehr. Ich bereitete das Futter immer morgens vor, manchmal fütterte ich alle Pferde sofort nach dem Mischen, manchmal über den Tag verteilt. Manchmal, wenn ich einem Pferd Kraftfutter gab, gab ich auch seinen Nachbarn etwas, und manchmal nicht. Die einzige Konsistenz, die ich wirklich einhielt, war, dass ich einem Pferd, das Anzeichen zeigte, dass es jetzt sein Futter erwartete, dieses nicht gab. Es war eine sehr einfache Lösung, aber auch hier muss man präsent sein, um zu erkennen, dass das Pferd eine Handlung mit der nächsten verknüpft.

Drängelnde Pferde

Ich gab einmal einer sehr netten Familie einen Privatkurs, und gleich am ersten Tag beschlossen alle Familienmitglieder, dass ich zuerst dem Hausherrn mit seiner Stute helfen sollte. Eines seiner Hauptprobleme war, dass das Pferd sehr ungeduldig war und drängelte, wenn er in die Box ging, um es aufzuhalftern.

Ich wollte mir den ganzen Vorgang gerne ansehen, und so gingen wir in den Stall. Die Stute stand ruhig in ihrer Box, und ich unterhielt mich kurz mit dem Mann vor der Box, bevor ich ihn bat, mir das Problem zu zeigen. Er nahm Halfter und Strick von einem Haken, der außerhalb der Box hing, und die Stute begann sofort, aufgeregt in der Box hin und her zu laufen. Er wollte die Boxentür öffnen, und ich sagte zu ihm: „Siehst du denn nicht, was hier passiert?"

Er sah mich skeptisch an.

„Dein Pferd", sagte ich, „war völlig entspannt, bis du das Halfter in die Hand genommen hast. Jetzt erwartet es, dass du reinkommst, es holst und rausbringst."

Ich fuhr fort, ihm zu erklären, dass die Stute keine Anzeichen von Ungeduld gezeigt hatte, bis er das Halfter in die Hand nahm. An dieser Stelle kommt das Prinzip *Arbeite mit dem Pferd, das du heute hast* ins Spiel. Man muss präsent sein, um zu bemerken, was vor sich geht, und man darf nicht voreilig handeln.

Wir standen eine Weile da und unterhielten uns darüber, wie es zu Problemen führen kann, wenn man Veränderungen im Verhalten des Pferdes übersieht. Diese Probleme können dafür sorgen, dass wir das Verhalten unseres Pferdes als „respektlos" oder „ungezogen" abstempeln, und schon bald ist das Problem nicht mehr zu beheben, sondern wird einfach Teil der Persönlichkeit des Pferdes. Je länger wir dort standen, desto mehr entspannte sich seine Stute. Sie rechnete nicht mehr damit, dass er sie aufhalftern und nach draußen bringen würde, nur weil er das Halfter in die Hand nahm. Als ich ihn schließlich hineingehen und sie aufhalftern ließ, war sie nicht mehr ungeduldig. Ich sagte ihm, dass ich, anstatt ein Problem, das ich verursacht habe, mit einer Art Korrekturtraining lösen zu müssen, das Problem lieber gar nicht erst entstehen lassen würde.

Als er die Tür öffnete, um die Stute aus der Box zu führen, befand er sich auf ihrer linken Seite, und sie drängte auf die Tür zu, ohne auf ihn zu warten, also ließ ich ihn links in Richtung Hinterhand gehen und so dafür sorgen, dass die Stute eine volle Drehung nach links machte. Das wiederholten wir so lange, bis die Stute nicht mehr davon ausging, dass sie als Nächstes zur Tür hinausgehen würden. Nun war es möglich, dass sie vielleicht etwas ganz anderes tun würden. Ich habe gesehen, wie sich diese Art von Antizipation in normale alltägliche Aktivitäten einschleicht, z. B. wenn man ein Pferd auf die Weide bringt. Der Mensch geht mit ihm auf die Weide, lässt es frei und geht dann wieder. Wenn dies jeden Tag auf die gleiche Weise geschieht, beginnt das Pferd bald, sich darauf einzustellen, sich von der Person zu lösen und sich dann zu entfernen. Langsam geht es dazu über, sich mental zu verabschieden, bevor das Halfter abgenommen wird, und das führt bald dazu, dass es bereits wegdrängt, während das Halfter abgenommen wird. Eines der Hauptziele des bindungsorientierten Trainings besteht darin, dass die Aufmerksamkeit und die Gedanken unseres Pferdes bei jeder Interaktion auf uns gerichtet sind, und nicht auf die Weide oder seine Freunde.

Um diese Antizipationsspirale zu unterbrechen, ist es entscheidend, im Moment zu bleiben und sich bewusst zu machen, was unser Pferd denkt. Ich mache es mir zur Gewohnheit, mir sehr bewusst zu machen, wo seine Gedanken sind, bevor ich das Halfter abnehme. Wenn die Gedanken des Pferdes nicht bei mir sind, warte ich entweder, bis seine Gedanken zu mir zurückkehren, bevor ich das Halfter abnehme, oder ich tue etwas, damit seine Gedanken zu mir zurückkommen, bevor ich das Halfter abnehme. Ich bleibe auch nach dem Abnehmen des Halfters noch bei ihm, wobei ich die Dauer des Aufenthalts variiere, damit es kein festes Muster gibt.

Manchmal gewöhnen sich Menschen eine Routine an, die schon auf der Weide für Probleme sorgt. Oft wissen Pferde, die über Nacht im Stall bleiben und tagsüber auf die Weide gehen, genau, wohin sie gehen werden, wenn sie morgens aufgehalftert werden. Sie gehen geradewegs auf ihre Weide, ohne auf den Menschen am Ende des Führseils zu achten. Was die Sache noch schlimmer macht, ist, dass die Person oft am Führseil zieht, um das Pferd zu verlangsamen, ohne Erfolg, und wenn sie die Weide erreichen, hört das Ziehen am Führseil auf.

Auf diese Weise können Menschen ihrem Pferd unbeabsichtigt beibringen, nicht auf Druck am Zaum zu reagieren, was sich häufig in unterm Sattel unkontrollierbaren Pferden niederschlägt. Die Beispiele, die ich bis jetzt besprochen habe, sind Beispiele dafür, dass Antizipation unser schlimmster Feind sein kann, also Erwartung, die Probleme schafft. Im Folgenden möchte ich erörtern, wie wir Antizipation als unseren besten Freund nutzen können. Zur Veranschaulichung möchte ich einige Beispiele aus dem Training einiger der weltbesten Dressurreiter anführen, über die ich gelesen habe.

Das Genie des Carl Hester

Charlotte Dujardin ist eine britische Olympia-Dressurreiterin. Sie hielt sämtliche Einzeltitel der Elite-Dressur gleichzeitig: Gold in der olympischen Einzelkür, Grand Prix Spécial und Grand Prix Kür im Einzel bei den Weltreiterspielen sowie Grand Prix Spécial und Grand Prix Kür im Einzel bei den Europameisterschaften. Dujardin war die erste Reiterin, die alle diese Titel gleichzeitig innehatte.

Ich lernte Charlotte im Jahr 2014 auf der Equitana, Australiens größter Pferdemesse, kennen, wo wir beide als Referenten auftraten. Ich hatte das Vergnügen, ihr eine Reining-Stunde zu geben, und war nicht überrascht, dass sie schnell lernte. Vor einigen Jahren las ich einen Artikel über eine Technik, die Charlotte anwendet, um ihrem Pferd zu helfen, die Ecke tief auszureiten, bevor sie über die Diagonale durch die Bahn wechselt. Dies ist die schärfste Wendung, die ein Pferd in dieser Disziplin machen kann. Wenn man an der langen Seite der Bahn hinunter und um die Ecke reitet, ist das ein 90-Grad-Winkel, aber wenn man über die Diagonale reitet, ist der Winkel um einiges enger (45 Grad) und daher schwieriger für das Pferd, und so neigt es dazu, die Ecke abzukürzen, um es sich etwas leichter zu machen. Viele Reiter, die solche Pferde haben, üben mehr Druck mit Zügeln und Schenkel aus, um ihr Pferd ganz in die Ecke zu reiten, aber Charlotte wendet eine andere Taktik an. Sie nutzt Antizipation.

Sie reitet das Pferd über die Diagonale geradeaus in die Ecke, hält an und macht eine Pause. Wenn sie dies konsequent durchführt, erwartet das Pferd, dass es in der Ecke rasten kann, nachdem es die Diagonale gegangen ist, sodass es bereitwillig bis in die Ecke hineingeht. Auch hier kommt das Prinzip *Wähle, wo du arbeitest und wo pausiert wird* zum Einsatz.

Ich wende eine ähnliche Technik zu Beginn der Ausbildung von Jungpferden an. Wenn sie frisch unter dem Sattel sind, möchte ich, dass sie in der Lage sind, am lockeren Zügel Schritt zu gehen, zu traben und zu galoppieren und dabei alle Teile des Reitplatzes zu nutzen, ohne dass ich ihnen sage, wohin sie gehen sollen. Das scheint für viele der Heilige Gral des Reitens zu sein, aber für mich ist es die grundlegende Basis, auf der alles andere aufbaut. Es ist ganz einfach zu erreichen, indem man das Prinzip *Geh nicht wütend schlafen* für Entspannung und Selbstkontrolle in allen Gangarten anwendet, und das Prinzip *Wähle, wo du arbeitest und wo pausiert wird* einsetzt, um das Pferd dazu zu bringen, den gesamten Reitplatz zu nutzen, wie in der Geschichte über den ersten Ritt auf dem Reitplatz in Kapitel fünf beschrieben.

Irgendwann danach mache ich eine Übung, die ich *Folge dem Zaun* nenne, bei der ich dem Pferd beibringe, in einer bestimmten Gangart und direkt am Zaun oder an der Bande zu bleiben, die ganze Runde um den Reitplatz herum, ohne dass ich es aktiv dort halte. Ich beginne im Schritt, an der Umzäunung, mit losen Zügeln. Wenn das Pferd vom Zaun abwendet, lenke ich es einfach zurück dorthin. Dies geschieht nach dem Prinzip *Mach Falsches schwer und Richtiges leicht*. Das *Schwere* ist in diesem Fall einfach das Aufnehmen der Zügel und das Zurückführen des Pferdes an den Zaun, und das *Leichte* ist das Nachgeben nach dieser Aufforderung.

Pferde wählen immer die bequemste von zwei Möglichkeiten, und obwohl Gelenktwerden nicht unangenehm ist, ist der lose Zügel am Zaun *bequemer*.

Im Schritt ist das Ganze normalerweise einfach, aber im Trab und im Galopp wird das Pferd beginnen, die Ecken abzukürzen, obwohl ich es immer wieder in die Ecken zurücklenke, wenn es das tut. In diesem Fall ist es für das Pferd bequemer, sich nicht in die Ecke zu bemühen, als den kleinen Druck zu vermeiden, den es beim Zurücklenken in die Ecke erfährt, oder die Erleichterung, die es erfährt, wenn es dort hingeht.

Zu diesem Zeitpunkt beginne ich damit, es in den Ecken nicht nur an den Zaun zurückzulenken, sondern direkt in die Ecke hinein, dort anzuhalten und es mit Blick in die Ecke pausieren zu lassen. Das mache ich eine Zeit lang in jeder Ecke so, und bald geht es im Trab und im Galopp direkt in die Ecken, um zu sehen, ob es dort Pause machen kann. Mit anderen Worten, ich bringe dem Pferd bei zu antizipieren, wenn es eine Pause gibt, dann in der Ecke (und wenn man es bis dahin gut trainiert hat, *weiß* es, dass eine Pause kommt), und das veranlasst es, dorthin gehen zu wollen. Wenn es gut in die Ecken geht, reite ich einfach weiter vorwärts, und wenn es die Ecken abschneidet, lenke ich es in die Ecke und pausiere dort. Je weiter das Pferd in dieser Übung ist, desto weniger Zeit verbringt man in den Ecken mit Pausen.

Ein weiterer Dressurausbilder, der Antizipation zu seinem Vorteil nutzt, ist der olympische Goldmedaillengewinner Carl Hester. Ich habe Carl vor ein paar Jahren auf der Pferdemesse Equidays in Hamilton, Neuseeland, kennengelernt, wo wir beide als Referenten teilnahmen. Wir gehörten zu einer Gruppe von Moderatoren, die Zuschauerfragen beantworteten, und es war faszinierend, ein paar seiner Geschichten zu hören. Er hielt dort auch einen Dressur-Masterclass-Kurs ab, und als ich ihm dabei zusah, konnte ich nicht umhin, über die Trainingsprinzipien nachzudenken, die er bei jedem seiner Vorschläge anwandte.

Ich habe vor Jahren einen Artikel von Carl gelesen, in dem er seinen Lösungsweg für Dressurpferde beschrieb, die im Dressurviereck in den Ecken ihre innere Schulter hängen lassen. Diese Pferde antizipieren, dass sie um die Ecke gehen werden. Denken wir darüber nach. Wenn wir ein Pferd jeden Tag auf dem Hufschlag um das

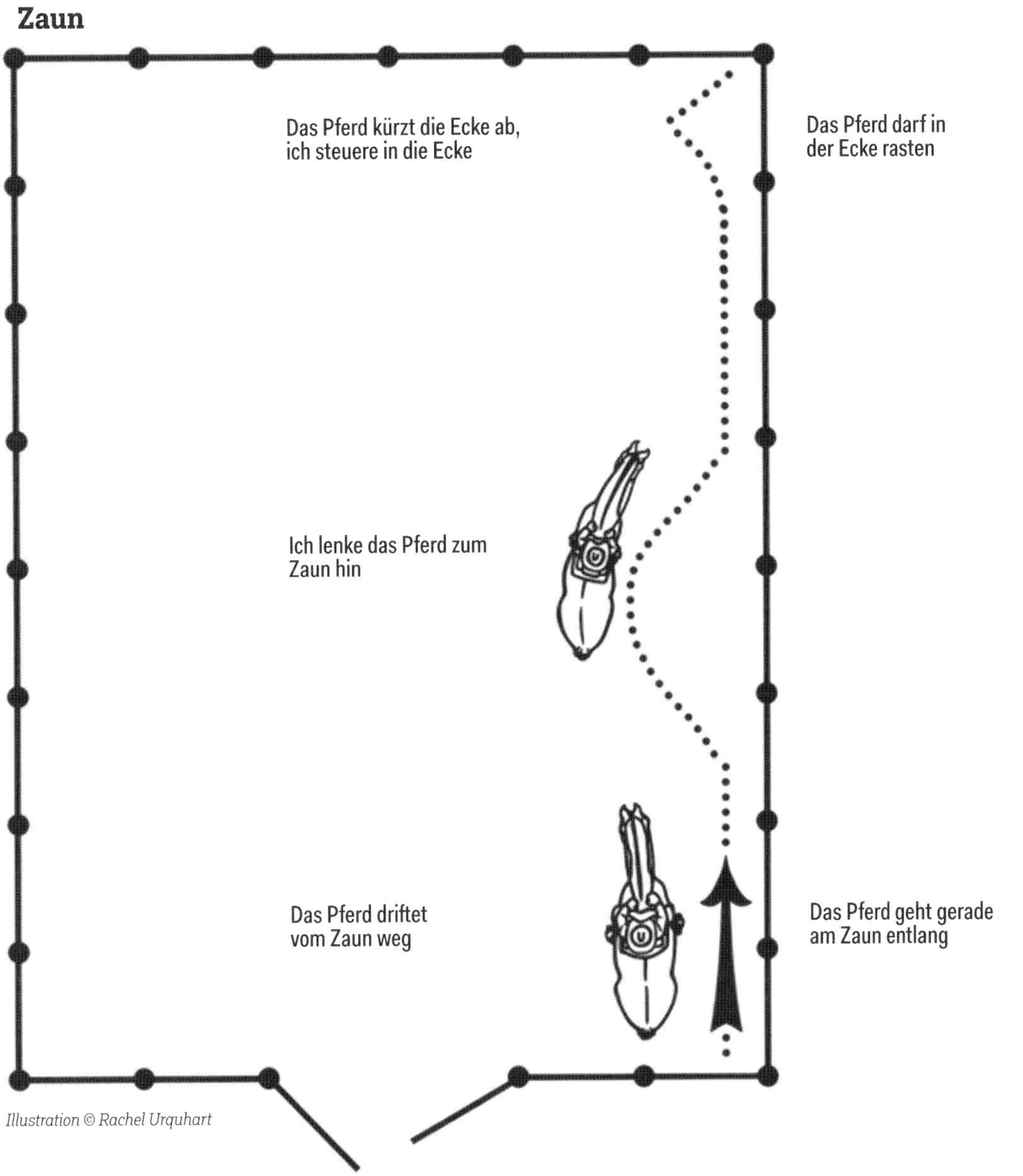

Illustration © Rachel Urquhart

Viereck reiten und wir es jedes Mal, wenn es zu einer Ecke kommt, durch diese Ecke reiten, wird es bald nicht mehr auf unsere Hilfen warten. Es wird beginnen, die Ecke zu antizipieren, noch bevor es dort ankommt. Wenn wir es dann mit viel Innenzügel und Innenschenkel in die Ecke treiben, üben wir in der Ecke mehr Druck aus als anderswo, und es wird folglich noch stärker versuchen, die Ecke zu meiden. Das führt in der Regel dazu, dass in der Ecke noch mehr Schenkel eingesetzt wird, was wiederum zu einem stärkeren Meideverhalten führt.

In dem Artikel von Carl, den ich gelesen habe, lässt er die Zügel los, wenn er sich der Ecke nähert, anstatt mehr Druck auszuüben, und natürlich kürzt das Pferd dann die Ecke ab. Er hält es sofort an, macht eine Vorhandwendung nach *außen* und reitet dann die Bande entlang zurück zur vorherigen Ecke. Das macht er in jeder Ecke, in die er kommt, und schon bald erwartet das Pferd nicht mehr, um die Ecke zu biegen, sondern sich in die entgegensetzte Richtung zu drehen, sodass es, anstatt die Schulter in der Kurve fallen zu lassen, beginnt, die Schultern gerade zu halten, in der *Erwartung*, dass es sich vielleicht nach außen drehen wird. In dieser Übung steckt viel vom *Tue das Gegenteil*-Prinzip, und wir werden dieses Thema in Kapitel zehn vertiefen.

Vor einigen Jahren hatte ich bei einem meiner Seminare ein Dressurpferd, das ein großes Problem mit Antizipation hatte, doch die Besitzerin dachte, das Problem läge an der mangelnden Reaktion auf ihre Hilfen. Als ich sie fragte, woran sie arbeiten wolle, sagte sie, dass ihr Pferd im Galopp in den Kurven über die Schulter nach innen fiele , und sie wollte wissen, wie sie es dazu bringen könne, besser auf ihre Hilfen, ihren Innenschenkel und den inneren und äußeren Zügel, zu reagieren.

Ich bat sie, mir das Problem zu zeigen. Sie galoppierte auf der rechten Hand an der langen Seite der Bahn entlang und näherte sich der Ecke. Etwa zehn Meter vor der Ecke fiel das Pferd auf die rechte Schulter, und die Reiterin versuchte mit aller Kraft, es wieder aufzurichten, ohne Erfolg. Es lehnte sich schief wie ein Motorrad in die Kurve.

In meinen Augen war das so, weil es überzeugt war, um diese Ecke kommen zu müssen, und auf nichts anderes vorbereitet war. Mit anderen Worten, es hat die Ecke *antizipiert*. Ich sagte zu der Reiterin: „Okay, versuchen wir es noch einmal, und sobald es anfängt, auf die Schulter zu fallen, versuchst du nicht, es daran zu hindern. Ich möchte stattdessen, dass du dein Pferd nur mit dem Außenzügel aufforderst, in Richtung des Zauns zu wenden und in die Gegenrichtung zu gehen. Versuche nicht, dich auf technische Details zu konzentrieren, aber erzwinge es nicht. Führ einfach den Zügel zur Seite und fordere dein Pferd sanft auf zu wenden. Wenn es nicht wendet, erzwingst du nichts, sondern wartest einfach, bis es seinen Körper so weit unter Kontrolle hat, dass es dir die Wendung anbietet."

Sie galoppierten auf der rechten Hand die lange Seite hinunter, und noch bevor sie den Buchstaben H erreichten, der sich sechs Meter vor der Ecke befindet, begann das Pferd, sich von der Bande zu lösen und nach innen zu lehnen. Die Reiterin forderte es auf meine Anweisung hin auf, dort nach links zu wenden, aber das Pferd war so unbalanciert, dass es ihm unmöglich war, dies genau dort zu tun. Es war erst in der Lage, nach links zu wenden, als es auf halber Strecke der kurzen Seite beim Buchstaben C war.

Könnte das Pferd sprechen, hätten seine Worte wohl so geklungen: „Was? Du willst, dass ich nach links wende? Das kann ich nicht. Warte mal, ich muss mich umarrangieren, damit ich das kann. Warte, hab's fast geschafft. So, jetzt kann ich nach links wenden."

Ich ließ die beiden die Übung wiederholen, und beim nächsten Mal wendete das Pferd kurz vor C. Dann, beim nächsten Mal, konnte es etwas früher wenden, beim darauffolgenden Mal noch etwas früher. Schließlich konnte die Besitzerin ihr Pferd an der langen Seite auf die Ecke zureiten, und als es anfing, sich ein wenig nach innen zu neigen, konnte die Reiterin sanft links den Zügel öffnen, und das Pferd konnte nach links abwenden, während es sich immer noch an der langen Seite des Reitplatzes befand. Anstatt zu erwarten, dass es nach rechts abbiegen würde, und daher körperlich ausschließlich darauf vorbereitet zu sein, nach rechts zu gehen, blieb es nun mittig und wartete ab, ob es nach rechts *oder* nach links wenden sollte.

Dann wies ich die Reiterin an, die lange Seite hinunterzugaloppieren und, wenn sie sich der Ecke näherte, einfach die gleiche Kombination aus Innenschenkel und Zügeln einzusetzen, die sie bei ihrem ersten Versuch, um die Ecke zu reiten, benutzt hatte, als es nicht funktionierte.

Das tat sie, und als sie den inneren Schenkel anlegte, wich ihr Pferd dem mühelos und legte eine perfekte Kurve hin. Die Augen der Reiterin wurden vor lauter Staunen ganz groß. Ihr Pferd musste nicht lernen, besser auf den Schenkel zu reagieren, sondern es musste aufhören, eine Rechtskurve zu erwarten, und anfangen, in beide Richtungen zu denken. Mit anderen Worten: Von der Antizipation, die unser schlimmster Feind ist, hin zur Antizipation, die unser bester Freund ist.

Vor vielen Jahren hörte ich ein Sprichwort, das die Person, die es mir sagte, Tom Dorrance zuschrieb, aber es ist das einzige Mal, dass ich es je gehört habe, daher bin ich mir nicht sicher, ob es von Tom stammt oder nicht. Das Sprichwort lautete: „*Don't say don't, say do*" (auf Deutsch: „Sage nicht, tue das nicht, sage, tue es"). Es geht darum, etwas zu *erfragen*, das *geschehen soll*, anstatt zu versuchen, etwas zu *verhindern*, das *nicht geschehen* soll. Dadurch wird dem Pferd abgewöhnt, sich auf unsere Hilfen zu verlassen, und es lernt stattdessen, selbstverantwortlich zu sein.

Das ist genau das, worum es sowohl beim Beispiel des Dressurpferdes in meinem Seminar geht, als auch bei dem, was Carl Hester bei den Pferden anwendet, die ihre Schultern in den Ecken hängen lassen. Keiner von uns sagt ihnen, dass sie sich *nicht* nach innen lehnen *sollen*. Wir sagen allerdings beide, dass sie nach außen abwenden *sollen*.

Im ersten Kapitel haben wir gesehen, wie der Versuch, *nicht* an einen großen blauen Baum zu denken, nur dazu führt, dass man an große blaue Bäume denkt. An einen orangefarbenen Basketball zu denken, anstatt zu versuchen, nicht an einen großen blauen Baum zu denken, macht einen großen Unterschied. Die gesamte Ausbildung von Pferden beruht auf der Fähigkeit des Pferdes, Dinge, die nacheinander geschehen, geistig miteinander zu verknüpfen und unzusammenhängende Dinge zu ignorieren. Dies zu verstehen ist der Schlüssel dazu, Antizipation zu nutzen, wenn man sie braucht, und das Entstehen von Antizipation dort zu vermeiden, wo man sie nicht möchte.

Kapitel

10

Tue das Gegenteil

Treffen wir uns in der Mitte: Der Prozess der Versammlung

Ein altes englisches Sprichwort lautet: „Schnelle Pferde reitet man langsam und langsame Pferde reitet man schnell." Das Sprichwort bringt das Prinzip *Tue das Gegenteil*, bei dem es darum geht, das Pferd auszubalancieren, perfekt auf den Punkt. In den meisten Fällen bringt es keinen Effekt, wenn wir das weiterführen, was unser Pferd bereits tut. Im vorigen Kapitel habe ich vom britischen Dressur-Olympiasieger Carl Hester erzählt und darüber, wie er das Pferd anhält und *in* die Ecke *hinein* lenkt, wenn es in der Kurve über die innere Schulter nach innen fällt.. Damit tut er das Gegenteil dessen, was das Pferd zunächst tun will.

Carl war Mentor und Trainer von Charlotte Dujardin, als sie als erste Dressurreiterin der Geschichte vier Weltmeistertitel in Folge errang. Sie gewann diese Titel mit ihrem großartigen Pferd Valegro. Zu dieser Zeit trat auch Carl mit einem Pferd namens Nip Tuck an. Ich habe mehrere Artikel gelesen, in denen Carl über die beiden unterschiedlichen Pferde sprach, und in einem davon sagte er, dass Valegro ein „starker" Traber sei, sodass er ihn zu Hause selten verstärkt traben ließ. Er arbeitete hingegen stets daran, ihn verkürzt und versammelt zu traben. Nip Tuck hingegen sei ein kurz trabendes Pferd, also arbeitete er immer daran, ihn verstärkt traben zu lassen.

In einem anderen Artikel sprach er über die Gestaltung der Kür im Grand Prix Spécial für das jeweilige Pferd. Er sagte, dass er Valegro im Arbeitstrab hereinkommen ließ, denn wenn er im verstärkten Trab hereinkäme, bliebe er während der gesamten Darbietung zu „energetisch", während er Nip Tuck im verstärkten Trab hereintraben ließ, da ihm sonst während der Darbietung der Dampf ausginge. Beides sind großartige Beispiele für das Prinzip *Tue das Gegenteil*, das nicht nur ein Prinzip des Pferdetrainings ist, sondern ein generelles Prinzip im Leben, bei dem es um Ausgewogenheit geht. Wenn der Druck im Autoreifen zu niedrig ist, pumpt man ihn auf. Wenn der Druck zu hoch ist, lässt man etwas Luft ab. Wenn man Teig zum Backen anrührt und er zu trocken ist, gibt man mehr vom Gegenteil hinzu, nämlich Flüssigkeit. Wäre der Teig zu flüssig, würde man mehr Mehl hinzufügen.

Eines der Szenarien des *Tue das Gegenteil*-Prinzips zeigt auf, wie wichtig es ist, sicherzustellen, dass unser Pferd sowohl Entspannung als auch Aktivierung emotional abrufen und leicht zwischen diesen beiden wechseln kann.

Hier kommt ein gutes Beispiel dafür. Im Laufe der Jahre habe ich oft erlebt, dass Leute etwas in der Art sagten wie: „Mein Pferd hat immer alles gemacht, was ich wollte. Es war immer völlig brav. Neulich war ich auf einem Ausritt, und ein Ast lag quer über dem Weg. Ich wollte, dass es darübersteigt, aber es wollte nicht. Also klopfte ich mit meinen Schenkeln und schob es dann ein wenig mit dem Kreuz an, und da stieg es und buckelte mich herunter. Was soll ich jetzt tun? So etwas hat es noch nie gemacht. Es hat immer alles gemacht, was ich wollte."

Ich frage dann: „Reitest du dein Pferd gerne richtig schnell und mit Vollgas?" In der Regel lautet die Antwort: „Nein, eigentlich bin ich eher ängstlich, daher reite ich lieber langsam und vorsichtig." Also frage ich: „Dein Pferd liebt es also, richtig schnell und mit viel Energie herumzulaufen?", und dann heißt es: „Nein, eigentlich ist es eher faul." Dann antworte ich: „Nun, das ist genau dein Problem. Das Problem ist, dass dein Pferd noch nie getan hat, was du von ihm wolltest. Es hat immer nur das getan, was es selbst tun wollte, und das hat sich rein zufällig auch mit dem gedeckt, was du wolltest. An dem Tag, an dem du es zum ersten Mal aufgefordert hast, etwas zu tun, das es nicht von sich aus tun wollte, hat es sich dann ziemlich heftig beschwert. Deshalb ist es wichtig, das Pferd während des Trainings zu etwas auffordern zu können, das ihm gerade selbst nicht in den Sinn kommt."

Das, was wir erreichen möchten, ist Balance: sowohl ein mentales als auch ein körperliches Gleichgewicht. Der Schlüssel zum Erreichen dieser Balance liegt in den Übergängen zwischen den mentalen Zuständen, den körperlichen Positionen und den unterschiedlichen Energien. Wenn dein Pferd dazu neigt, nicht viel Energie zu haben, hast du auch kein wirklich voll funktionsfähiges Pferd, und zwar so lange, bis du auch viel Energie von ihm abfragen kannst. John Lyons, einer der ersten weithin bekannten US-Pferdetrainer, sagte: „Ein sicheres Pferd ist immer auch ruhig, aber ein ruhiges Pferd ist nicht unbedingt sicher." Was er damit meint, ist, dass ein Pferd, das wir als sicher ansehen, ruhig sein muss, aber auch in der Lage sein muss, problemlos Energie zu zeigen. Wenn wir das nicht können und das Pferd *nur* ruhig ist, dann kann es uns unter gegebenen Umständen große Probleme bereiten.

Das steht in engem Zusammenhang mit dem Prinzip *Gehe nicht wütend schlafen*, bei dem das Pferd in der Lage sein muss, sich zu entspannen, nachdem es aktiviert wurde. Wenn unser Pferd hingegen generell sehr viel Energie hat, haben wir erst dann ein voll funktionsfähiges Pferd, wenn wir es in die Lage versetzen können, diese Energie zu reduzieren oder sich zu entspannen. Wenn wir das Prinzip *Arbeite mit dem Pferd, das du heute hast* befolgen, werden wir nie dieselbe Übung immer und immer wiederholen. Wir verwenden stattdessen die Prinzipien, um eigene Methoden zu entwickeln, je nachdem, was unser Pferd im Moment braucht, und das bedeutet oft, das Gegenteil von dem zu tun, was es gerade tut.

Wenn wir diese Arbeit gut machen, wird uns das Pferd im Idealfall auf halber Strecke entgegenkommen. Der klassische Dressurreiter Nuno Oliveira hatte ein Sprichwort: „Das Pferd muss entspannt, aber nicht schlaff sein; es muss aktiv, aber nicht nervös sein." Das Pferd muss sich in der Mitte befinden, mit einem Fuß im Entspannungsbereich und einem im Energiebereich. Am Anfang wird das Pferd entspannt sein, aber ein bisschen träge und ohne Energie. Wir können und werden nicht von entspannt und träge zu entspannt und energetisch übergehen. Wenn unser Pferd entspannt und träge ist, werden wir, wenn wir die Trägheit verlieren und etwas Energie gewinnen, auch die Entspannung verlieren. Wir müssen dann die Entspannung wiederherstellen, und wenn wir das tun, verlieren wir die Energie.

Illustration © Rachel Urquhart

Diese Übergänge von entspannt und träge hin zu energetisch und nervös werden eine ganze Weile andauern, bis unser Pferd schließlich den magischen Punkt in der Mitte findet, an dem es entspannt *und* energetisch ist.

Ein wichtiger Punkt dabei ist, dass wir entsprechend daran arbeiten, bis das Ergebnis perfekt ist. Wenn unser Pferd aufgeregt ist, müssen wir es vollständig wieder herunterbringen, damit sich sein Nervensystem wieder in den Neutralzustand begibt. Die Anspannung muss vollständig abfallen. Wenn unser Pferd bei seinem zwölften Kaninchen ist und wir nur zwei Kaninchen loswerden, hat es gute Chancen, sein Limit von dreizehn Kaninchen zu erreichen, wenn wir das nächste Mal etwas Energetisches verlangen und es dabei nervös wird.

Der wesentliche Schlüssel dazu, dies zu verstehen und ohne Frustration anzuwenden, besteht darin zu erkennen, dass man nicht auf direktem Weg zum Gleichgewicht gelangen kann, sondern dass die Nadel von einem Extrem zum anderen gehen wird, und zwar in immer kleineren Schritten, bis sie schließlich in der Mitte bleibt. Egal, ob es bei diesen Übergängen um mentale Zustände oder um körperliches Gleichgewicht geht, wie im Beispiel von Carl Hester – der Versuch, das Pferd durch direkte Einwirkung in der Mitte zu *halten*, funktioniert nie, wenn man ein dynamisches, selbstreguliertes Pferd in Selbsthaltung haben will.

Der Prozess der Versammlung

Wenn wir an die klassische Dressur oder jegliches gute Reiten denken, sind Übergänge stets der Weg zur Veränderung der Art, wie das Pferd sich selbst trägt. Sehen wir uns einige grundlegende Dressurübergänge an. Zunächst die Übergänge Schritt – Trab – Schritt. Wenn wir diese Übergänge über einen längeren Zeitraum hinweg immer enger aneinanderreihen, führt dies schließlich zu einer gewissen Selbsthaltung und Versammlung im Schritt. Dies geschieht durch das Prinzip *Antizipation: Bester Freund oder schlimmster Feind*. Wenn wir den Punkt erreichen, an dem wir zwei Schrittabfolgen im Schritt reiten, dann zwei Trittabfolgen traben und dann wieder zwei Schrittabfolgen im Schritt reiten, wird das Pferd, sobald wir es zum Schritt auffordern, zwar Schritt gehen, aber den sofortigen Trab antizipieren und die Energie für den Trab bereithalten, während es Schritt geht. Das ist Selbsthaltung und der Beginn der Versammlung.

Diese Übergänge führen nur dann zur Selbsthaltung, wenn unser Pferd die Energie, in der es sich dabei befindet, auch verändern kann. Wenn dein Pferd im Schritt wenig Energie hat und du dann in einen Trab übergehst, der zwar ein Zweitakt ist, aber wie der langsamste Western-Jog der Welt aussieht, haben wir die Energiemenge nicht wirklich verändert. Wir haben nicht das Gegenteil von dem getan, was wir bisher getan haben. Wir hätten den Übergang genauso gut gar nicht machen brauchen. Und wenn wir tausend Übergänge zwischen einem trägen Schritt und einem langsamen Jog machen würden, würden diese Übergänge die Art und Weise, wie unser Pferd sich selbst trägt, nicht verändern. Es wäre dasselbe, wenn dein Pferd einen hochenergetischen, nervösen Schritt ginge und du zu einem hochenergetischen, nervösen Trab übergehen würdest und dann zurück zu einem hochenergetischen, nervösen Schritt.

Auch hier hat sich nichts verändert. Unser Pferd befindet sich in beiden Fällen immer noch im gleichen Zustand. Wir haben nicht das Gegenteil getan. Damit unser Pferd beginnt, sich besser selbst zu tragen, muss es bereit sein, etwas zu tun, das es gerade nicht tut.

Wenn es gerade trabt, muss es zugleich bereit sein, Schritt zu gehen. Wenn es sich gerade im Schritt bewegt, muss es zugleich bereit sein zu traben. Je näher diese Übergänge beieinanderliegen, desto mehr Selbsthaltung hat es. Dies erinnert auch an Rafael Nadal, einen der besten Tennisspieler der Welt, wenn er auf einen Aufschlag wartet. Er geht leicht in die Hocke und ist bereit, in jede Richtung zu laufen – ganz im Gegensatz zu Usain Bolt, dem schnellsten Mann der Welt über 100 Meter, der in den Startblöcken stehend einzig und allein bereit dafür ist, in eine Richtung loszusprinten.

Wenn wir an das Prinzip *Geh nicht wütend schlafen* denken, wird klar, dass wir als Erstes dafür sorgen müssen, dass sich das Pferd entspannt. Aber sobald wir erreicht haben, dass das Pferd entspannt ist, ist es unsere nächste Aufgabe, das Pferd dazu zu bringen, Energie abzurufen. Es muss den Sympathikus aktivieren. Wenn unser Pferd diese Energie aufbringt, verliert es in der Regel etwas von der Entspannung und es fällt ihm schwer, wieder in den Parasympathikus zu wechseln. Das ist völlig normal. Zu diesem

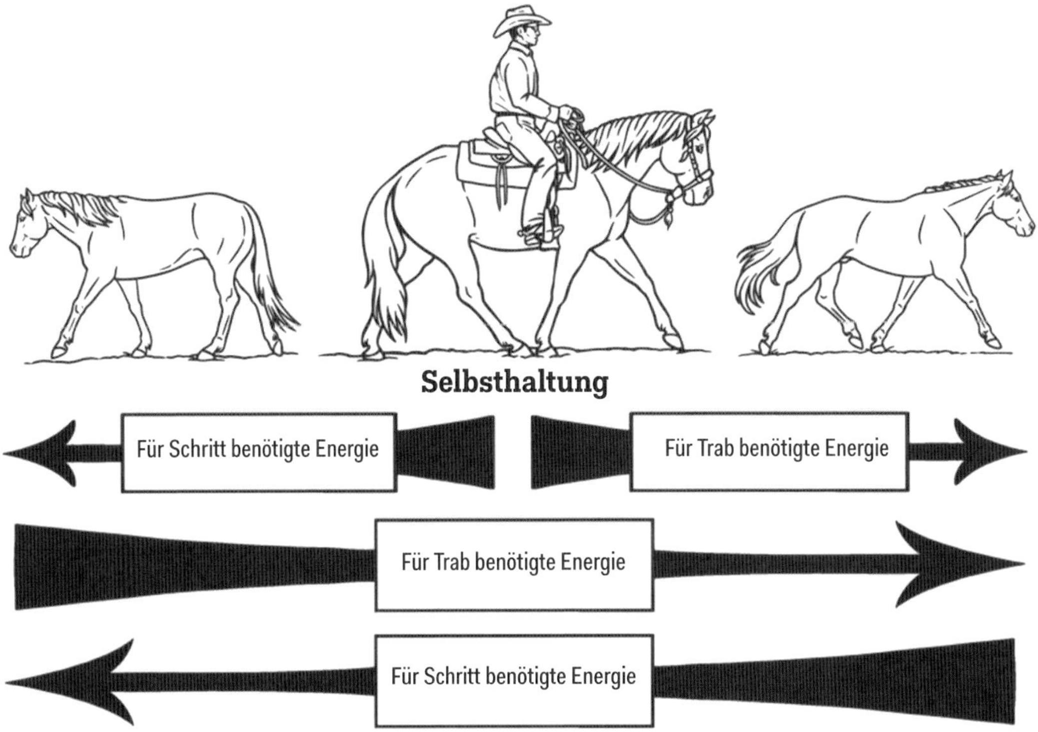

Illustration © Rachel Urquhart

Zeitpunkt gilt es, das Gegenteil zu tun und die Entspannung wiederherzustellen.

Schließlich jedoch kann man beides in gleichem Maße bekommen, sodass das Pferd entspannt und zugleich energiegeladen sein kann, wie im Spiel mit anderen Pferden. Das Prinzip *Tue das Gegenteil* ist ein guter Wegweiser dafür, was wir als Nächstes mit unserem Pferd tun können, aber es gibt auch einige Dinge dabei zu beachten. Wir dürfen die anderen Trainingsprinzipien nicht vergessen, und das erste Prinzip, das uns hier in den Sinn kommt, ist: *Das Pferd muss die Antwort kennen, bevor du fragst*. Wir werden von einem Pferd nicht ein Gegenteil verlangen, solange es nicht weiß, wie es das gut machen kann.

Ein gutes Beispiel dafür ist das Lenken. Wenn ich ein Jungpferd reite und es auf die linke Schulter fällt, während ich auf der linken Hand auf dem Reitplatz außen herum reite, dann werde ich wahrscheinlich eine Rechtswendung mit ihm machen. Das heißt, ich wende es in die entgegengesetzte Richtung zu der, in die es weiterzugehen glaubt. Der Grund dafür, dass es sich nach links lehnt, während es sich linksherum bewegt, ist, dass es sich selbst vorauseilt und meint, es würde sich ja weiterhin linksherum bewegen. Wenn ich es nun nach rechts lenke, muss es sein Körpergewicht neu ausrichten, damit es die Rechtswendung umsetzen kann.

Diese Art von Übergängen funktioniert hervorragend mit Jungpferden, die noch nicht an die subtileren Hilfen gewöhnt sind. Aber das ist natürlich nur bei einem Pferd möglich, das gut zu lenken ist. Wenn ich hingegen ein Jungpferd reite und noch daran arbeite, ihm das Lenken beizubringen, werde ich nicht das Gegenteil von dem tun, was es denkt. Ich werde mich ihm zunächst anpassen und es in die Richtung lenken, in die es bereits selbst denkt.

Nehmen wir an, ich reite im Round Pen und mein Jungpferd geht quer durch die Mitte zur anderen Seite auf die Umzäunung zu. Wenn es in einem Winkel auf den Zaun zugeht, der mir sagt, dass es nach links abbiegen wird, sobald es dort ankommt, werde ich den linken Zügel sanft annehmen, bevor es abbiegt, und dann, wenn es abbiegt, den Zügel wieder loslassen. Auf diese Weise bringe ich ihm das Lenken bei, und hierbei kommen viele Prinzipien zum Tragen. Die Taktik basiert auf *Das Pferd muss die Antwort kennen, bevor du fragst*. Ich wusste, dass das Pferd am Zaun nach links abbiegen würde, bevor ich es darum bat, nach links abzubiegen. Ich *entwickle ein Werkzeug, bevor ich es anwende*, denn ich bringe ihm das Lenken bei, bevor ich es auffordere, sich lenken zu lassen. Und ich wende *Mach Falsches schwer und Richtiges leicht* an, wo es hauptsächlich darum geht, das Richtige leicht zu machen. In diesem Fall war das Pferd darauf eingestellt, nach links abzubiegen, sodass das Richtige, also das, was ich von ihm verlangte, leicht sein würde. Es falsch zu machen, indem es in die andere Richtung abbiegt, wäre ihm schwer gefallen. Nicht *hart zu ihm*, sondern *schwierig für es*.

Sobald ein Pferd verschiedene Werkzeuge kennengelernt hat oder die Antwort auf unsere Frage kennt, können wir das Prinzip *Tue das Gegenteil* sehr effektiv anwenden. Es geht jedoch nicht darum, das Pferd im Gegenteil zu halten, wenn es einmal dort angekommen ist. Wir versuchen, dem Pferd beizubringen, seine Mitte zu finden, und zwar sowohl geistig, indem es fließend hinauf- und hinunterschalten lernt, als auch körperlich, indem es in der Lage ist, von vorwärts nach rückwärts und von links nach rechts zu wechseln. Daran zu arbeiten, dass das Pferd diesen magischen Gleichgewichtspunkt in der Mitte findet, sowohl mental als auch körperlich, beinhaltet nicht, es dann dort festzuhalten. Wenn man ein Pferd nämlich irgendwo festhält, dann verlässt es normalerweise diesen Punkt, sobald man loslässt. Der Schlüssel liegt darin, ihm zu *erlauben*, diesen Punkt zu verlassen, und egal wo es dann landet, wird es von uns aufgefordert, das Gegenteil dessen zu tun.

Zu Beginn meiner Reining-Karriere besuchte ich ein Seminar bei einem bekannten Trainer namens Dell Hendricks, der zu dieser Zeit im Reining zur Weltspitze zählte. Ich nahm einen Hengst mit, den ich trainiert hatte – er war solide ausgebildet und konnte alle Manöver jedes Mal in gleichbleibender Qualität ausführen. Ich verstand genug von Pferden, um ihn gut auszubilden, aber ich wollte Hilfe, um die Manöver noch dynamischer zu machen. Ich wollte schnellere Spins und bessere Stopps. Ich wollte gar nicht unbedingt größere Stopps, was bedeutet hätte, ihn eine weitere Strecke sliden zu lassen, und ich wollte ihn auch nicht tiefer sliden lassen, was bedeutet hätte, seine Hinterbeine weiter unter ihn zu bringen und an der Biomechanik zu arbeiten.

Der Name des Pferdes war TJ, und er konnte sehr weit sliden. Allerdings verhinderte seine Körperhaltung im Stopp, dass wir einen zusätzlichen halben Punkt im Reining-Pattern bekamen (Drei Stopps pro Pattern = Eineinhalb Punkte, die mir fehlten). Mit der Hinterhand arbeitete er gut, aber er machte sich mit den Vorderbeinen steif und hielt seinen Kopf recht hoch.

Ich wollte, dass er den Stopp so ausführte, wie die Pferde meiner Helden es taten. Sie rannten im gestreckten Galopp längs über den Platz, und sobald der Reiter „Whoa" sagte, klappten sie sich förmlich in der Mitte zusammen, der Rücken krümmte sich, die Bauchmuskeln spannten sich an, die Vorderbeine trippelten weiter und der Kopf hing dabei nach vorn, als würden sie gerade unter einem Baum ein Nickerchen machen, und all das am völlig losen Zügel.

Ich freute mich darauf, Hilfe für dieses Pferd zu bekommen, denn ich hatte alles in meiner Macht Stehende versucht, um es dazu zu bringen, seine Vorderbeine zu lockern und seinen Hals zu entspannen, einschließlich des Bemühens, es dazu zu bringen, den Kopf unten zu tragen. Um Julia Roberts in *Pretty Woman* bei ihrem Einkaufsbummel zu zitieren: „Großer Fehler. Großer, großer Fehler."

Bei dem Seminar arbeiteten wir am ersten Morgen an den Zirkeln und am Nachmittag am Sliding Stop. Zu Kursbeginn ließ Dell mich an meinem Fencing arbeiten. Fencing ist ein Begriff, der in der Reining-Szene verwendet wird und eine Übung beschreibt, bei der man von einem Ende des Reitplatzes zum anderen galoppiert und dann dort zum Stillstand kommt. Viele denken, es ginge darum, den Zaun zu nutzen, um dem Pferd den Stopp beizubringen, aber es geht nur darum, ihm den korrekten Bewegungsablauf im Rundown beizubringen. Es geht darum, am Rundown vor dem Stopp zu arbeiten. Was sie am Ende der Bahn am Zaun dann tun, ist nicht wirklich von Belang, aber sie müssen kerzengerade dorthin laufen, so als würde man sie in einer 100-Meter-Sprintbahn bei den Olympischen Spielen aufstellen.

Der Sliding Stop und der Sprung am Hindernis weisen in zweierlei Hinsicht Ähnlichkeiten auf: Erstens hängt beides vom Anlauf vor dem Stopp oder dem Sprung ab. Wenn das Pferd gut stoppen oder springen kann, ist die Bewegung nur so gut wie der Anlauf. Der andere wichtige Teil ist das Timing. Beim Springen ist es das Pferd, das entscheidet abzuspringen, und beim Reining ist es der Reiter, der zum Stopp auffordert. Der Galopp ist eine Drei-Takt-Gangart, und es gibt nur einen Takt in dieser Drei-Takt-Gangart, in dem man den Stopp verlangen kann, sodass er nahtlos erfolgt. Es ist der Moment, in dem der hintere Fuß auf der gegenüberliegenden Seite des im Galopp führenden Vorderbeins den Boden verlässt (beim Linksgalopp wäre es also das rechte Hinterbein). Das linke Vorderbein steht auf dem Boden, und beide Hinterbeine beginnen, nach vorne zu kommen. Wenn der Reiter in diesem Moment zum Stopp auffordert, geht die beabsichtigte Flugbahn der Hinterbeine im Galoppsprung in ein Zusammenführen der Hinterbeine weiter vorne unter dem Körper über.

Ich begann mit TJ in der Mitte der Bande am Ende der Reitbahn und Dell sagte: „Reite ihn im Lope ganz ruhig zum anderen Ende." Stellen wir uns vor, dass der Reitplatz in fünf Längsbahnen aufgeteilt wird, die von einem Ende zum anderen führen, und ich will die mittlere Bahn, Nummer 3, entlangreiten. Ich galoppiere los, und ein Stück weiter unten ruft Dell mir zu: „Nimm die Hand runter!" Wenn man ein Reining-Pferd reitet, hebt man die Zügelhand nur dann, wenn man etwas vom Pferd will. Die übrige Zeit ruht sie einfach auf dem Hals des Pferdes, direkt vor dem Widerrist, und die Zügel hängen locker durch.

„Ist sie", rief ich zurück, und dachte: „Hält er mich für einen Anfänger oder so?"

„Nimm die Hand runter!", schrie er wieder. Zu diesem Zeitpunkt war ich schon auf der Hälfte des Reitplatzes, immer noch auf der mittleren Spur.

„Ist sie!", rief ich noch einmal und fühlte mit meiner Hand den Hals meines Pferdes.

„In die Mitte!", rief er.

Ich schaute auf meine Hand hinunter und stellte fest, dass sie zwar auf seinem Hals lag, aber fünf Zentimeter links von seinem Widerrist. Die Zügel waren völlig locker, also hatte ich nicht an ihnen gezogen. Ich bewegte meine Hand sofort wieder in die Mitte, und als ich das tat, wich TJ nach rechts auf Bahn 4 aus und steuerte auf Bahn 5 zu.

„Nach links gegenlenken!", schrie Dell, und ich lenkte TJ, bis er auf das Ende des Reitplatzes zusteuerte, wo Bahn 1 endete. Er blieb am Zaun in Bahn 1 stehen, und wir standen dort eine Minute lang. Dies ist eine Praxis, die alle Reining-Trainer anwenden und die unter das Prinzip *Geh nicht wütend schlafen* fällt. Wenn man über den Reitplatz bis ans andere Ende hinuntergaloppiert ist, ist die Energie des Pferdes dort immer noch hoch, und wenn man sich sofort umdreht und in die andere Richtung und dann wieder zurückreitet, würde das Pferd nicht lernen zu entspannen. Wenn man also am Ende des Platzes angekommen ist, lässt man das Pferd pausieren, was zwei Funktionen erfüllt. Es entspannt sich zurück in das parasympathische Nervensystem, bevor man weiterreitet, und die Ruhe dort hilft außerdem, das Pferd stärker zum Ende des Reitplatzes hinzuziehen, was dem Prinzip *Wähle, wo du arbeitest und wo pausiert wird* entspricht.

Was auch viele Trainer tun, ist, ihr Pferd, wenn es ein bisschen schief am Zaun ankommt, in die entgegengesetzte Richtung zu drehen – und zwar in die der Schiefe entgegengesetzte Richtung. Das ist das Prinzip *Tue das Gegenteil*. Nach einer Weile fügen sich diese Prinzipien wirklich zusammen, nicht wahr?

Nachdem ich also eine Pause gemacht hatte, ließ Dell mich mit TJ am hinteren Ende entlang zurück zur Mitte von Bahn 3 reiten und im Lope wieder in die andere Richtung heraufreiten. Sobald ich losritt, hörte ich erneut: „Nimm die Hand runter!"

Ich war mir ziemlich sicher, dass meine Hand unten in der Mitte und meine Zügel locker waren, aber ich schaute auf meine Hand, und das verdammte Ding war wieder fünf Zentimeter zu weit links. Ich bewegte es zurück in die Mitte, und als ich das tat, bog TJ erneut von Bahn 3 über 4 auf 5 ab.

„Nach links lenken!", brüllte Dell erneut. Ich lenkte nach links und landete wieder am anderen Ende in Bahn 1.

So ging es etwa zehn Minuten lang weiter, während ich – ohne es zu wissen – meine Hand beim Start seitlich versetzt hielt und TJ gerade lief (TJ hatte mir angewöhnt, ihm zu helfen, indem ich meine Hand dort trug, wo sie ihn gerade hielt, was ihm jedoch nicht beibrachte, am losen Zügel geradeaus zu laufen), wodurch er nach rechts wegzog, sobald ich meine Hand in die Mitte legte.

Nach so manchen Wiederholungen begann TJ schließlich, mit losen Zügeln und meiner Hand in der Mitte seines Halses geradeaus zu lopen. Als das klappte, wies Dell mich an, in mittlerem Tempo zu lopen, schneller als bisher, aber noch nicht wirklich schnell.

Ich ritt im Lope los, und Dell schrie: „Nimm die Hand runter!“ Ich schaute nach unten, und wieder einmal war das lästige Ding seitlich versetzt. Ich korrigierte meine Hand wieder in die Mitte, befand mich bald in Bahn 5 und musste nach links auf Bahn 1 hinüberlenken. Dies ging weitere zehn Minuten so, bis ich dann am losen Zügel und mit der Hand in der Mitte in mittlerem Tempo längs über den Platz lopen konnte und TJ dabei perfekt gerade blieb.

Dell ritt herüber und sagte: „Okay, jetzt möchte ich, dass du richtig Gas gibst.“

Ich wendete und galoppierte zum anderen Ende hinunter, wobei ich meine Geschwindigkeit bis zum perfekten Stopp-Tempo steigerte. „Nimm die Hand runter!“, wurde erneut gerufen. Ich schaute nach unten, und sie tat es schon wieder. Ich bewegte meine Hand in die Mitte, und aufgrund unserer Geschwindigkeit tauchte Bahn 5 nun ziemlich schnell auf, und ich steuerte wieder zum Ende von Bahn 1 hinüber. Das ging nochmal für zehn Minuten so weiter, bis TJ mit meiner Hand in der Mitte ziemlich schnell geradeaus über den Reitplatz galoppieren konnte.

Dell sagte: „Okay, jetzt legst du nochmal los und sagst dann ‚Whoa!‘“, was das Zeichen für den Sliding Stop ist.

Das war der Moment, auf den ich gewartet hatte. Einer meiner Helden würde das Problem sehen, das ich hatte, und mir vielleicht helfen können, es zu lösen. Ich richtete TJ auf das andere Ende der Bahn aus, ritt im Lope los, Hand in der Mitte. Schnalzen, Speed aufbauen, schnalzen, mehr Speed, schnalzen, oh Mann, wir fliegen, Zeit, „Whoa“ zu sagen. Whoaaa! TJ faltete sich in der Mitte zusammen, beugte sich im Lendenbereich mehr als jemals zuvor, senkte den Kopf und trippelte mit den Vorderbeinen weiter. Alles am losen Zügel.

Das war der Stopp, den ich mir immer gewünscht hatte und nie erreichen konnte. Ich sah Dell an und er fragte: „Was stimmt denn damit nicht?“

„Nichts“, antwortete ich, „so gut hat er noch nie gestoppt.“ Dell sah mich an und sagte: „Problem gelöst.“

Da wurde mir klar, dass ich versucht hatte, das Symptom des Problems zu beheben, nicht das eigentliche Problem. Die steifen Vorderbeine und der hochgezogene Kopf waren ein Symptom dafür, dass er schief lief, das heißt, sein Körper war nicht geradegerichtet. Er hatte sich leicht nach rechts gelehnt, und ich hatte ihn sehr subtil geradegehalten. Mein Pferd war so gut trainiert, dass ich dazu keinen Kontakt mit seinem Maul herstellen musste. Ich hatte meine Hand unbewusst fünf Zentimeter weiter links gehalten, was ausreichte, um ihn geradeaus laufen zu lassen. Was es jedoch nicht tat, war, seinen Körper neu auszurichten. Als er sich nach rechts lehnte, bewirkte erst das Tun des Gegenteils – nämlich, dass ich ihn dann nach links lenkte – eine Veränderung seiner Körperhaltung. Solange ich ihn aktiv in der Mitte hielt, blieb er zwar auf der von mir gewünschten Linie, aber seine Körperhaltung änderte sich nicht. Sinnvoll eingesetzt, lehrt das Prinzip *Tue das Gegenteil* das Pferd, sich bereitzumachen, etwas zu tun, das es gerade nicht tut. Diese Bereitschaft äußert sich in Gleichgewicht und Selbsthaltung.

Foto © Tyler Schiller

Kapitel 11

Die Anwendung deiner Hilfen

Klassische und operante Konditionierung
CAT-H
Die Wissenschaft hinter dem Pferdetraining

Ich lerne Dinge vor allem empirisch, das heißt, anstatt mich auf Bücher zu verlassen, lerne ich Dinge durch Beobachtung und Erfahrung. Trotzdem lese ich viel, und oft bestätigt das, was ich in Büchern lese, das, was ich intuitiv durch Lesen der Situation und Experimentieren getan oder von Pferden gelernt habe. Im Laufe der Jahre wiesen mich in meinen Seminaren viele Menschen aus dem psychologischen Bereich darauf hin, dass das, was ich tue, wissenschaftlich fundiert ist, und sie erklärten mir die wissenschaftliche Methodik hinter meinem Training. Man sagte mir, ich würde Protokolle der Psychologie verwenden, wie etwa die Lerntheorie.

Beim Prinzip *Die Anwendung deiner Hilfen* geht es ganz zentral um Lerntheorie, und insbesondere um den Einsatz von negativer Verstärkung als eine spezielle Anwendungsform davon. Um dieses Prinzip zu verstehen, müssen wir zunächst die Grundlagen der klassischen und operanten Konditionierung verstehen. Dies sind die wissenschaftlichen Begriffe für das, was in der Reiterwelt als Hilfen bezeichnet wird. Diese Hilfen werden beim Westernreiten auch als Cues (deutsch: Hinweis, Signal) bezeichnet. Während des Trainingsprozesses werden Energie, Körperhaltung, Sitz, Schenkeldruck und Zügelzug sowie Hilfsmittel wie Peitsche oder Fähnchen als Hilfen eingesetzt. Alles, was wir mit unserem Pferd tun, kann als Hilfe verstanden werden, wenn es sich um Verhaltensmuster handelt, die wir regelmäßig einsetzen. Klassische Konditionierung ist Lernen durch Assoziation, wobei zwei Reize miteinander verbunden werden, um eine erlernte Reaktion zu erzielen. Für unsere Zwecke werde ich das Wort „Konditionierung" mit „Training" übersetzen. Lernen durch Assoziation ist eng mit dem Prinzip *Antizipation: Bester Freund oder schlimmster Feind* verbunden. Die klassische Konditionierung besteht aus drei Phasen:

Phase 1: Ereignisse *im Vorfeld* der Konditionierung

Phase 2: Ereignisse *während* der Konditionierung

Phase 3: Ereignisse *direkt nach* der Konditionierung

In der ersten Phase, vor einer Trainingseinheit oder einer konditionierenden Erfahrung, erzeugt ein unkonditionierter Reiz eine unkonditionierte Reaktion. Ein Reiz ist eine Sache oder ein Ereignis, das eine funktionelle Reaktion hervorruft. Bei unseren Pferden führt dies normalerweise zu einer Bewegung. Grundsätzlich bedeutet dies, dass ein Reiz in der Umgebung ein Verhalten oder eine Reaktion hervorgerufen hat, die nicht erlernt (also unkonditioniert) ist, und daher eine natürliche Reaktion darstellt, die nicht beigebracht wurde.

Dein Pferd bewegt sich bereits in Richtung Heu, wenn du das Heu über den Zaun wirfst. Einfach gesagt, in der ersten Phase bewegt sich das Pferd (Reaktion) auf eine Futterquelle wie Heu (Stimulus) zu, wenn du das Futter über den Zaun wirfst. In der zweiten Phase wird ein neutraler Reiz, der keine Reaktion hervorruft, z. B. deine Ankunft mit dem Auto am Stall des Pferdes, mit dem unkonditionierten Reiz assoziiert, was dann zu der unkonditionierten Reaktion führt. Die Ankunft des Autos hat zunächst keine Reaktion zur Folge: Sie wirkt als ein neutraler Reiz. Die letzte Phase sieht so aus, dass du am Stall vorfährst und das Pferd zum Zaun trabt, wenn es dein Auto sieht, und sein Abendessen erwartet. Der konditionierte Reiz wurde mit dem unkonditionierten Reiz verknüpft, um eine sogenannte konditionierte Reaktion zu erzeugen. Die Reaktion ist dieselbe wie am Anfang, wird aber als konditionierte Reaktion bezeichnet, da sie nun aufgrund von etwas auftritt, das ursprünglich neutral war – in diesem Fall dein Auto. Kannst du dir vorstellen, wie leicht diese Art von Training unbemerkt passiert, und wie leicht das Pferd Assoziationen zwischen solchen Dingen bilden kann, ohne dass du es bemerkst, bis das Verhalten bereits konditioniert ist? Meine vorherige Geschichte über die Pferde, die gegen die Boxenwände traten und unruhig wurden, wenn ich mit den Tonnendeckeln klapperte, ist ein gutes Beispiel dafür, wie ein neutraler Reiz wie das Klappern der Deckel in einen konditionierten Reiz verwandelt wurde, der dazu führte, dass die Pferde jedes Mal Krach machten. Ich habe nicht versucht, ihnen das als konditionierte Reaktion beizubringen, aber meine Unaufmerksamkeit, während ich etwas wiederholt tat, führte dazu, dass die Pferde lernten, ein Muster zu antizipieren.

Wir müssen uns auch der operanten Konditionierung bewusst sein, die zuerst von Edward Thorndike an der Columbia University erforscht und dann von B. F. Skinner weiterentwickelt wurde. Er legte 1938 mit seinem Buch *The Behavior of Organisms: An Experimental Analysis* (Deutsch: Das Verhalten von Organismen: Eine experimentelle Analyse) die Basis für sein lebenslanges Studium der operanten

Konditionierung und ihrer Anwendung auf das Verhalten von Mensch und Tier. Heutzutage sagen Wissenschaftler, dass die operante Konditionierung nur einen kleinen Teil des Trainings ausmacht, aber man kann dennoch nicht leugnen, dass ihre vier Quadranten den größten Teil der Erfahrung der meisten Menschen ausmachen.

Es gibt zwei Haupttaktiken: Verstärkung, welche die Wahrscheinlichkeit erhöht, dass sich ein bestimmtes Verhalten wiederholt, und Bestrafung, welche die Wahrscheinlichkeit verringert, dass sich dieses Verhalten wiederholt. Die Polarität, also positiv und negativ, bezieht sich einfach auf das Hinzufügen oder Entfernen eines Reizes.

Positive Verstärkung (+R) tritt auf, wenn ein Verhalten (eine Reaktion) belohnt wird oder wenn auf das Verhalten ein anderer Reiz folgt, der belohnt wird, wodurch sich die Häufigkeit dieses Verhaltens erhöht. Beim Clickertraining klicken wir zum Beispiel, um ein Verhalten zu markieren, und geben dann ein Leckerli, um das Verhalten zu belohnen. Ein Beispiel in der Natur wäre, wenn sich ein Pferd an einem kalten, windigen Tag hinter ein paar Bäume stellt. Dieses Verhalten wirkt belohnend, weil es für das Pferd komfortabler ist.

Negative Verstärkung (-R) liegt vor, wenn auf ein Verhalten das Wegnehmen eines Reizes folgt, wodurch die Häufigkeit des ursprünglichen Verhaltens erhöht wird. Wenn wir beispielsweise unser Pferd bei der Bodenarbeit auffordern, um uns herumzugehen, üben wir einen gewissen Druck aus (mit dem Fähnchen wedeln, erhöhte Körperenergie usw.). Wenn das Pferd dann um uns herumgeht, heben wir den Druck sofort auf, um das Verhalten zu markieren. Das Aufheben des Drucks oder das Entfernen eines unangenehmen Reizes verstärkt das gewünschte Verhalten.

Positive Bestrafung (+P) tritt auf, wenn auf ein unerwünschtes Verhalten ein unangenehmer Reiz folgt, wodurch die Wahrscheinlichkeit des unerwünschten Verhaltens verringert wird. Ein Beispiel wäre, wenn wir uns über den Partner ärgern, weil er den Müll nicht rausgebracht hat, und ihn anschreien.

Negative Bestrafung (-P) liegt vor, wenn auf ein unerwünschtes Verhalten das Wegnehmen eines angenehmen Reizes folgt, wodurch die Wahrscheinlichkeit des unerwünschten Verhaltens sinkt. Ein gutes Beispiel hierfür wäre, wenn wir unser Pferd füttern wollen und es die Ohren anlegt, woraufhin wir mit dem Futter weggehen. Ein weiteres Beispiel ist, wenn man einem Teenager das Handy wegnimmt, weil er ungehorsam ist.

Löschung liegt vor, wenn ein Verhalten als Reaktion auf einen bestimmten Reiz nicht mehr auftritt. Sowohl die klassische als auch die operante Konditionierung können zu einer Löschung führen. Wenn jemand zum Beispiel wiederholt einer beängstigenden Situation oder einem Reiz ausgesetzt wird, aber nichts Schlimmes passiert, kann er aufhören, darauf mit Angst zu reagieren (klassische Konditionierung). Das Beispiel mit der Taube, die 300-mal pickt, beinhaltet die Löschung durch operante Konditionierung: Wenn eine Taube wiederholt pickt und keine Belohnung erhält, wird sie schließlich aufhören zu picken. Ein anderes Beispiel wäre, wenn wir den Druck nicht aussetzen, wenn sich unser Pferd auf Aufforderung rückwärts bewegt. Wenn wir die Zügel aufnehmen und bei jedem Schritt ein wenig nachgeben, wird das Pferd eher bereit sein, den nächsten Schritt rückwärts zu machen. Wenn wir jedoch die Zügel anziehen und das Pferd den ganzen Platz hinunterzerren, ohne den Druck nachzulassen, wird es irgendwann aufhören, rückwärtszutreten, weil nichts, was es getan hat, dazu geführt hat, dass der Druck nachgelassen hat.

So etwas wie ein rein positives Training gibt es nicht. Wenn wir positive Verstärkung einsetzen, besteht das Risiko, dass das Pferd eine negative Bestrafung erfährt. Bei der positiven Verstärkung belohnen oder verstärken wir das richtige Verhalten durch ein Markersignal, z. B. ein Klicken, gefolgt von einer Belohnung, z. B. einem Leckerli. In der Zeit, die das Pferd mit der Suche nach der Antwort verbringt, wird jedoch kein Leckerli angeboten. Dies kann entweder als neutral (es ändert sich nichts) oder als negative Bestrafung (das Leckerli wird als vorenthalten wahrgenommen, was zu Frustration führt) empfunden werden, je nach Pferd, Trainer und anderen Variablen. Dies ist per definitionem ebenfalls eine negative Bestrafung.

In dem Beispiel, das ich auf Seite 55 gegeben habe, bei dem ein Pferd sich hinter einen Baum stellt, um dem kalten Wind zu entgehen, war der Wind eine negative Bestrafung, und das angenehme, weniger kalte Gefühl hinter dem Baum war die positive Verstärkung.

Wenn wir unser Pferd mit Druck trainieren und wollen, dass es sich von uns wegbewegt, ist der erste Druck, den wir auf das Pferd ausüben, eine positive Bestrafung (Hinzufügen eines Reizes, um die Häufigkeit des aktuellen Verhaltens zu verringern, wie etwa zu nah bei uns stehen oder sich überhaupt nicht bewegen). Wenn es sich von diesem Druck wegbewegt, ist das die negative Verstärkung (das Entfernen des Reizes oder Drucks, um die Häufigkeit des neu angenommenen Verhaltens zu erhöhen, nämlich von uns wegbewegen). Dies kann sich innerhalb eines Wimpernschlags ändern. Deshalb ist das Timing bei der Arbeit mit unseren Pferden so überaus wichtig, damit wir in einer bestimmten Situation und zu einem bestimmten Zeitpunkt nicht die falsche Art der operanten Konditionierung anwenden.

Manche Leute sagen, sie seien völlig gegen negative Verstärkung, aber wie wir bereits gesehen haben, beinhaltet positive Verstärkung auch das Risiko einer negativen Bestrafung. Diejenigen, die von sich sagen, rein positiv zu arbeiten, werden auch sagen, dass sie in derart kleinen Schritten oder, wie sie es nennen, „scheibchenweise" trainieren, dass es nur ein sehr geringes Risiko einer negativen Bestrafung gibt. Dieselben Leute scheinen jedoch auch zu glauben, dass es bei der negativen Verstärkung darum geht, einen enormen Druck auf ein Pferd auszuüben. Nichts könnte weiter von der Wahrheit entfernt sein. Wenn wir das Prinzip *Das Pferd muss die Antwort kennen, bevor du fragst* und das Prinzip *Führe Veränderungen schrittweise ein* anwenden, dann wissen wir, dass „scheibchenweises Vorgehen" nicht nur die Domäne von Trainern mit positiver Verstärkung ist, sondern dass es ein effektives Prinzip ist, egal mit welchem Quadranten der Konditionierung wir gerade arbeiten.

In letzter Zeit habe ich mich ein wenig intensiver mit Trauma beschäftigt und damit, wie es unsere Lebensentscheidungen beeinflusst. Sarah Schlote, die bereits in diesem Buch erwähnt wurde, hat einen Blog auf ihrer Website EQUUSOMA®

Horse-Human Trauma Recovery. Ich zitiere hier in vollem Umfang etwas aus ihrem Blogartikel *One Trick Pony Alone in a Stall: A Therapist's Lens on Horse Training* (auf Deutsch: *Ein-Trick-Pony allein im Stall: Die Sichtweise eines Therapeuten auf das Pferdetraining*), weil er einige interessante und potenziell schwierige Fragen enthält, die für beide Enden des Spektrums gelten: für diejenigen, die sich ausschließlich auf die positive Verstärkung konzentrieren, und für diejenigen, die ausschließlich auf die negative Verstärkung setzen:

„Für diejenigen, die auf negative Verstärkung (-R) herabsehen und sich ausschließlich auf positive Verstärkung (+R) verlassen: Haben negative Erfahrungen in der Vergangenheit dazu geführt, dass du ungelöste Spannungen verspürst, wenn du Energie oder Druck erhöhst, was dazu führt, dass du alles vermeidest, was als negativ wahrgenommen werden könnte? Hast du Angst davor, gewalttätig zu erscheinen oder als gewalttätig wahrgenommen zu werden, und erkennst nicht den Unterschied zwischen Druck und Missbrauch, zwischen Durchsetzungsvermögen und Aggression oder zwischen Wut und Intensität, oder hast du Angst vor dem, was die mit unvollständigen Kampfreaktionen einhergehende intensive Energie in dir auslöst?

War in der Vergangenheit beschwichtigendes Verhalten (Nettsein) immer die sicherste Option statt Kampf- oder Fluchtenergie zu mobilisieren, weil diese als unmöglich und unsicher angesehen oder bestraft wurde? Wurde dir beigebracht, dass es schlecht sei, durchsetzungsstark zu sein, oder sogar, dass es schlecht sei, wütend zu sein?“

Nicht alle von uns haben Lebenserfahrungen gemacht, die es uns ermöglichen, den Unterschied zwischen Druck und Missbrauch, Durchsetzungskraft und Aggression oder Ärger und Intensität zu erkennen. Das sind hoch aufgeladene Gefühlszustände. Es ist gut vorstellbar, dass Vorfälle aus der Vergangenheit bei diesen Menschen einen bleibenden Eindruck hinterlassen haben. Diese Vergleiche haben mich sehr beeindruckt, und ich verstehe jetzt, welche Traumata Menschen mit sich herumtragen und wie diese ihre Ansichten prägen. Die Menschen, die negative Verstärkung verabscheuen, scheinen diese mit Missbrauch, Aggression und Wut in Verbindung zu bringen. Wenn ich den Druck erhöhe, bin ich mir sehr bewusst, wie viel ich einsetze, und auch, ob es mich emotional beeinflusst. Ich achte auch sehr darauf, dass es eine Reihe von Hilfen im Vorfeld gibt, die dem Druck vorausgehen, sodass es kein Druck um des Druckes Willen ist.

Es gibt immer einen Zweck, ein Ziel und ein erwartetes Ergebnis. Bevor der Druck ausgeübt wird, gibt es eine Vorüberlegung und Kontrolle. Dies entspricht voll und ganz dem Prinzip *Arbeite mit dem Pferd, das du heute hast*. Es geht um die Kontrolle unserer Emotionen, unserer Erwartungen und unserer Urteile. Aus praktischen Gründen arbeite ich hauptsächlich mit negativer Verstärkung (Druck nachgeben), und Sarah Schlote hat in ihrem Blog auch einige schwierige Fragen für mich aufgeworfen:

„Für diejenigen, die auf positive Verstärkung (+R) herabblicken und sich ausschließlich auf negative Verstärkung (-R) und positive Bestrafung (+P) verlassen: Haben frühere negative Erfahrungen dazu geführt, dass du Dominanz, Auto-

rität und Disziplin durch Gewalt und Gehorsam als die einzigen Möglichkeiten ansiehst, Respekt zu erfahren? Oder hat ein Mangel an Einfühlungsvermögen, Wertschätzung, Lob oder emotionaler Unterstützung durch Eltern oder Bezugspersonen dazu geführt, dass du die Gültigkeit dieser Bedürfnisse bei dir selbst und anderen ablehnst? Waren in der Vergangenheit Kampfreaktionen und Erstarren (Abkopplung von Gefühlen und Nähe) die sichersten Optionen, weil soziale Verbindung als unsicher oder unangenehm empfunden wurde? Fühlst du dich abgehärtet und distanziert sicherer, als wenn du dich verletzlich zeigst? Interpretierst du Sanftheit als Schwäche?"

Mit einigen dieser Fragen kann ich mich durchaus identifizieren, und ich blicke nicht länger auf die positive Verstärkung herab. Früher dachte ich, sie sei etwas für Leute, die nicht in der Lage sind, ein Pferd zu trainieren. Aber dann habe ich mich damit beschäftigt und gesehen, dass sie ein ebenso wertvolles Werkzeug ist wie die negative Verstärkung, und eines mit ähnlichen Regeln. Die Anwendung beider Methoden ist ähnlich, und auch der Lehrprozess ist ähnlich, wenn man es richtig macht.

Ich denke, dass einige der rein positiven Menschen sehr schlecht umgesetzte negative Verstärkung gesehen haben, die an Missbrauch grenzte oder sogar missbräuchlich war, so wie ich schlecht gemachte positive Verstärkung gesehen habe und annahm, dass dies dem Pferd bloß beibringen würde, nach Leckerlis zu gieren. Die Quadranten an sich sind weder falsch noch richtig; die Art und Weise, wie sie eingesetzt werden, kann jedoch leicht zu einem ineffektiven Training und einer ethisch „falschen" Trainingssituation führen.

CAT-H

Behavioristische Analysten, die die positive Verstärkung sehr befürworten, haben vor Kurzem ihre Haltung zur negativen Verstärkung geändert und erklärt, dass es manchmal akzeptabel ist, sie anzuwenden, wenn sie dem Akronym LIMA folgt, das für Least Intrusive, Minimally Aversive (auf Deutsch: minimal übergriffig, minimal aversiv) steht. Sie haben also entdeckt, was gute, mit Druck arbeitende Trainer schon seit langer Zeit tun. Die Begriffe „ein Gefühl anbieten" und „sanfter Kontakt" werden im Horsemanship schon seit Langem verwendet. Die Verhaltensforscher beginnen nun, diese Begriffe zu verstehen und das zu quantifizieren, was selbst Pferdemenschen, die es anwenden, nur mit Mühe erklären können.

Ich bin der festen Überzeugung, dass es nicht darauf ankommt, welche der Quadranten wir verwenden, sondern was im Nervensystem als Reaktion auf unsere Methoden vor sich geht. Wie wir im zweiten Kapitel und beim Prinzip *Gehe nicht wütend schlafen* gesehen haben, sind in der Beziehung zum Pferd Sicherheit und Geborgenheit der Schlüssel zum Erfolg. Dies gelingt fast immer durch Training mit positiver Verstärkung, aber ebenso auch durch sehr sorgfältig eingesetzte negative Verstärkung. Tatsächlich haben Studien gezeigt, dass bei ängstlichen Pferden eine sorgfältig eingesetzte negative Verstärkung, die unter ihrer Angstschwelle bleibt, viel effektiver ist als positive Verstärkung. Wenn ein Pferd ängstlich ist, ist Futter das Letzte, woran es denkt.

Eine Möglichkeit, wie negative Verstärkung in solchen Fällen eingesetzt werden kann, wird in einem subtilen Desensibilisierungsprotokoll namens Constructional Approach Training (auf Deutsch: Konstruktives Annäherungstraining) beschrieben. Kellie Snyder, eine Studentin der Verhaltenswissenschaften, bemerkte im Rahmen ihrer Masterarbeit, dass positive Verstärkungsmethoden wie Clickertraining oder das Zuteilen von Leckerlis bei Hunden, die große Angst hatten, nicht gut funktionierten. Sie beriet sich mit ihrer Professorin, Dr. Rosales-Ruiz, und gemeinsam entwickelten sie eine Methode für die Arbeit mit aggressiven Hunden, die auf Training mit jeglicher positiver Verstärkung nicht angesprochen hatten.

Sie nannten diese neue Idee Constructional Aggression Training (CAT, auf Deutsch: Konstruktives Aggressionstraining). Wenn ein Hund aggressiv ist, dann entfernen sich Menschen und andere Hunde von ihm, was der Hund ja auch möchte. Bei der Anwendung von CAT wurde das vom Hund gewünschte Ergebnis allerdings nur dann erzielt, wenn er ruhig oder freundlich reagierte. Die Trainer begannen in großer Entfernung und näherten sich dem Hund, bis er sie wahrnahm, aber noch nicht aggressiv war. Dann warteten sie, bis der Hund begann, sich zu entspannen, und entfernten sich als Reaktion darauf.

Das bedeutet, sein Bedürfnis nach Distanz wurde immer noch befriedigt, und er hatte die Situation unter Kontrolle. Dann entdeckten sie eine erstaunliche Sache, die während des Trainings passierte: Nach einer Weile lernten die Hunde, ruhig und freundlich zu sein. Sie tolerierten nicht nur Fremde, denen gegenüber sie früher aggressiv gewesen waren, sondern sie waren ruhig und freundlich zu den Fremden, anstatt sich zu fürchten. Diese Methode wurde inzwischen erfolgreich mit verwilderten Katzen, Kühen, Lamas, Vögeln und sogar Reptilien angewandt.

Als man begann, sie für Pferde zu entwickeln, änderte man den Namen in Constructional Approach Training for Horses (CAT-H, auf Deutsch: Konstruktives Annäherungstraining für Pferde). Bei Pferden spielt es keine Rolle, ob es sich bei dem Gefürchteten um einen Menschen oder um ein Objekt wie ein Sattel-Pad handelt. Wenn man weiß, dass sie Angst davor haben, präsentiert man es weit genug entfernt, dass sie es zwar bemerken, aber nicht ängstlich sind. Man wartet dort, bis sie Anzeichen von Entspannung zeigen, und entfernt das Objekt dann oder zieht sich mit ihm zurück. Mit der Zeit wird das Pferd immer vertrauter damit und lernt, sich in seiner Gegenwart zu entspannen. Wenn wir nicht wissen, dass ein Pferd Angst vor etwas hat, und wir überschreiten die Angstschwelle, d. h. das Pferd gerät in einen ängstlichen Zustand, entfernen wir den Reiz sofort und beginnen erneut aus der Entfernung mit CAT-H.

Diese Methode ist eine der reinsten Formen der negativen Verstärkung, aber ich glaube, der Hauptgrund, warum sie so gut funktioniert, ist, dass sie dem Pferd zeigt, wie sehr wir zuhören und wie sehr wir uns der kleinen Dinge bewusst sind. Das hilft dem Pferd, sich in der Beziehung sicher zu fühlen. Unabhängig davon, für welche dieser Methoden wir uns entscheiden, hängt der Erfolg des Trainings davon ab, wie und wann wir Dinge tun. Die Dinge müssen in einer bestimmten Reihenfolge getan werden. Wie wir im neunten Kapitel gesehen haben, sind Pferde sehr gut darin, Dinge zu antizipieren, und die richtige Anwendung unserer Hilfen wird sicherstellen, dass wir uns diese Tendenz zum Freund und nicht zum Feind machen.

Die Reihenfolge der Anwendung

Wer schon einmal ein Pferd dabei beobachtet hat, wie es ein anderes Pferd von seinem Heuhaufen wegschickt, wird die Subtilität bewundern, mit der Pferde untereinander Verhalten herbeiführen können. Es scheint, dass sie nur einen Blick in die Richtung des anderen Pferdes werfen oder die Ohren leicht anlegen müssen, um das andere Pferd zu bewegen. Manchmal scheint es, als müssten sie nur daran denken, um dies zu bewirken. Pferde bringen sich das gegenseitig durch den sorgfältigen Einsatz ihrer Hilfen bei. Ich werde hier die Pferdeausdrücke verallgemeinern, nur um meinen Standpunkt zu verdeutlichen.

Nehmen wir an, ein braunes Pferd frisst einen Haufen Heu und ein anderes Pferd, ein Fuchs, nähert sich. Wenn der Braune den Fuchs vertreiben will, wird er mit etwas Subtilem beginnen. Eigentlich beginnt er mit einer Veränderung seiner Energie, aber lassen wir das Metaphysische beiseite und arbeiten mit dem, was wir sehen können. Die erste Maßnahme ist ein Starren in die Richtung des Fuchses. Wenn das nicht funktioniert, wird der Braune den Blick beibehalten und etwas anderes hinzufügen.

Zunächst legt der Braune zusätzlich seine Ohren an. Wenn das nicht zum gewünschten Ergebnis führt, bewegt er sich auf den Fuchs zu, während er ein böses Gesicht macht und die Ohren anlegt. Das sind drei Dinge. Wenn er immer noch nicht die gewünschte Reaktion erhält, bleckt er die Zähne, während er sich nähert. Das sind vier Dinge. Wenn das nicht klappt, beißt er das andere Pferd. Sobald er die gewünschte Reaktion erhält, werden alle Maßnahmen oder Hilfen ausgesetzt.

Es geht hier wirklich um Energie. Sobald sich die Energie des Braunen vom ersten Blick an verändert, wird das Energieniveau so lange aufrechterhalten, bis die gewünschte Veränderung eingetreten ist. Dies ist ein Schlüsselaspekt in der Anwendung unserer Hilfen: Jede Hilfe baut auf der vorherigen auf. Wenn dieser Prozess jedes Mal wiederholt wird, wenn der Fuchs zurückkommt, wird der Braune nach einer Weile nicht mehr beißen müssen. Dann, noch etwas später, wird er sich nicht mehr auf den Fuchs zubewegen müssen. Nach einer weiteren Weile wird er seine Ohren nicht mehr anlegen müssen, und schließlich wird er in der Lage sein, die gewünschte Reaktion zu erhalten, indem er das andere Pferd nur noch anschaut. Dies veranschaulicht die Grundlagen von *Die Anwendung deiner Hilfen*.

Wir beginnen immer mit der kleinstmöglichen Hilfe. Wenn wir eine neue Hilfe hinzufügen, behalten wir alle vorherigen Hilfen bei, sodass sie sich überlagern. Wenn wir das gewünschte Ergebnis erreicht haben, setzen wir alle Hilfen gleichzeitig aus. Es hört sich überraschend einfach an, aber um dies jedes Mal konsequent und fair anwenden zu können, müssen wir präsent sein und dürfen uns nicht an das Ergebnis klammern.

Wenn wir uns an das Ergebnis klammern, kann es sein, dass wir nach dem ersten Mal, wo das Pferd richtig auf die kleinste Hilfe reagiert, erwarten, dass es auch beim nächsten Mal so passiert. Es kann sein, dass wir nur die Hilfe geben und dann direkt wieder nachgeben, anstatt die Schritte zu durchlaufen und die Energie aufrechtzuerhalten, bis wir die gewünschte Veränderung erreichen. Wenn wir uns an das Ergebnis klammern, kann es sein, dass wir am Ende frustriert sind, weil wir die gleiche Lektion immer und immer wieder wiederholen müssen, und es kann es passieren, dass wir alle unsere Hilfen gleichzeitig einsetzen, anstatt sie geduldig einzeln der jeweils vorherigen hinzuzufügen.

Wir müssen dafür sorgen, dass jede unserer Anfragen ans Pferd separat erfolgt und dass wir bereit sind, alle Phasen des Drucks zu durchlaufen, bis das von uns gewünschte Reaktionsniveau erreicht ist. Die übrigen Trainingsprinzipien verdeutlichen, wonach wir das Pferd fragen sollten, wann wir es fragen sollten, und sogar, wo wir fragen sollten. Das Prinzip in diesem Kapitel befasst sich in erster Linie damit, *wie* wir nach dem fragen können, was wir wollen. Dies ist besonders in der Ausbildungsphase wichtig. Es ist unsere Einheitlichkeit in der Art und Weise, wie wir anfragen und was wir daraufhin erwarten, die einem Pferd die Dinge wirklich gut beibringt.

Ein Pferd kann nur so fein reagieren wie unsere erste Aufforderung es ist. Wenn wir es bitten, etwas zu tun, dann ist der Druck, den wir bei der ersten Aufforderung ausüben, jener Druck, auf den es schließlich lernen wird zu reagieren. Nicht weniger. Es ist sehr wichtig, dass wir unsere Hilfen nacheinander anwenden, auch wenn wir wissen, dass die ersten Hilfen zunächst noch nicht funktionieren werden.

Als ich noch Pferde in Beritt nahm, setzte ich nur körperliche Hilfen ein. Damit sollte es anderen Reitern leicht gemacht werden, das Pferd zu reiten. Ich war sehr genau darauf bedacht, wie ich sie anwandte, weil ich weiß, wie konsistent man vorgehen muss, um ein Pferd gut zu trainieren. Seitdem ich keine Pferde mehr für Kunden ausbilde, sondern stattdessen meine Zeit damit verbringe, Menschen beizubringen, selbst mit ihren Pferden zu arbeiten, setze ich auch Absicht und Energie als Hilfen ein. Ich tue dies am Boden, indem ich meine Absicht und Energie auf die Körperteile richte, die das Pferd bewegen sollen, bevor ich den Druck verstärke und etwas Physisches tue. Indem ich mir der *Anwendung meiner Hilfen* bewusst bin, kann ich diese Reihe von Aufforderungen nun so weit reduzieren, dass ich ein Pferd durch Absicht und subtilste Körpersprache auffordern kann, sich zu bewegen (oder auch auf mich zuzukommen).

Damit schließt sich der Kreis zum Prinzip *Gehe nicht wütend schlafen*. Ich bin überzeugt, dass die erste Aufforderung eines Pferdes eine mentale oder energetische Aufforderung ist, bevor es überhaupt anfängt, etwas Körperliches zu tun – sogar noch vor einer Veränderung des Gesichtsausdrucks. Es ist für Pferde völlig normal, diese Energie lesen zu können. Wenn wir diese Absicht und das Bewusstsein für unseren eigenen Körper nutzen wollen, um unsere Pferde zu etwas aufzufordern, müssen wir sehr präsent und aufmerksam im Moment sein. Wir kommunizieren dann nicht nur auf artgerechtere Weise mit ihnen, sondern sind auch präsenter und in unserem eigenen Körper, wenn wir sie zu etwas auffordern. Das gibt ihnen wiederum ein Gefühl der Sicherheit, weil sie ein Herdenbewusstsein wahrnehmen.

Vor vielen Jahren wurde ich in Australien Zeuge davon, wie ein kleiner Junge namens Max versuchte, sein kleines schwarzes Shetlandpony dazu zu bringen vorwärtszugehen. Max hatte sich dafür einen Stock von einem Baum gebrochen, aber egal wie fest er mit dem Stock auf das Pony einschlug, das Pony rührte sich nicht. Max saß oben und schwang den Stock „whack ... whack ... whack ...", aber das Pony stand einfach nur da.

Nun könnte man über das Pony sehr wohl eine Menge Urteile fällen.

„Es ist stur."

„Es ist eben ein Shetlandpony."

Oder etwas, das ich oft höre: „Es ist durchtrieben."

Eine Wörterbuch-Definition von „durchtrieben" lautet: „erfahren darin, sich durch List, mit Kniffen und Tricks gegen andere durchzusetzen", aber wenn man es genau nimmt, gibt es keine List im Verhalten eines Pferdes. Sie sind sehr ehrlich, wenn es um ihre Gefühle geht und um das, was gerade passiert. Max' kleines Pony war da nicht anders.

Ich fragte die Mutter von Max, ob ich mal sehen könnte, ob ich helfen kann oder nicht. Sie sagte: „Sicher, aber ich weiß nicht, was du sonst noch tun willst. Max schlägt den störrischen kleinen Mistkerl bereits, so fest er kann, und das Pony ist zu klein, als dass du aufsteigen und etwas tun könntest."

Sie hatte den Eindruck, dass mehr Druck nötig war, aber in Wirklichkeit war eine Möglichkeit nötig, den Druck zu vermeiden. Bei der Anwendung von Druck und Nachlassen des Drucks bzw. negativer Verstärkung gibt es zwei Arten von Reaktion. Es gibt die Flucht und das Vermeiden. Kehren wir zu den beiden Pferden und dem Heuhaufen zurück. Als der Braune den Fuchs von seinem Heu vertreiben wollte, begann er mit einem Gesichtsausdruck (der nichtphysisch ist, d. h. es gibt keinen Körperkontakt). Als das nicht funktionierte, legte er zusätzlich die Ohren an (immer noch nichtphysisch). Als das nicht funktionierte, bewegte er sich auf das andere Pferd zu (immer noch kein physischer Kontakt) und fletschte dann die Zähne (was immer noch nichtphysisch ist, aber demonstriert, was passieren wird, wenn es physisch wird) und schließlich biss er das andere Pferd, bis es sich entfernte (bingo, das ist physisch). Als der Fuchs wegging, tat er das, um dem Biss zu entgehen.

Nachdem sich diese Interaktion ein paarmal abgespielt hatte, wusste der Fuchs bald, was auf ihn zukam, und begann, sich bei einem oder mehreren der nichtphysischen Zeichen zu entfernen, um den Biss zu vermeiden (oder zu verhindern). Dies ist der Zeitpunkt, an dem die Interaktion von Flucht zu Vermeidung übergeht. Ein Schlüsselfaktor dabei ist, dass die Energie der Interaktion konstant bleibt, sobald diese einmal begonnen hat, vom anfänglichen Steigern der inneren Energie des Pferdes bis hin zur Energie des Bisses ganz am Ende. Die Energiemenge kann zunehmen, aber erst dann, wenn das andere Pferd sein Verhalten ändert, hört die Energie wieder auf.

Das ist der Schlüssel zu dem, was Max' Pony so störrisch erscheinen ließ. Es stand still, und dann kam aus dem Nichts ein kräftiger Hieb mit dem Stock. Das Pony reagierte nicht, aber das Schlagen hörte sofort auf. Dann kam ein weiterer kräftiger Schlag, das Pony rührte sich noch immer nicht, und dann hörte der Schlag wieder auf.

Max erwartete, dass sein Pony sich bewegte, wenn er es schlug, also schlug er zu, hielt dann inne und dachte: „Oh, das hat ihn nicht zum Losgehen bewegt, also versetze ich ihm jetzt besser noch einen", und dieser Kreislauf spielte sich immer wieder ab. Da das Pony stillstand und sich nicht bewegte, als der Schlag kam, und es auch stillstand, als der Druck nachließ, herrschte Verwirrung darüber, welches erwünschte Verhalten negativ verstärkt oder welches unerwünschte Verhalten bestraft wurde. Das Stillstehen führte gleichermaßen zum Schlag und zum Aussetzen des Schlags. Infolgedessen gab es keine Klarheit darüber, wovor es fliehen oder was es vermeiden sollte, beziehungsweise hatte es das Gefühl, dass alles, was es tat, dazu führen würde, dass die Schläge aufhörten.

Ich sagte zu Max: „Was wir jetzt machen werden, ist, dass du dein Pony ganz sanft mit deinen Schenkeln drückst." Seine Mutter warf sofort ein: „Das wird nicht funktionieren. Dieses Pony ist wirklich stur. Es will sich nicht einmal mit dem Stock bewegen."

Ich versicherte Max' Mutter, dass alles gut werden würde, wenn sie mir erlaubte, meiner Vorgehensweise zu folgen.

Ich fuhr mit Max fort: „Ich möchte, dass du ein paar Sekunden lang ganz leicht mit deinen Schenkeln drückst. Wenn er sich dann nicht bewegt, möchte ich, dass du ein paar Sekunden lang mit deinen Schenkeln klopfst. Wenn er sich dann immer noch nicht bewegt, möchte ich, dass du ein paar Sekunden lang sanft mit dem Stock klopfst, dann möchte ich, dass du ein paar Sekunden lang ein bisschen fester klopfst, dann ein bisschen fester, und schließlich darfst du dein Pony mit dem Stock von mir aus so fest angehen, wie ich es vor einer Minute gesehen habe, aber es ist sehr wichtig, dass du den Rhythmus nicht unterbrichst, bis ich es dir sage."

Max stimmte zu und wir begannen mit dem Prozess. Das Pony zeigte zunächst keine Anzeichen, sich zu bewegen, aber als es merkte, dass der Druck nicht aufhörte, sondern sich erhöhte, war es motiviert, ihn zu vermeiden, und sobald seine Gedanken vom Druck-Ignorieren dazu wechselten, über Bewegung nachzudenken, hielten wir inne.

Es war nur eine Veränderung in seinem Denken, die wir belohnten, aber wir zeigten ihm, dass es die Kontrolle über den ausgeübten Druck hatte und dass etwas zu tun, anstatt nichts zu tun, den Druck unterbrechen würde.

Wir wiederholten dies wieder und wieder. Jedes Mal versuchte es das Pony in einer früheren Eskalationsstufe mit einer Vorwärtsbewegung, bis wir schließlich den Punkt erreichten, an dem es nur noch auf Schenkeldruck für Max vorwärtsging. Dieser Prozess dauerte etwa eine halbe Stunde und übte deutlich weniger Druck aus als die vorherige (und erfolglose) Methode.

Während dieses Prozesses müssen wir darauf achten, dass unser Steigerungsrhythmus nicht unterbrochen wird und dass unser Timing gut ist. Dazu müssen wir das Prinzip *Arbeite mit dem Pferd, das du heute hast* befolgen – oder vielmehr *Arbeite mit dem Pferd, das du gerade in dieser Sekunde hast*.

Immer wenn wir diesen Prozess beginnen, müssen wir präsent sein. Wir dürfen nicht vom Pferd erwarten, dass es auf einen bestimmten Schritt reagiert, auch wenn es zuvor bereits auf eine frühere Hilfe reagiert hat. Das ist einer der größten Fehler, die Menschen machen: bei einem bestimmten Druckniveau innehalten, weil das Pferd zuvor auf diesem Niveau reagiert hat. Ein gutes Beispiel dafür ist das Starten eines älteren Autos an einem kühlen Morgen. Man dreht nicht den Schlüssel um und erwartet, dass er nach zwei „Ruh-Ruhs" (das Geräusch, das der Anlasser macht, wenn er die Kolben auf und ab bewegt) anspringt; sondern man hält den Schlüssel im Anschlag, bis der Motor zündet, und lässt ihn dann sofort los. Je nach Temperatur müssen wir den Schlüssel an verschiedenen Tagen unterschiedlich lange herumgedreht halten.

Ein weiterer Punkt, den wir bei der Arbeit an der *Anwendung unserer Hilfen* beachten sollten, ist die Reihenfolge, in der wir die Hilfen anwenden. Wir sollten mit der leichtesten aller Hilfen dieser Abfolge beginnen und sie mit ansteigender Energie bis zum stärksten Druck steigern. Das Pferd wird auf keinen geringeren Druck reagieren als den unserer ersten Hilfe. Wenn wir möchten, dass es auf eine leichte Hilfe reagiert, können wir nicht mit einer starken Hilfe beginnen. Wir müssen auch wissen, welche Hilfe bereits sicher funktioniert, und sicherstellen, dass wir sie zuletzt einsetzen, um dem Pferd eine Reaktion auf die anderen Hilfen beizubringen.

Vor etlichen Jahren zogen meine Familie und ich von den USA zurück in meine Heimat Australien. Dort begann ich, Seminare zu geben, und da ich einige Erfahrung in der Ausbildung von Reining-Pferden hatte, kamen auch viele Campdrafting-Teilnehmer zu den Seminaren. Campdrafting ist ein australischer Pferdesport, bei dem Rinder vom Pferderücken aus durch einen Parcours gelenkt werden, der dem des Barrel Racing ähnelt. Dabei geht es um sehr hohe Geschwindigkeiten und es erfordert unglaubliche reiterliche Fähigkeiten, um es gut zu machen.

Zu dieser Zeit hatten einige Turniere in Australien den Wettbewerb um ein Reining-Pattern erweitert, sodass der Sieger nun durch die höchste Gesamtpunktezahl aus dem Campdrafting-Teil und dem Reining-Teil ermittelt wurde. Sie nannten diese Wettbewerbe Campdraft Challenges, um sie von den herkömmlichen Campdrafting-Wettbewerben zu unterscheiden. Die Campdrafting-Teilnehmer, die zu meinen Seminaren kamen, brauchten keine Hilfe beim Rinder-Teil des Wettbewerbs, und ich wäre ihnen auch keine Hilfe gewesen, denn ich habe mehr Rinder gegessen, als ich je vom Pferd aus gearbeitet habe. Sie brauchten auch keine Hilfe für ihr Horsemanship, denn viele von ihnen arbeiteten auf dem Pferderücken, trieben Vieh für ihren Lebensunterhalt und waren außergewöhnliche Pferdemenschen.

Was sie wollten, waren Reining-Trainingstechniken. Die meisten wollten lernen, wie man dem Pferd einen guten Sliding Stop beibringt. Sie sagten, sie hätten keine Probleme mit dem Stoppen an sich, aber sie wollten, dass das Pferd vorne leichter wird und seine Hinterhand beim Stopp stärker einsetzt. Beim ersten Seminar, bei dem ich Campdraftern half und sie mich nach dem Sliding Stop fragten, erklärte ich ihnen, dass die Grundlagen dafür beim Lenken am Innenzügel (dem sogenannten direkten Zügel) beginnen. Das ist deshalb so wichtig, weil ich weiß: Wenn ein Pferd sich am direkten Zügel gut lenken lässt und seinen Körper in einer Linie auf dem Kreisbogen biegt – was in der Dressurwelt als geradegerichtet bezeichnet wird –, dann nimmt dieser direkte Zügel Einfluss auf die Rippen und die Bauchmuskeln und kann auch die Hinterhand tiefer unter den Körper des Pferdes treten lassen.

Diese scheinbar einfache Aufgabe ist die eine Hälfte der Basis für den Sliding Stop, bei dem das Pferd seine Bauchmuskeln einsetzen muss, um seinen Rücken rundzumachen und beide Hinterbeine tief unter den Körper zu bringen. Wenn wir beide Seiten zusammensetzen und das Pferd auffordern, von beiden Zügeln zurückzutreten, sollte das Pferd seine Bauchmuskeln einsetzen, das Becken abkippen und sein Gewicht (und damit seinen Schwerpunkt) nach hinten verlagern, um dann rückwärtszutreten. Dies ist im Grunde ein Sliding Stop aus dem Stand heraus.

Als ich sie aufforderte, mir zu zeigen, wie sie lenken, hatten alle ihre Pferde eine schöne Biegung und traten mit dem inneren Hinterbein gut unter. „Perfekt", sagte ich und fragte dann: „Wie sieht es mit dem Rückwärtsrichten aus?" Alle Pferde gaben weich im Genick nach, verlagerten ihr Gewicht nach hinten und ließen sich bereitwillig rückwärtsrichten.

„Okay", sagte ich. „Das wird ganz einfach sein."

Ich sagte zu einem der Teilnehmer: „Darf ich auf dein Pferd steigen und dir den nächsten Schritt zeigen?" Ich ritt los und forderte das Pferd mit dem inneren Zügel auf, abzuwenden. Anstatt, dass die Zügelhilfe an der Seite des Pferdekörpers entlanglief (sodass das Pferd im Genick nachgibt, die Schulter aufrichtet, Rippen und Lende biegt und mit dem Hinterbein unter seine Mitte tritt), wendete dieses Pferd wie ein Schulbus. In den Wendungen ließ es sich auf die Schulter fallen und war steif wie ein Brett.

Das überraschte mich, denn als der Reiter es kurz zuvor aufgefordert hatte, zu wenden, tat es das perfekt. Ich versuchte es erneut, mit der gleichen Reaktion. Jedes Mal, wenn ich es abwenden wollte, reagierte das Pferd, als würde es zum ersten Mal überhaupt geritten. Da meine Pferde sich sogar das erste Mal unterm Sattel besser abwenden liessen, war ich neugierig, was da los sein könnte.

Ich beschloss, zu sehen, ob ich das Pferd mit meinem inneren Schenkel biegen konnte. Sobald mein Bein den leisesten Druck ausübte, bog es sich einwandfrei. Ich versuchte es noch einmal mit dem Zügel und das Pferd reagierte damit, dass es sich steif machte. Als ich dann erneut meinen inneren Schenkel anlegte, reagierte es wunderbar.

Schließlich kam mir der Gedanke, dass der Reiter vielleicht zuerst den inneren Schenkel einsetzt und dann erst die Zügel. Als ich es auf diese Weise versuchte, reagierte das Pferd genau wie ich es wollte.

Ich sagte also: „Okay, ich versuche es mal mit dem Rückwärtsrichten." Aus dem Stand heraus nahm ich sanft den Slack aus den Zügeln, und als ich Kontakt zum Maul des Pferdes hatte, hob es den Kopf, stemmte sich gegen mich und weigerte sich rückwärtszutreten. hatte unter seinem Reiter nur wenige Minuten zuvor auf dessen Aufforderung hin ein perfektes Rückwärtsrichten gezeigt. Der Reiter sagte zu mir: „Kumpel, ich drücke mit meinen Sporen, bevor ich die Zügel aufnehme." Ich probierte das aus, und das Pferd trat prompt rückwärts.

Plötzlich wurde mir klar, warum diese Leute mit ihren Pferden keinen korrekten Sliding Stop reiten konnten. Sie wollten gern im vollen Galopp den Reitplatz hinunterreiten und dann an beiden Zügeln ziehen, und das Pferd sollte daraufhin auf beide Zügel reagieren, indem es die Bauchmuskeln anspannte, das Becken abkippte und beide Hinterbeine unter sich stellte.

Aber sie hatten dem Pferd nie beigebracht, nur auf den Zügel zu reagieren. Ohne zuerst das Bein hinzuzufügen, erfüllte der Zügel nicht die Funktion, die sie sich für den Stopp wünschten. Sie hatten nichts falsch gemacht, sie setzten ihre Hilfen nur in der falschen Reihenfolge ein.

Den Rest der Trainingseinheit verbrachten wir damit, die Reihenfolge ihrer Hilfen zu ändern, indem wir zuerst den Zügel aufnahmen, dann das Bein einsetzten, das richtige Ergebnis erzielten und dann losließen. Zügel, Schenkel, korrektes Ergebnis, Nachlassen. Am Ende der Einheit konnten sich alle Pferde am direkten Zügel weich biegen und an beiden Zügeln weich rückwärtsrichten, ganz ohne Schenkel.

Hier geht es nicht um die Frage, ob wir zuerst das Bein oder zuerst den Zügel einsetzen sollten, sondern darum, welches der beiden Dinge wir dem Pferd beibringen wollen. Wenn wir ihm beibringen wollen, auf unser Bein zu reagieren, setzen wir das zuerst ein und benutzen dann den Zügel, um es zu unterstützen. Wenn wir ihm beibringen wollen, auf den Zügel zu reagieren, setzen wir den zuerst ein und verstärken die korrekte Reaktion mit dem Bein. Das Gleiche gilt für das Erlernen der Reaktion auf unsere Stimme oder unser Gewicht.

Auf einem Seminar half ich Jahre später jemandem dabei, sein Pferd aus dem Schritt zum Stehen zu bringen, indem er den Slack aus den Zügeln nahm. Eine Dressurreiterin, die ebenfalls an dem Seminar teilnahm, sagte, sie benutze nicht die Zügel, um anzuhalten, sondern ihren Sitz.

Ich sagte: „Ist das so? Kannst du mir das zeigen?"

Sie ritt im Schritt über den Reitplatz und hielt ihr Pferd an ...

Ich sagte: „Kannst du das auch aus dem Trab?"

Sie tat es, und ich fragte: „Du hast also deinen Sitz benutzt, um ihn anzuhalten?" Sie bestätigte. Ich sagte: „Okay, machen wir es noch einmal, aber dieses Mal hältst du die Zügel nicht in der Hand, sondern legst sie auf seinen Hals und dann trabst du hierher und stoppst ihn mit deinem Sitz."

Sie legte die Zügel auf seinen Hals und trabte den Reitplatz hinunter, forderte ihn mit ihrem Sitz auf anzuhalten, und nichts passierte. Sie lehnte sich weiter zurück, und nichts geschah. Schließlich gab sie eine großartige Imitation des schiefen Turms von Pisa ab, und ihr Pferd trabte noch immer. Ich sagte ihr, dass ich nicht glaube, dass ihr Pferd aus dem Sitz heraus anhielt, sondern durch eine Kombination aus Sitz und Zügeln. Mit anderen Worten: Wenn sie ihren Körper ein wenig zurücklehnte, während sie ihren Sitz anspannte, übte sie mehr Druck auf die Zügel aus. Damit will ich nicht sagen, dass sie etwas falsch machte, sondern vielmehr darauf hinweisen, dass das Pferd durch die gleichzeitige Verwendung von zwei Hilfen nicht lernt, auf eine der beiden einzeln zu reagieren. Wenn das Ziel darin besteht, dem Pferd beizubringen, auf eine bestimmte Hilfe zu reagieren, wie z. B. den Schenkeldruck bei Max' Pony oder den Druck auf beide Zügel zum Anhalten bei den Campdraftern, dann muss man diese Hilfe zuerst anwenden, auch wenn man weiß, dass sie noch nicht funktionieren wird, und danach die Hilfe anwenden, die funktioniert.

Als ich als junger Trainer lernte, Reining-Pferde auszubilden und vorzuführen, konnte ich meine Pferde zu Hause und auf dem Abreiteplatz auf einem Turnier vernünftig stoppen, aber ich hatte Mühe, im Wettbewerb einen guten Sliding Stop zu bekommen. Ich beriet mich mit Weltklassetrainern, die viel besser waren als ich, und sie wiesen mich darauf hin, dass ich alle meine Hilfen benutzte, um das Pferd zu Hause anzuhalten.

Es gibt im Wesentlichen drei Dinge, mit denen man ein Reining-Pferd zu einem Sliding Stop auffordern kann.

Die Stimme, und wir benutzen das Wort „Whoa".

Der Sitz und die Beine: Man sitzt tief im Sattel und presst die Füße in die Steigbügel, sodass man die Beine von den Seiten des Pferdes wegdrückt.

Die Zügel, wie es die Campdrafter machen wollten.

Die Weltklassetrainer erzählten mir von den „Versicherungspolicen", die sie ihren Pferden antrainieren, damit sie im Wettkampf genauso gut stoppen wie zu Hause. Sie sagten, dass man im Wettkampf ein wenig angespannt und das Pferd vielleicht ein wenig abgelenkt ist. Wenn man also bereits all seine Mittel einsetzen muss, um das Pferd außerhalb des Wettkampfes zu 100 % zum Stehen zu bringen, könnte es sein, dass, wenn es auf dem Turnier nicht so perfekt läuft, man nur 75 % seiner Bestleistung erreicht.

Sie erklärten mir, dass der Schlüssel darin liegt, dem Pferd beizubringen, zu Hause mit maximalem Einsatz bereits auf jede einzelne Hilfe hin zu stoppen, was bedeutet, dass es perfekt auf unsere Stimme, unseren Sitz oder unseren Zügel stoppt. Wenn man dann auf ein Turnier fährt und das Pferd ein wenig abgelenkt und man selbst ein wenig angespannt ist, kann man den Reitplatz hinuntergaloppieren und zwei der Hilfen einsetzen, die zu Hause perfekt funktionieren, z. B. den Sitz und die Stimme, und selbst wenn eine davon nicht so gut funktioniert, wird die andere das ausgleichen.

Als ich lernte, dies umzusetzen, war ich anfangs nicht sehr erfolgreich. Ich nahm die Zügel in die Hand, wenn ich „Whoa" sagte, weil ich dachte, ich müsste den Stopp sicherstellen. Wenn wir einem Pferd beibringen, auf unsere erste Aufforderung zu reagieren, müssen wir diese Hilfe anwenden, ohne die Erwartung zu haben, dass es darauf reagiert, und ohne enttäuscht zu sein, wenn es nicht reagiert. Diese Kontrolle aufzugeben fällt allen Reitern schwer, und das galt anfangs auch für mich.

Der Schlüssel dazu ist das Prinzip *Die Anwendung deiner Hilfen*. Wir setzen zuerst diejenige Hilfe ein, die letztendlich einmal funktionieren soll, und verwenden erst dann die anderen Hilfen zur Unterstützung, wenn unsere erste Hilfe nicht funktioniert. Das ist wie bei dem in Kapitel neun erwähnten Experiment mit den Pawlow'schen Hunden. Pawlow brachte nicht das Futter und läutete die Glocke gleichzeitig. Er läutete erst die Glocke und brachte dann das Futter. Der einzige Fall, in dem man die Hilfe, auf die das Pferd schließlich reagieren soll, nicht zuerst einsetzen sollte, ist im Fall eines Pre-Cues, eines Vorabsignals. Die Hinzufügung eines Vorabsignals ist die Erzeugung eines konditionierten Reizes (Reaktion) aus einem zuvor unkonditionierten Reiz (Verhalten). Alle sehr sanften ersten Aufforderungen können als Vorabsignal betrachtet werden, aber in der Regel stehen sie im Zusammenhang mit dem Endergebnis: Im Falle der Zügelhilfe zum Lenken bei den Campdraftern ist es ziemlich offensichtlich, dass es darum geht, das Pferd aufzufordern, in diese Richtung zu wenden. Bei der Bodenarbeit besteht die erste Aufforderung an das Pferd, sich um uns herum zu bewegen, darin, dass wir den Arm mit dem Führseil zur Seite in die Richtung nehmen, in die wir das Pferd führen möchten. Dadurch nimmt man den Slack aus dem Seil und macht deutlich, in welche Richtung das Pferd gehen soll.

Was ich als Pre-Cue bezeichne, hat jedoch scheinbar nichts mit dem zu tun, was das Pferd tun soll. Wir könnten einem Pferd beispielsweise beibringen, sich zu verbeugen, indem wir einen kurzen Stock an sein Röhrbein anlegen. Wenn wir das perfekt hinbekommen haben und es jedes Mal klappt, können wir vorher etwas tun, das nichts mit dem zu tun hat, was wir von dem Pferd verlangen, z. B. den Hut ziehen, dann sofort den Stock an das Röhrbein anlegen und die Verbeugung verlangen. Wenn wir das oft genug wiederholen, können wir schließlich den Hut ziehen und unser Pferd verbeugt sich. Viele Menschen haben Probleme mit Vorabsignalen, aber nicht aus dem Grund, den man vermuten möchte. Es liegt nicht daran, dass sie die Dinge nicht in der richtigen Reihenfolge machen, sondern daran, dass sie ein Vorabsignal setzen, ohne es zu wissen.

Ich erinnere mich, in einem der Bücher des Autors Tom Moates eine Geschichte gelesen zu haben, in der er davon erzählt, wie er mit einem seiner Mentoren geritten ist und daran arbeiten wollte, dass sein Pferd besser anhält. Er beschwerte sich bei seinem Mentor, dass sein Pferd nicht so gut auf seine Aufforderung zum Anhalten reagierte, wenn er die Zügel aufnahm.

Sein Mentor fragte: „Wie sieht es denn mit dem Vorwärts aus?"

Tom antwortete, dass nicht das Vorwärts das Problem sei, sondern das Anhalten. Sein Mentor sagte: „Lass uns trotzdem einen Blick auf dein Vorwärts werfen."

Tom trieb sein Pferd an, sich vorwärts zu gehen, und sein Mentor sagte: „Da ist das Problem mit dem Anhalten." Tom sah ihn verwirrt an, und sein Mentor sagte: „Ist dir klar, dass du kurz bevor du dein Pferd aufforderst, sich vorwärts zu bewegen, die Zügel verkürzt? Das ist der Grund für dein Problem mit dem Anhalten."

Wenn wir die Zügel verkürzen und das Pferd dann sofort auffordern, sich vorwärts zu bewegen, dann wird der Druck auf die Zügel zu einem Vorabsignal für die Aufforderung, sich vorwärts zu bewegen. Wenn wir reiten und anhalten wollen, wird das Pferd schon bald beim Aufnehmen der Zügel sofort bereit sein, sich weiter vorwärts zu bewegen, anstatt sein Gewicht nach hinten zu verlagern und sich darauf vorzubereiten, langsamer zu werden. Dadurch wird das Verlangsamen oder Anhalten zu einem Tauziehen mit einem 500 Kilogramm schweren Tier. Hier besteht ein deutlicher Zusammenhang mit dem Prinzip *Antizipation: Bester Freund oder schlimmster Feind*. Wenn wir unbewusst etwas tun, kurz bevor wir unser Pferd zu etwas auffordern, wird diese unbewusste Handlung unbeabsichtigt zu einem Vorabsignal.

Hier schließt sich der Kreis zum Prinzip *Arbeite mit dem Pferd, das du heute hast*, bei dem wir nicht nur maximal präsent sein und bewusst wahrnehmen müssen, was unser Pferd tut, sondern auch, was unser eigener Körper tut.

Kapitel 12

Isolieren, separieren, neu kombinieren

Wie wir komplexe Probleme bei unseren Pferden effektiv diagnostizieren und beheben können

Wie wir bis hierher in diesem Buch gesehen haben, überschneiden sich die Prinzipien immer stärker, je weiter wir fortgeschritten sind. Das Gleiche gilt für unser Training. Je weiter wir kommen, desto mehr Dinge stützen sich auf das, was zuvor gelehrt wurde. Wenn man anfängt, komplexere Dinge mit Pferden zu tun, nimmt man einfach nur ein oder zwei (oder manchmal fünf oder sechs) Basics und kombiniert sie alle zum selben Zeitpunkt miteinander.

Nimmt man Basics, die einzeln perfekt funktionieren, und kombiniert sie so, dass sie weiterhin perfekt umgesetzt werden können, ist auch das Ergebnis normalerweise perfekt. Es kann aber vorkommen, dass wenn du zwei gut sitzende Basics kombinierst, eines davon sich möglicherweise nicht mehr so problemlos umsetzen lässt wie zuvor. Hier kommt das Prinzip *Isolieren, separieren, neu kombinieren* ins Spiel. Du musst die einzelnen Schritte im Kopf *isolieren* und herausfinden, welche der Grundlagen, die du mit deinem Pferd erarbeitet hast, nicht mehr so funktioniert wie vorher. Diesen Schritt musst du dann *separieren* – das bedeutet, dass du nun nur an diesem spezifischen Basic arbeitest, nicht mehr daran, es mit etwas anderem zu kombinieren. Erst wenn auch diese Grundlage wieder gut funktioniert, kannst du alle Basics *neu kombinieren*.

Wie die meisten der Trainingsprinzipien wenden wir dieses Prinzip auch im täglichen Leben an. Wenn unser Auto nicht startet und wir es zu einem Mechaniker schleppen lassen, würde dieser nicht versuchen, alles auf einmal zum Laufen zu bringen. Er würde versuchen herauszufinden, welcher Teil des Autos nicht funktioniert. Der Verbrennungsmotor benötigt drei grundlegende Komponenten, um zu funktionieren: Luft, Kraftstoff und elektrische Spannung. Der Mechaniker würde die Fehlersuche wahrscheinlich damit beginnen, dass er versucht, das Auto zu starten. Wenn es nur klickt und kein Geräusch zu hören ist, fehlt wahrscheinlich die elektrische Spannung über die die Zündkerze zünden kann (also ist nicht genug Batterieleistung vorhanden, um den Motor zu starten und das Benzin-Luft-Gemisch in den Zylindern zu verdichten.) Wenn er den Schlüssel umdreht und der Motor recht schwungvoll anspringt, kann es ein Problem mit der Kraftstoff- oder Luftzufuhr geben. Sobald er das Problem gefunden hat (*isolieren*), würde er das defekte oder nicht funktionierende Teil aus dem Fahrzeug ausbauen (*separieren*) und es entweder reparieren oder durch ein neues Teil ersetzen, bevor er es wieder in das Fahrzeug einbaut (*neu kombinieren*).

Niemand erwartet, dass der Mechaniker ein Auto repariert, während man es fährt. Jeder geht davon aus, dass das Auto während der Reparatur außer Betrieb ist. An dieser Stelle kommt der Grundsatz *Arbeite mit dem Pferd, das du heute hast* ins Spiel. Wenn wir mit unserem Pferd etwas Neues erarbeiten, kommen uns manchmal unsere Gefühle und Erwartungen in die Quere. Wir vergessen zu analysieren, was jetzt gerade passiert, und es in möglichst kleine Schritte zu zerlegen.

Wenn wir etwas erzwingen wollen, gelangen wir in der Regel nur umso schneller in eine Sackgasse, deshalb ist es so unfassbar wichtig, die Dinge so zu nehmen, wie sie kommen. Es geschieht leider so leicht, sich völlig in das zu verbeißen, was man seinem Pferd beibringen will, und zu denken: „Komm schon, jetzt mach es einfach!" Wenn wir aber sehr achtsam sind, gibt uns das die Möglichkeit zu erkennen, wann wir dem Pferd etwas kleinschrittiger erklären müssen. Man könnte das Prinzip *Isolieren, separieren, neu kombinieren* auch als *Grundlegende Fehlerdiagnostik für alles, inklusive dein Pferd* bezeichnen. Pferde sind jedoch keine Maschinen, sondern empfindungsfähige Wesen, die alles, was mit ihnen geschieht, wahrnehmen – und das macht die Sache etwas schwieriger.

Eines der besten und einfachsten Beispiele für dieses Prinzip habe ich auf der Equidays-Pferdemesse in Neuseeland gesehen. Kyra Kyrklund, eine finnische Dressurreiterin, die fünfmal an den Olympischen Spielen teilgenommen hat und als lebende Legende gilt, gab dort einen Masterclass-Kurs. Wie bereits in vielen anderen Kapiteln dieses Buches erwähnt, sehe ich selten, dass jemand dieses Kalibers die „coolen" Sachen unterrichtet. Sie arbeiten immer an den Grundlagen. Ein Zitat von Kyra Kyrklund, das als Meme in den sozialen Medien kursiert, lautet: „Der Unterschied zwischen einem sehr guten Reiter und einem mittelmäßigen Reiter besteht darin, dass der sehr gute Reiter bei den Basics beharrlicher ist."

Im Masterclass-Kurs ließ Kyra eine der Pferd-Reiter-Kombinationen Schenkelweichen üben. Schenkelweichen ist eine Seitwärtsbewegung, bei der das Pferd gleichzeitig vorwärts und seitwärts tritt. Als dieses Pferd aufgefordert wurde, dem Schenkel zu weichen, bewegte es sich überhaupt nicht seitwärts, sondern nur geradeaus.

Als Nächstes ließ Kyra die Reiterin anhalten, eine Vorhandwendung in dieselbe Richtung ausführen, in die sie das Schenkelweichen geriten hatte, bevor sie vorwärts reiten und das Ganze noch einmal versuchen sollte. Als das Pferd dem Schenkel wieder nicht wich, wurde die Reiterin angewiesen anzuhalten, eine Vorhandwendung auszuführen und es dann erneut zu versuchen. Nach mehreren Wiederholungen begann das Pferd, dem Schenkel schön zu weichen. Es gab keinen Streit, keine erzwungenen Korrekturen und keinen Stress für das Pferd. Es funktionierte gut, aber nur, weil Kyra die Reiterin an jenen Hilfen Wartungsarbeiten durchführen ließ, die nicht funktionierten. Schauen wir uns an, welche Hilfen für das Schenkelweichen funktionieren müssen.

Die Zügelhilfen: Bei der Arbeit am Schenkelweichen hat man beidseitigen Zügelkontakt, und das Pferd sollte auf diesen Kontakt reagieren und ihn nicht ignorieren.

Die Schenkelhilfen: Der innere Schenkel oder das Bein, von dem sich das Pferd wegbewegt, befindet sich am Sattelgurt und liefert einen Teil der Vorwärtsenergie, während es auch eine seitliche Bewegung fordert. Das äußere Bein befindet sich hinter dem Sattelgurt und erzeugt Energie, die bei der Vorwärtsbewegung hilft.

Als das Pferd nicht auf den inneren Schenkel reagierte, ließ Kyra die Reiterin durchparieren (das Vorwärts funktionierte gut, sodass sie das nicht zu üben brauchten) und eine Vorhandwendung ausführen, was das Pferd dazu brachte, auf den Schenkel der Reiterin zu reagieren. Das Wichtigste dabei war, dass die Reiterin auch in der Parade mit dem inneren Schenkel Kontakt halten musste. Hätte die Reiterin das Pferd zum Schenkelweichen aufgefordert, dann aber obwohl das Pferd die Hilfe ignoriert, angehalten und gleichzeitig den inneren Schenkel weggenommen, hätte sie damit das Pferd dafür belohnt, dass es nicht auf den Schenkel reagiert hat. Dies wäre der beste Weg, einem Pferd beizubringen, wie es *nicht* dem Schenkel weicht.

Ein häufiges Phänomen ist es, dass jemand ein Pferd zum Galopp auf einer bestimmten Hand auffordert und das Pferd in den falschen Galopp springt.

Vor einigen Jahren nahm bei einem meiner Seminare eine Vielseitigkeitsreiterin teil, die sagte, sie hätte Probleme, ihr Pferd rechts anzugaloppieren, aber mit dem Linksgalopp hätte sie keine Probleme. Ich fragte sie: „Wie forderst du dein Pferd zum Rechtsgalopp auf?"

Sie antwortete, sie benutze ihr linkes Bein. Dann fragte ich sie: „Was machst du, wenn du mit dem linken Bein angaloppierst und einen Linksgalopp bekommst?" Sie sagte, sie würde ihr Pferd in den Trab zurückholen und dann erneut angaloppieren.

Ich sagte zu ihr: „Kannst du mir ganz genau sagen, was du tust, wenn du wieder in den Trab fällst?"

Sie sah mich verwundert an und fragte: „Was meinst du?" Ich antwortete: „Du legst das linke Bein an und bittest um einen Rechtsgalopp. Wenn du einen Galopp auf der falschen Hand bekommst, was tust du:

a) Nimmst du das linke Bein weg, kehrst in den Trab zurück und galoppierst dann erneut an, oder

b) lässt du das linke Bein angelegt, um deinen Rechtsgalopp zu bekommen, und lässt es auch im Trab weiter dran, so lange, bis du einen Galopp auf der richtigen Hand bekommst, egal wie oft du es versuchen musst?"

Sie dachte eine Minute darüber nach und sagte dann: „Ich glaube, ich mache Ersteres."

Ich sagte: „Herzlichen Glückwunsch, du hast deinem Pferd erfolgreich beigebracht, in den Linksgalopp zu springen, wenn du dein linkes Bein einsetzt."

Beim Prinzip *Isolieren, separieren, neu kombinieren* ist es fundamental wichtig, dass man die Hilfe für den Teil, der nicht funktioniert, trotzdem fortsetzt – entsprechend dem Prinzip *Die Anwendung deiner Hilfen*.

Ein weiteres Prinzip, das Kyra konsequent einsetzte, ist *Antizipation: Bester Freund oder schlimmster Feind*. Die Verknüpfung des beibehaltenen Schenkels, unmittelbar gefolgt von der Vorhandwendung, immer und immer wieder, erzeugte eine Antizipation dessen, was als Nächstes kommen würde. Man könnte sagen, dass auch ein wenig *Mach Falsches schwer und Richtiges leicht* dabei war, da es für das Pferd viel einfacher ist, dem Schenkel zu weichen, wenn es stillsteht, als wenn es sich vorwärts bewegt.

Wir sehen also, dass wir zu dem Zeitpunkt, an dem wir zum Prinzip *Isolieren, separieren, neu kombinieren* kommen, die einzelnen Teile dafür bereits durch die Nutzung der anderen Prinzipien trainiert haben, sodass die Prinzipien beginnen, sich gegenseitig zu überlagern.

Dieses Prinzip ist nicht nur für fortgeschrittene Bewegungsabläufe gedacht, die viele Bewegungselemente erfordern, wie z. B. Fliegende Galoppwechsel – im Gegenteil: Es kann schon sehr früh im Training eingesetzt werden. Das Erste, was ich bei der Bodenarbeit anstrebe, sind Entspannung und Verbundenheit. Wenn mir das leicht gelingt, möchte ich das Pferd auffordern können, seine Beine zu bewegen. Wenn es das problemlos tun kann, möchte ich beides kombinieren: Ich möchte, dass das Pferd mit mir verbunden bleibt, während es seine Beine bewegt.

Ich beginne damit, dass das Pferd vor mir steht. Es ist entspannt und in seinen Gedanken mit mir verbunden. Dann bitte ich es, sich um mich herum zu bewegen, und wenn sich sein Kopf hier beim Losgehen nach außen dreht, liegt das daran, dass es sich geistig von mir gelöst hat. Es geht vorwärts, ist aber nicht mehr mit mir verbunden, also trete ich einen Schritt rückwärts, hole so das Pferd zu mir her, und seine Gedanken kehren ebenso wieder zu mir zurück.

Ich habe also damit den Teil, der unsere Verbundenheit betrifft, vom großen Ganzen – das sowohl aus der Vorwärtsbewegung als auch der Verbundenheit besteht – separiert. Ich hatte Verbundenheit, als das Pferd stand, aber als ich das Vorwärts bekam, verlor ich die Verbundenheit. Kein Problem.

Das ist völlig normal, wenn man damit beginnt, zwei Dinge miteinander zu verbinden. Wenn wir uns an das Prinzip *Isolieren, separieren, neu kombinieren* halten, werden wir keine mentalen Auseinandersetzungen mit dem Pferd oder mit uns selbst haben. Es gibt keine Frustration und keine Enttäuschung mehr. Wenn wir verstehen, dass es normal ist und wie wir das auflösen können, wird es genauso zur Routine wie der Abwasch. Der Teller ist schmutzig. Ich wasche ihn ab. Jetzt ist er nicht mehr schmutzig. Wenn ich ihn das nächste Mal benutze, wird er wieder schmutzig sein, und dann werde ich ihn wieder waschen. Ich bin nicht verärgert oder enttäuscht, dass er wieder schmutzig sein wird.

Das ist das Prinzip *Arbeite mit dem Pferd, das du heute hast*. Es geht darum, präsent zu sein, und wenn wir beginnen, mit unserem Pferd in diesem Sinne zu arbeiten und uns dann des Prinzips *Geh nicht wütend schlafen* bewusst sind, ist das eine solide Grundlage, auf der wir mithilfe der übrigen Trainingsprinzipien aufbauen können.

Wenn ich in einem meiner Seminare unterrichte und mit einem Pferd arbeite, beschreibe ich, was ich tue und um welches Prinzip es sich handelt. Je nach Pferd kann sich das Prinzip, das ich anwende, alle zehn Sekunden ändern. Es braucht viel Zeit, Ausdauer und Übung, bis man fließend von einer Entscheidung zur anderen übergehen kann, ohne wirklich darüber nachdenken zu müssen, bis zu dem Punkt, an dem es fast intuitiv wird.

Foto © Tyler Schiller

Kapitel

13

Beziehung geht vor Horsemanship

Die Bedeutsamkeit der Entwicklung von Vertrauen und Verbundenheit vor jeglichem Training

In sämtlichen Kapiteln dieses Buches ging es um Prinzipien, die für die allermeisten Techniken, die im Pferdetraining eingesetzt werden, Basis und Voraussetzung sind. Die Techniken und Methoden an sich werden von Experten auf ihrem jeweiligen Gebiet durch Bücher wie dieses, Lehrvideos wie die auf meiner abonnierbaren Online-Videoplattform, DVDs, YouTube-Videos, Beiträge in sozialen Medien und Artikel in Fachzeitschriften weitergegeben.

Die meisten Experten erweitern kontinuierlich ihr Wissen und suchen stets nach neuen Wegen, Dinge zu tun. Als ich Reining-Pferde trainierte, war es keine Seltenheit, dass wir Trainer zusammenarbeiteten, zu den Ranches der anderen reisten, um gemeinsam zu reiten, und manchmal sogar monatelang Pferde tauschten, um einen anderen Blick auf ein Problem zu bekommen, an dem wir gerade arbeiteten. Auf Turnieren habe ich erlebt, wie Trainer anderen Trainern im Aufwärmbereich Fragen stellten. Ich bin mir nicht sicher, ob das in anderen Bereichen der Pferdeindustrie auch so ist, aber im Western-Performance-Bereich ist es durchaus üblich.

Profis sind die Influencer der Pferdewelt, die Torwächter zwischen der Öffentlichkeit und dem Expertenfachwissen. Während sie stets versuchen, mehr zu lernen, können sie realistischerweise nur solche neuen Trainingsmethoden einführen, die in dem Trainingszeitrahmen, für den der Kunde bereit ist zu zahlen, einen Effekt haben.

Das bringt uns zum Namen meines letzten Prinzips: *Beziehung geht vor Hor-*

semanship. Es geht darum, eine Beziehung aufzubauen, die auf der Entwicklung von Vertrauen und Empathie beruht, bevor versucht wird, Verhaltensweisen zu verändern oder zu formen. Ein großer Teil dieses Beziehungsaufbaus besteht darin, mit dem Pferd zusammen zu sein und auf kleine Annäherungen oder Interaktionshinweise zu reagieren, ohne etwas von ihm zu verlangen. Lieschen Müller wird aber keinen Trainer fürs Nichtstun mit ihrem Pferd bezahlen. Deshalb bin ich der Meinung, dass *derjenige, der am* geeignetsten ist, dein eigenes Pferd zu trainieren, du selbst bist.

Ich habe die Formulierung *Beziehung geht vor Horsemanship* in Anlehnung an eine ähnliche Formulierung meiner Freundin Sarah Schlote geprägt, die, wie bereits erwähnt, EQUUSOMA® Horse-Human Trauma Recovery gegründet hat. Sie lehrt Menschen, wie man ein Grundverständnis für die Stressreaktionen von Säugetieren, die Psychophysiologie sowie für Trauma und Bindung in unterschiedlichen Kontexten und Berufsbildern zwischen Pferd und Mensch einbinden kann.

Sarahs Begriff „Connection Before Concepts" („Verbindung vor Konzepten") wurde als Titel eines Blogs über drei verschiedene Methoden der Verwendung von Druckaufbau und Druck aufheben im Horsemanship verwendet. In diesem Blog sagt sie, dass der größte Teil der Pferdewelt das Konzept verwendet, den Druck dann aufzuheben, wenn ein Pferd das tut, was der Mensch verlangt. Sie sagt, dass ihr in der Welt der pferdegestützten Bereiche, sei es pferdegestütztes Lernen, Therapie oder Psychotherapie (wie z. B. Somatic Experiencing®, das auf der Säugetierethologie basiert), schon früh beigebracht wurde, wie wichtig es ist, beim ersten Anzeichen eines „Nein", einer Sympathikus-Aktivierung oder eines inneren Abschaltens innezuhalten und/oder den auf das Pferd ausgeübten Druck auszusetzen und, bevor man weitermacht, abzuwarten, was als Nächstes im Körper, im Verhalten und in der Beziehung geschieht. Sie sagt, dass dies im Gegensatz zu dem steht, was den meisten Menschen beigebracht wird, dass es aber aus Sicht der Bindungstheorie essenziell wichtig ist, damit das Pferd weiß, dass man gesehen hat, was es mitzuteilen hat (Einfühlung), und entsprechend darauf reagiert. Dies ermöglicht es dem Gegenüber, gesehen und gehört zu werden, sich empfunden und verstanden zu fühlen, wie Sarah zu sagen pflegt. Die Bindungstheorie legt den Schwerpunkt darauf, wie wichtig es ist, einen sicheren Hafen in der Beziehung zu schaffen, der die Grundlage für die Entwicklung von Vertrauen und Sicherheit ist. Bei Pferden, die aufgrund des menschlichen Umgangs mit ihnen eine Bindungsstörung entwickelt haben, kann eine Neuverhandlung der Beziehung auf diese Weise dazu beitragen, eine Verbindung als Basis zu schaffen, bevor man zu den anderen beiden Formen des Nachgebens von Druck übergeht oder zu jeglichem sonstigen verhaltensformenden Training oder überhaupt zu anderen Aktivitäten.

Es ist wichtig zu definieren, wie ein „Nein" vom Pferd aussieht. Um die Handlungen unseres Pferdes beurteilen zu können, müssen wir das Prinzip *Arbeite mit dem Pferd, das du heute has*t anwenden, denn bei jeder Interaktion mit einem Pferd kann das Nein anders ausfallen. Das Nein kann die Verweigerung einer Aufforderung durch Weglaufen sein, aber genauso auch ein subtiles Zeichen erhöhter Anspannung wie Lidschlagfrequenz, Kopfheben oder die Position der Ohren. Es kann sogar sein, dass sich das Pferd *in* den Druck lehnt, anstatt zu weichen und sich *weg*zubewegen. Es gibt viele verschiedene Situationen und eine ebenso große Anzahl von Neins, die man bekommen kann.

Ich beziehe mich oft auf den oben schon genannten Blog „Connection Before Concepts", in dem Sarah drei Perspektiven zur Anwendung von Druck und Nachgeben beschreibt. Bei der ersten wird der Druck beim ersten Anzeichen eines Neins beendet. Bei der zweiten wird der Druck weggenommen, wenn das Pferd entspannter auf die Aufforderung reagiert, was im Wesentlichen dem CAT-H-Ansatz entspricht, bei dem das Pferd dafür belohnt wird, dass es in die Entspannung findet. Die dritte und gängigste Methode besteht darin, den Druck aufzuheben, wenn das Pferd tut, was wir verlangen.

Ich wende dieses Protokoll vor allem dann an, wenn ich Pferde an etwas Neues heranführe, z. B. an ein Sattel-Pad, eine Flagge oder auch nur an die Energie, mit der ich mich ihnen nähere. Das Innehalten beim ersten Anzeichen eines Neins hat drei zentrale Vorteile. Der erste ist die Kontrolle: Das Pferd lernt, dass es die Situation unter Kontrolle hat. Es gibt nichts zu fürchten, wenn es die Reize kontrollieren kann, die gesetzt werden. Es wird uns so weit gewähren lassen, wie es dazu bereit ist, und wir können den Fortschritt seiner Entwicklung gut beobachten.

Der zweite große Vorteil ist, dass wir unter der Angstschwelle des Pferdes bleiben, was bedeutet, dass es nicht die stark negativen Erfahrungen macht, die mit dem Übergang in das sympathische Nervensystem einhergehen (Kampf, Flucht, Erstarren). Dies ist ein offensichtlicher, aber unterschätzter Vorteil. Nichts in unserem Training sollte jemals an den Punkt führen, an dem das Pferd das Gefühl hat, dass es keine andere Möglichkeit hat, als zu bocken oder zu flüchten; wenn es das tut, haben wir etwas übersehen und haben uns nicht in seine Situation hineingefühlt.

Der dritte und mächtigste Vorteil besteht darin, dass wir dem Pferd mitteilen, wie sehr wir uns seines emotionalen Zustands bewusst sind, was unter Therapeuten als „Einfühlung", „Resonanz" oder „Empathie" bezeichnet wird. Der Psychologieprofessor Dr. Daniel Siegel von der Universität von Los Angeles sagt, Einfühlung sei „das Gefühl, gesehen und gehört zu werden". Sarah geht noch einen Schritt weiter und sagt, Einfühlung sei „das Gefühl, gesehen zu werden, gehört zu werden und sich gefühlt und verstanden zu fühlen".

Du fragst jetzt vielleicht, was ein UCLA-Professor der Psychologie über Pferde weiß?

Es geht dabei jedoch nicht allein um Pferde. Es geht um Säugetiere.

Das Nervensystem aller Säugetiere funktioniert gleich, egal ob wir ein Mensch oder ein Pferd sind. So oft wird uns gesagt, dass wir Pferde nicht vermenschlichen sollen. Vermenschlichen bedeutet, einem Tier oder

Gegenstand menschliche Eigenschaften oder Verhaltensweisen zuzuschreiben. Ich glaube jedoch, dass wir manchmal vergessen, zu „mammalisieren“, was bedeutet, dass wir vergessen, dass sowohl wir Menschen als auch die Pferde zu den Mammalia, den Säugetieren, gehören und wie gleich unsere Nervensysteme tatsächlich sind.

Dr. Siegel sagt:
„Wenn ein Kind aufgebracht ist, hilft meist keine Logik, und zwar so lange, bis wir auf die emotionalen Bedürfnisse seiner rechten Gehirnhälfte eingegangen sind. Wir nennen diese emotionale Verbindung ‚Einfühlung‘, d. h. wir verbinden uns tief mit einer anderen Person und erlauben ihr, ‚sich gefühlt zu fühlen‘. Wenn Eltern und Kinder sich so aufeinander einstimmen, erleben sie ein Gefühl der Zusammengehörigkeit.“

Ändern wir nun diese erste Zeile des Zitats, um zum Kern dessen zu gelangen, warum ich glaube, dass das Prinzip *Beziehung geht vor Horsemanship* so mächtig ist. Es heißt dann: „Wenn ein Pferd aufgebracht ist, funktioniert keine Logik (das Training), und zwar so lange, bis wir auf die emotionalen Bedürfnisse seiner rechten Gehirnhälfte eingegangen sind.“ Beim Pferdetraining geht es meist um die Anwendung von bestimmten Techniken, mit dem Ziel, bestimmtes Verhalten zu verhindern oder gar davon abzuschrecken. Diese Denkweise ähnelt dem Erziehungsstil „Hör auf zu weinen oder ich gebe dir einen Grund zum Weinen“, der während meiner Kindheit weit verbreitet war. Wenn ein Kind seine Besorgnis über etwas zum Ausdruck bringt, das es beunruhigt, und seine Bezugsperson, also diejenige Person, die es eigentlich unterstützen und beschützen sollte, etwas sagt wie: „Hör auf, mir zu zeigen, dass du dich fürchtest, oder ich werde etwas tun, sodass du dich mehr vor mir fürchtest, als vor dem, wovor du dich jetzt fürchtest“, dann fühlt sich das Kind sehr allein gelassen. Außerdem wird es dadurch äußerst gefügig, was nur dann gut ist, wenn es den Eltern ausschließlich um reine Gefügigkeit geht.

Viele Erwachsene, die in ihrer Kindheit diesem Erziehungsstil ausgesetzt waren, mussten intensive innere Arbeit leisten, um ihre persönlichen Probleme zu lösen. Sie haben erkannt, dass viele ihrer Probleme daher rühren, dass sie als Kinder einst nicht gesehen oder nicht gefühlt wurden. Diese Erziehung wurde durchaus von liebenden Eltern geleistet, die weitergaben, was sie selbst wussten, und die in diesem Rahmen ihr Bestes taten, aber das bedeutet nicht, dass unser Nervensystem dafür geschaffen ist, diesen Erziehungsstil zu tolerieren und auszuhalten. Wenn unsere Pferde uns ihre Besorgnis zeigen, haben wir die Wahl: Wollen wir ihre Gefühle anerkennen und ihnen dabei helfen, ihre negativen Gefühle zu überwinden, und dabei eine tiefe, vertrauensvolle Verbindung aufbauen, oder aber stellen wir unsere Wünsche und Bedürfnisse über ihre Besorgnis, was zu einer eher transaktionalen Beziehung führt, in der sich das Pferd allein und isoliert fühlt?

Sowohl Pferde als auch Menschen brauchen, wenn sie Angst haben, Unterstützung und nicht das Einfordern von Gehorsam und Gefügigkeit. Wie der Südafrikaner Gareth Mare, einer der Gäste meines Podcasts, kürzlich sagte: „Man kann Angst nicht durch Gehorsam auflösen.“ Ich möchte nun einige praktische Schritte vorstellen, die wir setzen können, um eine Verbindung zu unserem Pferd herzustellen und sein Nervensystem zu beruhigen.

Gemeinsam „abhängen"

Eines der einfachsten Dinge, die wir tun können, um eine Beziehung zu unserem Pferd aufzubauen, ist, einfach mit ihm Zeit zu verbringen. Nimm dir einen Stuhl mit auf die Weide und setz dich einfach nur hin. Lies ein Buch. Meditiere. Schreibe Tagebuch. Scrolle durch dein Telefon. In gewisser Weise ist es egal, was du machst, wenn du nur ganz ohne eine Agenda auftauchst und einfach in der Nähe bist. Wenn du Erfahrung mit Meditation hast und sehr präsent und achtsam sein kannst, ist das sogar noch besser.

An dieser Stelle kommen die übrigen Trainingsprinzipien ins Spiel. Die Prinzipien helfen uns zu entscheiden, was wir als Nächstes tun sollten, wann wir etwas anders machen und wann wir das Gleiche weitermachen sollten. Beginnen wir mit dem Prinzip *Tue das Gegenteil*. Wir gehen nur dann auf die Weide unseres Pferdes und setzen uns hin, wenn es nicht daran interessiert ist, zu uns zu kommen. Wir versuchen, das Pferd zu ermutigen, das Gegenteil von Sich-von-uns-Fernhalten zu tun. Das ist gut für ein Pferd, das schwer einzufangen, desinteressiert oder misstrauisch gegenüber Menschen ist. Wenn unser Pferd aber ein eher aufdringlicher Typ ist, den wir nicht von uns wegbekommen, würden wir uns niemals mit einem Stuhl auf seine Weide setzen, da wir uns nicht nur verletzen könnten, sondern das Pferd auch in die falsche Richtung beeinflussen würden. Das Einzige, was wir immer anstreben, wenn wir versuchen, das Verhalten eines Pferdes zu formen, ist, es in die richtige Richtung zu lenken. Diese richtige Richtung sieht bei jedem Pferd anders aus.

Wenn man mit einem Pferd abhängt, das sich nicht gerne von Menschen einfangen lässt, oder einfach nur die Anwesenheit eines Menschen im Allgemeinen nicht schätzt, hilft das dem Pferd, sich von der Angst vor Menschen zu lösen und weniger Angst vor ihnen zu haben. Allerdings tut man das nur so lange, wie die Nadel auf der vorsichtigen Seite bleibt. Sobald das Pferd anfängt, unbekümmerter mit Menschen umzugehen, sich vielleicht unserer Schwäche und Fragilität nicht bewusst ist, sollte man nicht mehr auf die gleiche Art abhängen. Das kann so aussehen, dass man auf der einen Seite der Skala aufsteht, anstatt sich hinzusetzen, und sich auf der anderen Seite der Skala auch außerhalb der Weide des Pferdes aufhält.

Ich kenne viele Leute, die sagen: „Ich kann gar nicht mit meinem Pferd abhängen, es trampelt förmlich über mich hinweg, es kommt mir schon am Tor entgegen und drängt dagegen."

Ich empfehle ihnen dann, genauso Zeit mit ihrem Pferd zu verbringen, nur außerhalb der Weide oder des Stalls. Ein Pferd, das sich so verhält, hat keine Angst vor Menschen, sondern es fühlt sich zu sehr zu Menschen hingezogen, auf eine negative Art, was auch nicht gut ist. Es ist nicht normal, dass ein Beutetier einem Raubtier regelrecht an den Fersen klebt. Ich habe lieber ein Pferd, das ich nicht einfangen kann, als eines, das ich gar nicht von mir wegbekomme. Das Pferd, das ich nicht einfangen kann, verhält sich ganz normal für seine Art und ist sich der Dinge bewusst, die es als gefährlich oder bedrohlich empfinden könnte. Ein Pferd, das Menschen bedrängt und sich an sie heftet, verhält sich nicht wie ein erwachsenes Säugetier. Nur dem Fohlen ist es erlaubt, sich an die Mutter zu klammern. Nach dem Absetzen wird das Klammern von den anderen Herdenmitgliedern unterbunden. Wenn man einem Pferd erlaubt, dies während seiner gesamten Lebenszeit zu tun, tut man diesem Pferd damit keinen Gefallen und vergrößert nur das Problem des „aufdringlichen" Pferdes.

Es geht nicht darum, dass Pferde sich von uns fernhalten *müssen*, aber wenn sie in unseren Bereich kommen, müssen wir Regeln dafür aufstellen, *wie* sie in unseren Bereich kommen. Sind sie neugierig und wollen sich mit uns beschäftigen, oder sind sie unachtsam und rempeln uns an?

Vor der Box oder dem Paddock eines Pferdes zu sitzen, bis es desinteressiert ist, gehört zum Rehorsing des Pferdes (der Rückführung des Pferdes zu seiner Natur). Dabei gibt es keine Bestrafung, sondern es geht lediglich darum, dem Pferd beizubringen, nicht automatisch damit zu rechnen, dass wir hineingehen und etwas mit ihm machen, sobald wir auftauchen. Wir arbeiten nach dem Prinzip *Antizipation: Bester Freund oder schlimmster Feind*, kombiniert mit dem Prinzip *Tue das Gegenteil*. Wenn wir genauer darüber nachdenken, wenden wir auch das Prinzip *Mach Falsches schwer und Richtiges leicht* an. Wenn wir außerhalb des Zauns sitzen, ist es für das Pferd sehr schwer, uns zu bedrängen, und sehr leicht, es nicht zu tun. Die Prinzipien sind allgegenwärtig, wenn man sie wirklich verstanden hat, aber das zugrunde liegende Prinzip, an dem wir hier arbeiten, ist *Beziehung geht vor Horsemanship*. Das bedeutet, dass wir weder darum bitten wollen, dass etwas passiert, noch dass wir etwas korrigieren, das passiert. Wenn wir die richtige Methode für den Umgang mit dem Pferd wählen, brauchen wir nichts zu korrigieren. Das bedeutet aber auch, dass man, nachdem man anderthalb Stunden vor seiner Box gesessen hat, nicht einfach hineingehen und es kraulen kann, weil man es liebt. Wenn wir es wirklich lieben, werden wir so lange auf dieser Seite des Zauns bleiben, bis es anfängt, sich ein wenig mehr wie ein Pferd zu verhalten. In Beziehungen geht es im Allgemeinen darum, dem anderen das zu geben, was er braucht, vor allem zu Beginn, und in der Beziehung zu unseren Pferden ist das nicht anders.

Mit Maul und Nüstern in Kontakt treten

Vor einigen Jahren nahmen meine Frau Robyn und ich an einem Paar-Wochenende am Gottman-Institut in Seattle, Washington, teil. John und Julie Gottman zählen zu den weltweit führenden Beziehungsforschern. Sie sind in der Lage, die Interaktion eines Paares nur über einen kurzen Zeitraum zu beobachten und daraus mit ziemlicher Genauigkeit vorherzusagen, wie lange die Beziehung halten wird.

Einer der Punkte, auf die die Gottmans dabei achten, sind die sogenannten „Bitten nach Verbundenheit". Ein Angebot oder ein Versuch, eine Verbindung mit dem anderen aufzubauen, kann etwas so Einfaches sein wie die Aussage „Mensch, ist das ein schöner Tag", und kann vom Gegenüber auf drei Arten beantwortet werden. Nach Ansicht der Gottmans ist die beste Art das Sich-Zuwenden, indem man sich in positiver Weise darauf einlässt. Dies könnte zum Beispiel über folgende Antwort geschehen: „Oh ja, es ist wirklich ein wunderschöner Tag."

Die nächste, aber weniger wünschenswerte Reaktion wäre das, was die Gottmans als Sich-Abwenden bezeichnen, also sich nicht darauf einzulassen, was letztlich ein Nichtbeantworten und Ignorieren des Versuches oder des Angebotes ist, eine Verbindung herzustellen. Die schlimmste Reaktion jedoch, was die Beziehung betrifft, wäre das, was die Gottmans als Sich-Dagegenwenden bezeichnen. Laut John hat „Dagegenwenden etwas Bissiges", so wie die Art von Kommentar, den man hört und bei dem man denkt: „Das war jetzt unangebracht."

Ich bekomme viele Fragen von Leuten, deren Pferde zupfen und zwicken (und damit meine ich nicht den Angriff mit offenem Maul, denn in einer solchen Situation geht es um viel mehr als nur ums Zwicken), und sie wollen in der Regel wissen, wie man das Problem beheben kann. Wie unser Freund Captain Jack Sparrow im ersten Kapitel sagte: „Das Problem ist nicht das Problem; das Problem ist deine Einstellung zum Problem."

Was hier eigentlich passiert, ist, dass das Pferd versucht, mit uns in Kontakt zu treten, uns zu begrüßen und zu sehen, ob wir präsent sind. Wenn wir die Art und Weise ändern, wie wir das Zwicken betrachten, nämlich als ein Angebot zur Kontaktaufnahme, ändert sich dieses ganze „Mein Pferd hat versucht, mich zu zwicken" in „Mein Pferd versucht, mit mir zu kommunizieren". Wenn wir es korrigieren (so wie viele Menschen, die dem Pferd einen Klaps auf die Nase geben, wenn es zwickt), wenden wir uns gegen das Pferd und sagen im Grunde: „Versuch nicht, mit mir in Kontakt zu treten. Ich stehe dafür nicht zur Verfügung."

Wenn wir das Angebot zur Kontaktaufnahme ignorieren oder nicht wahrnehmen, ist das ein Abwenden. Wenn wir den Versuch der Kontaktaufnahme wahrnehmen und ihm mit unseren Händen und einer freundlichen Energie begegnen, ist das ein Zuwenden. Und das ist ein echter Gamechanger.

Kürzlich hatte ich bei einem meiner Seminare eine Dressurtrainerin mit einem Vollblut, einem Ex-Rennpferd. Sie hatte bereits sehr viel getan, um dem Pferd zu helfen, die beste Version seiner selbst zu werden. Anfangs hatte es eine Menge merkwürdiger Verhaltensweisen an den Tag gelegt. Sie hatte die meisten davon auflösen können, aber bei der Arbeit am Boden hatte es dennoch so eine seltsame, abgelenkte Energie. Sie wollte, dass ich die Techniken, mit denen sie ihm half, kritisch bewerte, und ich fand, dass sie wirklich gute Arbeit leistete, wenn sie es aufforderte, etwas zu tun. Allerdings war da immer noch diese seltsame, verspielte Energie, die den Anschein erweckte, als wolle es sie ärgern, wenn sie gerade nichts von ihm verlangte. Mir fiel auf, dass sie viele seiner Bitten nach Kontakt und Verbundenheit ignorierte oder korrigierte. Ich fragte, ob ich das Pferd eine Weile halten könnte, und als sie es mir übergab, war seine erste Reaktion, zu mir kommen und Hallo zu sagen.

Ich trat also mit Maul und Nüstern in Kontakt, wenn es das wollte, und ließ es in Ruhe, wenn es nicht wollte. Nach ein paar Minuten war diese eigenartige, spielerische Energie verflogen, und ich sagte der Besitzerin, dass ich nicht glaube, dass sie das Pferd trainieren muss, um die Probleme zu lösen, sondern dass sie in seiner Nähe präsent sein und jeden Versuch einer Kontaktaufnahme wahrnehmen sollte.

Als ich von dem Seminar nach Hause kam, postete ich die Geschichte über die Dame und ihr Pferd in den sozialen Medien, und eine der Antworten kam von Sarah Schlote. Sie erzählte eine Geschichte über einen Pferdebesitzer, mit dem sie einmal gearbeitet hatte.

„Ich werde nie die Geschichte der Person vergessen, die sich darüber beschwerte, dass ihr Pferd ständig an ihrer Kleidung zupfte. Als wir etwas Zeit miteinander verbrachten und die Sequenz verfolgten, die zu diesem Verhalten führte, wurde der Grund für das Herumknabbern offensichtlich: Der Mensch hatte ein Muster, sich innerlich zu distanzieren und die Verbindung zu verlassen, und das Pferd schnappte immer dann nach ihm, wenn es spürte, dass sein Mensch sich mental von ihm trennte. Die Dinge änderten sich grundlegend, sobald das Verhalten des Pferdes so betrachtet wurde, dass es durchaus eine Funktion erfüllte, und als die Person daraufhin an ihrem Dissoziationsmuster arbeitete", kommentierte sie.

Im ersten Kapitel sprachen wir über „Sie wissen, wenn du es weißt, und sie wissen, wenn du es nicht weißt" und darüber, dass dieses Wissen darin besteht, *ob* wir präsent und achtsam genug sind. Meiner Erfahrung nach muss man nicht ewig an Maul und Nüstern eines Pferdes herumfummeln, wenn es eine Verbindung herstellen will. Ich dachte früher, der Grund dafür wäre ein unstillbares Bedürfnis, sich zu beschäftigen. Aber ich habe festgestellt, dass es nach einer Weile nachlässt, wenn man sich jedes Mal mit dem Pferd beschäftigt, wenn es danach fragt, und zwar so lange, wie es das möchte. Ich habe den Eindruck, dass sie das nicht nur tun, um sich zu beschäftigen, sondern auch, um zu sehen, ob wir im Hier und Jetzt präsent sind. Ich habe die Erfahrung gemacht, dass sie nach einer gewissen Zeit aufhören zu prüfen, ob man achtsam ist, wenn man lange genug geistige Präsenz bewiesen hat. Es ist fast so, als bekäme man das Gütesiegel, dass man bewiesen hat, ein bewusst agierendes Wesen zu sein, und man nicht mehr weiter überprüft werden muss.

Ich habe in Seminaren schon öfter mit Pferden gearbeitet, deren Besitzer mir sagten, dass das Pferd es „hasst, gebürstet zu werden". Ich lasse mir das also zeigen, und es scheint tatsächlich so zu sein, dass das Pferd das Gefühl der Bürste nicht mag und ständig versucht, den Menschen beim Bürsten zu zwicken. Normalerweise weicht die Person entweder dem Zwicken aus (sie wendet sich ab) oder korrigiert das Zwicken mit einer Art Bestrafung (sie wendet sich dagegen).

Wenn ich mit diesen Pferden arbeite, kombiniere ich zwei der hier beschriebenen Möglichkeiten, mit einem Pferd in Kontakt zu treten. Die eine ist, beim ersten Anzeichen eines Neins innezuhalten, und die andere ist, sich einer Bitte nach Verbundenheit zuzuwenden. Ich fange an, das Pferd zu bürsten, und sobald ich irgendein Zeichen von Besorgnis sehe, z. B. ein Heben des Kopfes, halte ich inne. Wenn sich das Pferd zum Zwicken umdreht, höre ich auf zu bürsten und trete in Kontakt mit Maul und Nüstern, die es zu mir herdreht. Wenn ich diese beiden Schritte der Einfühlung ein paarmal wiederhole, ist das lebenslange Problem mit dem Bürsten in der Regel gelöst. Es ist nicht so, dass sie das Bürsten nicht mögen, sie wollen einfach nur gehört werden. Sie wollen sich gesehen und gehört fühlen und sich gefühlt und verstanden fühlen.

Lass sie wissen, dass du sie siehst

Einer der wichtigsten Bestandteile der Einfühlung ist es, sie auf so viele Arten wie möglich wissen zu lassen, dass man die kleinen Dinge bemerkt. Als ich mit Cody, dem Mustang, arbeitete, sagte ich ihm, dass ich sein Nein bemerkte. Bei dem Ex-Rennpferd mit der seltsamen Energie habe ich bemerkt, dass es Verbundenheit suchte, und das Gleiche gilt für das Pferd, das mir mitteilte, dass es nicht gebürstet werden möchte.

Je mehr man mitteilen kann, dass man Dinge bemerkt, desto tiefer wird die Verbundenheit.

Häufig teile ich dem Pferd mit, dass ich mir bewusst bin, eine Schwelle überschritten zu haben. Im Wesentlichen vermittle ich: „Oh, das bereitet dir Sorge? Das habe ich bemerkt." In anderen Fällen teile ich mit, dass ich eine Veränderung bemerkt habe. Dies ist oft am effektivsten, wenn ich eine Veränderung im Fokus des Pferdes feststelle. Wenn das Pferd mit dem Pferd nebenan beschäftigt ist und seinen Blick schnell zu mir wendet, teile ich ihm mit, dass ich diese Veränderung wahrgenommen habe, indem ich unterbreche, was ich gerade tue. Wenn ich mich ihm nähere, halte ich einen Moment inne, bevor ich weiter auf es zugehe. Wenn ich es bürste, mache ich einen Strich lang Pause und fahre dann fort. Wenn ich mitteile, dass ich mir einer Veränderung des Fokus bewusst bin, vermittle ich ihm damit, dass ich aufmerksam und scharfsinnig genug bin, um zu erkennen, wo seine Gedanken sind. Das alles beruht auf der Natur der Pferde und ihrer Fähigkeit, dem Gemeinschaftsradar zu vertrauen und sich somit in unserer Gegenwart wohlzufühlen. Jedes Mal, wenn wir die kleinen Dinge bemerken, rücken wir letztlich eine Stufe nach oben auf der Liste der Wesen (andere Pferde eingeschlossen), denen sie vertrauen können, falls eine gefährliche Situation eintritt.

Vor einigen Jahren habe ich ein Seminar geleitet, in dem mir eine Dame erzählte, dass das Pferd, das sie mitgebracht hatte, „Männer hasst". Sie erzählte mir, dass es ein Charro-Pferd gewesen war, das ein ziemliches Trauma erlitten hatte, und nun eine intensive Abneigung gegen Männer hege.

Ich war mir also dessen bewusst, bevor ich die Trainingseinheit begann. Die Besitzerin und ihr Pferd befanden sich auf der anderen Seite des Reitplatzes und ich betrat den Reitplatz durch das Tor auf der entgegengesetzten Seite der Stelle, wo sie standen. Sie waren etwa 30 Meter entfernt. Ich beobachtete das Pferd und achtete auf jedes Anzeichen von Besorgnis. Sobald ich in seine Richtung trat, selbst von der anderen Seite des Reitplatzes aus, schnaubte es und wandte seinen Kopf nach rechts, um nach einer Richtung zu suchen, in die es flüchten konnte. Als ich das sah, hielt ich inne und trat einen Schritt zurück. Beim ersten Anzeichen eines Neins blieb ich stehen.

Dann wartete ich, bis es weniger beunruhigt und wieder in den Gefühlszustand zurückgekehrt war, in dem es sich befunden hatte, bevor ich auf es zuging. Wieder ging ich auf das Pferd zu, und nach ein paar Schritten tat es dasselbe wie zu Beginn – und ich ebenso. Das ging fünf- oder sechsmal so weiter, immer genau nach gleichem Muster. Ich ging jedes Mal zwei oder drei Schritte auf es zu, aber nur einen Schritt zurück – ich kam also immer näher. Das bedeutete, dass seine Angstschwelle immer höher wurde. Ich ging nicht eine bestimmte Anzahl von Schritten vorwärts, sondern ich ging so lange vorwärts, bis es mir sagte, dass ich gerade die Grenze überschritten hatte, und wenn es das tat, trat ich wieder über die Grenze zurück.

Etwa auf halbem Weg über den Reitplatz begannen sich die Dinge zu verändern. Als ich auf das Pferd zukam, schaute es nicht mehr weg und war besorgt, sondern schaute neugierig zu mir herüber. Als es das tat, blieb ich stehen. Es gab keinen Grund zurückzutreten, da ich keine Schwelle überschritten hatte. Das Innehalten diente dazu, ihm zu sagen, dass ich die Veränderung seiner Gedanken bemerkt hatte. Um ihm meine Aufmerksamkeit mitzuteilen. Ich machte damit auf der ganzen Strecke über den Reitplatz weiter, bis ich schließlich direkt vor ihm stand. Es streckte sanft seine Nase aus, um Hallo zu sagen, und ich ging auf den Kontakt seiner Lippen ein. Das war weit entfernt von einem Pferd, das „Männer hasst".

Dann sagte ich der Besitzerin, sie solle einfach bei ihm bleiben und mit ihm abhängen, und ich ging an das andere Ende des Reitplatzes, um mit einem anderen Teilnehmer und seinem Pferd zu arbeiten. Als ich mit diesem Teilnehmer fertig war, ging ich zurück in die Reitplatzmitte, um mit dem dritten Teilnehmer zu arbeiten. Das „Pferd, das Männer hasst", befand sich immer noch am Rand des Platzes, und als ich mich auf den Weg in die Mitte machte, spitzte es die Ohren, ging von seiner Besitzerin weg und führte sie direkt zu mir. Als ich den Reitplatz hinunterging, überquerte es den Platz und marschierte mit einem sehr freundlichen Gesichtsausdruck direkt auf mich zu, um mich zu begrüßen.

Als ich am zweiten Seminartag auf den Reitplatz kam, stand es ganz am Ende. Als ich auf das Pferd zuging, drehte es seinen Kopf zu mir. Ich hielt inne und blieb stehen, und schon bald löste es sich von seiner Besitzerin und führte sie über den halben Platz, um mir entgegenzukommen und noch einmal Hallo zu sagen.

Diese große Veränderung kam dadurch zustande, dass ich einfach meine Aufmerksamkeit zeigte. Erstens war ich mir seiner Besorgnis bewusst, also der Veränderung in seiner Wahrnehmung, von wenig besorgt hin zu stärker besorgt. Zweitens teilte ich ihm mit, dass ich bemerkte, wie sich seine Aufmerksamkeit von woanders hin zu mir verlagerte. Nach diesen beiden Einheiten fühlte es sich in meiner Nähe vollkommen wohl. Ich hätte es problemlos aufhalftern, bürsten und möglicherweise sogar seine Füße aufnehmen können. Kein noch so intensives Training hätte diese Veränderung so leicht herbeiführen können, vor allem nicht in so kurzer Zeit. Der Versuch, das Pferd zu trainieren, um ihm diese Dinge beizubringen, wäre für dieses Pferd traumatisch gewesen. Zuerst an der Beziehung zu arbeiten, machte es aber ganz einfach.

Je mehr ich die Superkräfte der Einfühlung nutze und beginne zu verstehen, wie viel besser sie unsere Interaktionen mit unseren Pferden macht, und wie viel einfacher sie das Training gestaltet, desto mehr versuche ich, sie in alles einzubauen, was ich tue. Ich glaube, jeder nutzt sie bis zu einem gewissen Grad, meist ohne es zu merken. Ein gutes Beispiel dafür ist die altbewährte Horsemanship-Praxis, den kleinsten Versuch zu belohnen. Damit belohnen wir nicht nur den Versuch, sondern wir zeigen auch, dass wir uns dieses kleinen Versuches bewusst sind, dass wir auf die kleinsten Bewegungen eingehen. Je öfter wir das tun, desto öfter zeigen wir unsere Aufmerksamkeit.

Der Grund, warum dieses Prinzip in Kapitel dreizehn, dem letzten Kapitel des Buches, steht, ist, dass ich alle anderen Prinzipien quantifiziert habe, bevor ich mir dieses Prinzips bewusst wurde. Im Verlauf des Buches habe ich gesagt, dass sich die Kapitel irgendwann in gewissem Maße überschneiden.

Das Prinzip *Beziehung geht vor Horsemanship* ist in sämtlichen anderen Grundsätzen enthalten, wenn sie gut angewendet werden. Ich habe jedoch auch die Erfahrung gemacht: Wenn man sich auf *Beziehung geht vor Horsemanship* als Leitprinzip und ersten Schritt in der Interaktion mit dem Pferd konzentriert, dann gibt es kein Zurück mehr. Die völlig veränderte Sichtweise, die der Mensch beim Praktizieren dieses Prinzips gewinnt, verschafft ihm so tiefe Einsichten, dass es zu einem Teil von allem wird, was er mit dem Pferd tut, und es wird zu einer allen Prinzipien übergeordneten Idee. Der Wechsel von einem auf Gehorsam und Gefügigkeit basierenden Trainingsprogramm hin zu einem auf Verbundenheit basierenden Programm erhellt alle tieferen Abläufe in der Beziehung zwischen Pferd und Mensch und ermöglicht es uns, eine wahrhaft vertrauensvolle und einfühlsame Verbindung zu unseren Pferdepartnern zu schmieden.

Vor Kurzem unterhielt ich mich mit einem sehr erfahrenen Horseman, der einen großen kommerziellen Pferdeleistungssportbetrieb leitet. Wenige Tage zuvor hatte er Gelegenheit gehabt, einen auf Einfühlung basierenden Ansatz selbst zu beobachten und auszuprobieren. Er erzählte mir, dass er zwar schon viele großartige Pferdeleute gesehen hat, aber noch nie zuvor etwas, das einen derart tiefgreifenden Effekt auf jedes Pferd hat. Ich bin ein sehr großer Fan des Spruchs von Wayne Dyer: „Wenn du die Art und Weise änderst, wie du die Dinge betrachtest, dann ändern sich die Dinge, die du betrachtest.“ Wenn wir die Veränderung der Pferde beobachten, die mit einem auf Empathischer Resonanz basierenden Ansatz trainiert werden, dann können wir dies nie mehr ungesehen machen oder ignorieren. Als Resultat dessen wird Achtsamkeit zu einem wesentlichen Bestandteil unserer Interaktionen mit Pferden werden, und wenn wir dies auf alles andere übertragen, werden wir auch die übrigen Prinzipien anders interpretieren.

Schlusswort

Ich begann ursprünglich, YouTube-Videos zu machen, um Menschen zu zeigen, wie einfach es ist, ihre eigenen Pferde zu trainieren, wenn sie den Denkprozess hinter dem Training verstehen können, anstatt bloß automatisch einer Aneinanderreihung von Übungen und Techniken zu folgen.

Meine „12 Prinzipien in der Pferdeausbildung" versuchen, diesen Denkprozess so detailliert wie möglich in einem Buch zu vermitteln. Für die Leser, die auf diesem Gebiet noch mehr lernen möchten, habe ich alle drei Staffeln der TV-Serie *The Principles of Training* kostenlos auf YouTube bereitgestellt. Wenn du damit anfängst, die einzelnen Folgen zu schauen, dann wirst du bemerken, dass das dreizehnte Prinzip *Beziehung geht vor Horsemanship* ab der dritten Staffel den größten Stellenwert hat.

Mit der Erklärung der Trainingsprinzipien versuche ich, dir den Rahmen zu geben, innerhalb dessen du deine eigenen Vorgehensweisen und Übungen entwickeln kannst. Wenn du dir jedoch eine direktere Anleitung wünschst, habe ich Hunderte von kostenlosen Videos auf YouTube und Hunderte weitere auf meiner abonnierbaren Online-Videoplattform. Auf beiden Plattformen habe ich auch meine älteren Videos zugänglich gemacht, weil sie immer noch von Wert sind. Du wirst jedoch feststellen, dass, seit ich in den letzten Jahren das Prinzip *Beziehung geht vor Horsemanship* eingeführt habe – die Techniken, die sowohl die Angstschwelle des Pferdes als auch seinen Wunsch nach Verbundenheit stärker berücksichtigen –, die Pferde viel besser und weicher reagieren.

In den vergangenen fünf Jahren haben wir drei Fohlen aufgezogen, die zu den vertrauensvollsten, liebevollsten und umgänglichsten Pferden heranwachsen, mit denen ich je gearbeitet habe. Der Älteste wurde nun angeritten und er ist bei Weitem das beste Pferd, das ich je angeritten habe. Ich glaube, das ist ein direktes Ergebnis der Anwendung aller Trainingsprinzipien, aber ganz besonders von *Beziehung geht vor Horsemanship*. Von Anfang an habe ich die Verbundenheit gefördert und bin unter seiner Angstschwelle geblieben. Im Gegenzug zeigte er sich vertrauensvoll und lernwillig.

Ich wünsche dir viel Glück auf deinem Weg und vertraue vollkommen darauf, dass du der beste Trainer für dein eigenes Pferd bist.

Glossar

Im Folgenden werden noch einige Begriffe aus dem Westernreiten kurz erklärt:

Barrel Racing	Rasante Rodeo-Disziplin, bei der es um Zeit geht und ein Parcours aus Fässern („barrels") in einem Kleeblatt-Muster absolviert werden muss
Cowhorse	Pferd, das in der Rinderarbeit ausgebildet ist
Cutting	Disziplin, bei der Pferd und Reiter ein Rind aus der Herde separieren und daran hindern, in die Herde zurückzukehren
Hobbeln	Technik, bei der dem Pferd die Vorderbeine derart zusammengebunden werden, dass es zwar im kleinen Radius grasen, aber nicht weglaufen (und seinen Reiter in der Steppe zurücklassen) kann. Erfordert viel Training und wird vornehmlich bei der Rinderarbeit praktiziert.
Jog	Langsamer, bequem zu sitzender Westerntrab ohne sichtbare Schwebephase
Lead Rope	Arbeitsseil, das im Westerntraining bei der Bodenarbeit gemeinsam mit einem Knotenhalfter verwendet wird und das meist vier Meter bzw. sieben bis acht Meter lang ist
Lope	Langsam gerittener, bequem zu sitzender Westerngalopp im Dreitakt, Teil der Pleasure-Prüfung
Reining	Disziplin, die mit der Dressur vergleichbar ist, es werden Ausdruck, Geschmeidigkeit und Gehorsam des Pferdes geprüft
Reined Cow Horse	Disziplin, die Reining- und Cutting-Prüfungen vereint
Reining Pattern	Lektionsabfolge der klassischen Reining-Prüfung, vergleichbar mit einer Aufgabe in der Dressur
Round Pen	Eingezäunter Arbeitszirkel von meist etwa 15 bis 20 Metern Durchmesser, in dem meist die ersten Schritte der Ausbildung am Boden und unter dem Sattel erarbeitet werden
Rundown	Bezeichnet den langsam schneller werdenden Galopp bis zur maximalen Beschleunigung, wonach der Sliding Stop folgt
Slack (im Zügel oder Lead Rope)	Bezeichnet im Westernreiten das Durchhängen der Zügel oder des Führseils
Sliding Stop, sliden	Lektion, bei der das Pferd aus vollem Galopp spektakulär auf den Hinterbeinen rutschend („sliding") zum Stopp kommt
Spin	Lektion, bei der sich das Pferd sehr schnell um sein inneres Hinterbein dreht
zum Halten biegen (englisch: „bend to a stop")	Ausbildungsmanöver im Westernreiten, bei dem das Pferd mittels einseitiger Zügelhilfe sanft auf einen immer kleiner werdenden Kreis geführt und dabei gebogen wird und schließlich entspannt zum Halten kommt

Quellenverzeichnis

Barbier, Dominique & Katsamanis, Dr. Maria, The Alchemy of Lightness: What Happens Between Horse and Rider on a Molecular Level and How It Helps Achieve the Ultimate Connection, (2013), Trafalgar Square Books.

Benson, H., Beary, J. F. & Carol, M. P. (1974). The relaxation response. Psychiatry: Journal for the Study of Interpersonal Processes, 37(1), 37–46.

Brown, Brené, https://brenebrown.com/books-audio/

Coux, Antoine de, The Wisdom of Master Nuno Oliveira, (2012), Xenophon Press LLC.

Coyle, Daniel, The Talent Code: Greatness Isn't Born. It's Grown. Here's How, (2009), Bantam.

Dorrance, Tom, True Unity – Willing Communication Between Horse and Human, (1987).

Dyer, Wayne, Change Your Thoughts - Change Your Life: Living the Wisdom of the Tao, (2007), Hay House.

Emerson, Harrington, The Twelve Principles of Efficiency, (1908).

Gottman, John und Julie, https://www.gottman.com/

Grandin, Temple, Animals in Translation, (2006), Bloomsbury Publishing.

Grant Millham, Stephanie, The Legacy of Master Nuno Oliveira, (2014), Xenophon Press LLC.

https://www.horsemagazine.com/thm/2021/09/carl-hester-talks-about-starting-the-young-horse/

https://www.chronofhorse.com/article/dressage-is-a-journey-at-hester-masterclass/

Hunt, Ray, Hunt, Millie & Hunt, Roy, Think Harmony With Horses: An In-Depth Study of Horse/Man Relationship, (1991), Amer West Books.

Kain, Kathy & Terrell, Stephen, Nurturing Resilience: Helping Clients Move Forward from Developmental Trauma – An Integrative Somatic Approach, (2018), North Atlantic Books.

Kurland, Alexandra, https://www.theclickercenter.com/online-course

Kyrklund, Kyra, Dressage with Kyra: The Kyra Kyrklund Training Method, (1998), Kenilworth Press Ltd.

Lyons, John, John Lyons' Troubleshooting!, (2006), Trafalgar Square Books.

Lyons, John, Lyons on Horses, (1991), Doubleday.

Moates, Tom, https://www.tommoates.com/books.php

Newport, Cal, Deep Work: Rules for Focused Success in a Distracted World, (2016), Grand Central Publishing.

Pavlov, Ivan, Conditional Reflexes, (1960) [1927], New York: Dover Publications.

Russel, Eleanor, Truth in the Teaching of Master Nuno Oliveira, (2015), Xenophon Press LLC.

Schlote, Sarah, Blog auf ihrer Website EQUUSOMA® Horse-Human Trauma Recovery. Blog: „Connection Before Concepts“, Blogartikel „One Trick Pony Alone in a Stall: A Therapist's Lens on Horse Training“.

Sheldrake, Rupert, The Sense of Being Stared At: And Other Aspects of the Extended Mind, (2003), Harmony.

Shetty, Jay: https://jayshetty.me/about-jay/

Siegel, Dr. Daniel, Aware: The Science and Practice of Presence – The Groundbreaking Meditation Practice, (2018), TarcherPerigee.

Siegel, Dr. Daniel & Bryson, Tina Payne, The Whole-Brain Child: 12 Revolutionary Strategies to Nurture Your Child's Developing Mind, (2012), Random House Publishing Group.

Skinner, B. F., The Behavior of Organisms: An Experimental Analysis, (1938).

Snyder, Kellie and Rosales-Ruiz, Dr., Constructional Aggression Training (CAT).

Swift, Sally, Centered Riding, (1985), St Martin's Press.

Foto © Tyler Schiller

Warwick Schiller zog im Jahr 1993 aus seinem Heimatland Australien in die USA, um seinen Traum zu verwirklichen, Reining-Pferde zu trainieren. Als Krönung einer erfolgreichen Trainer- und Turnierkarriere im Reining vertraten Warwick und seine Frau Robyn Australien bei den Weltreiterspielen 2010 und 2018. Nach Jahren der persönlichen Transformation hat Warwick seine Methoden weiterentwickelt, um eine auf Verbundenheit basierende Trainingsperspektive zu schaffen. Warwick und Robyn leben derzeit in Kalifornien und reisen weiterhin um die Welt, um Menschen bei der Entwicklung ihres Horsemanship und ihrer lebensverändernden Kompetenzen zu helfen.